Klett Studienbücher Mathematik

herausgegeben von
Prof. Arthur Engel, Prof. Dr. Karl-Peter Grotemeyer,
Prof. Dr. Günter Pickert, Prof. Dr. Hans Prade
und Prof. Dr. Ingo Weidig

W0066446

Elementarmathematik vom algorithmischen Standpunkt

von Arthur Engel

Ernst Klett Stuttgart

CIP-Kurztitelaufnahme der Deutschen Bibliothek

Engel, Arthur
Elementarmathematik vom algorithmischen Standpunkt. – 1. Aufl. – Stuttgart: Klett, 1977.
    (Klett-Studienbücher: Klett-Studienbücher
    Mathematik)
    ISBN 3-12-983340-4

1. Auflage | 5   4   3 | 1984   83

Zeichnungen: G. Wustmann, Stuttgart
Schreibsatz und Druck: Ernst Klett Stuttgart, Rotebühlstraße 77

Inhaltsverzeichnis

Vorwort

Um die Jahrhundertwende hat F. Klein eine Reform des Mathematikunterrichts eingeleitet. Die Reformbewegung adoptierte das Schlagwort „funktionales Denken". Der Funktionsbegriff sollte als Leitbegriff den ganzen Stoff durchdringen. Durch die weite Verbreitung der Computer und Taschenrechner ist die Zeit reif geworden für die nächste Reform unter dem Schlagwort „algorithmisches Denken". Der Begriff des Algorithmus sollte als Leitbegriff für die Schulmathematik dienen. Wir müssen den gesamten Schulstoff vom algorithmischen Standpunkt neu durchdenken. Das Buch will eine Hilfe sein bei diesem Prozeß des Umdenkens. Es behandelt das Kernstück der Informatik, d. h. die Konstruktion und Untersuchung von Algorithmen. Dabei beschränkt es sich vorwiegend auf das Gebiet der Schulmathematik. Auf die vielen elementaren und schnellen Algorithmen für die transzendenten Funktionen sei besonders hingewiesen. Mit ihnen lassen sich die Funktionen bequemer auswerten als mit Reihen.

Der Schwerpunkt des Buches ist die Algorithmik. Aber es ist zugleich ein vielseitiges Mathematikbuch, das die mathematischen Kenntnisse des Lesers erweitern und vertiefen möchte. Als Nebenprodukt erwirbt der Leser die Kunst des Programmierens.

Durch die Themenauswahl spricht es vor allem drei Lesergruppen an:

a) Lehrerstudenten der Mathematik an Universitäten und pädagogischen Hochschulen. Das Buch ist aus einem Seminar über computerorientierte Mathematik hervorgegangen, das regelmäßig an der Universität Frankfurt angeboten wird.

b) Mathematiklehrer, die nach Möglichkeiten suchen, den Taschenrechner oder Computer in den Mathematikunterricht zu integrieren.

c) Leistungskurse der Sekundarstufe II in Informatik, Algorithmik oder numerischer Mathematik. Es bietet dem Schüler zusätzlich eine Wiederholung und wesentliche Vertiefung des Stoffes. Am Ende der Schulzeit ist ein solcher Rückblick und Ausblick sinnvoller als die oberflächliche Behandlung eines ganz neuen Themas.

Eine stark vereinfachte Version dieses Buches wird in den USA mit Erfolg in der Sekundarstufe I verwendet.

Die Mehrzahl der auftretenden Algorithmen kann bequem mit dem Taschenrechner ausgeführt werden. Daher kann das Buch auch dann mit Erfolg studiert werden, wenn nur ein Taschenrechner zur Verfügung steht.

Das Buch ist sehr inhaltreich. Der ganze Stoff kann in einem Semester nicht bewältigt werden. Man muß durch passende Auswahl Schwerpunkte setzen. Die einzelnen Abschnitte sind fast unabhängig voneinander, so daß man sie nach Belieben übergehen kann (besonders die mit * gekennzeichneten). Obwohl die numerischen Algorithmen überwiegen, ist es möglich, durch geschickte Auswahl einen Kurs zu erhalten, der nichtnumerische Algorithmen betont.

Trotz einiger Bedenken habe ich mich für die BASIC-Sprache entschieden. Sie ist am leichtesten zu erlernen, sie ist auf der Schule am weitesten verbreitet, und sie ist auf Tischrechnern verfügbar. Allerdings wird in der 2. Hälfte des Buches eine sehr starke BASIC-Version verwendet, die von Tischrechnern noch nicht verstanden wird. Der Leser muß die entsprechenden Programme in den Dialekt seiner Maschine übersetzen. Die meisten Algorithmen sind sprachenunabhängig formuliert. Wer eine andere Sprache verwendet, z. B. PASCAL-E, wird durch die Entscheidung für BASIC kaum benachteiligt.

In diesem Buch werden Dezimalpunkt und Dezimalkomma gleichberechtigt nebeneinander verwendet, d. h. neben 3,14 auch 3.14. Die Nummern schwieriger Aufgaben wurden in eckige Klammern gesetzt. Interessante Aufgaben wurden nicht besonders gekennzeichnet, da rund ein Drittel der 235 Aufgaben in diese Kategorie fällt. Die Lösungen der Aufgaben findet man am Schluß des Buches.

Ich bin Herrn Horst Sewerin zu besonderem Dank verpflichtet. Er hat beim Lesen der Korrektur zahlreiche Fehler entdeckt. Der Leser wird sicher noch weitere finden.

Frankfurt, 16. Januar 1977

Arthur Engel

1. Algorithmen

1.1. Algorithmen und Programme

Die Haupttätigkeit des Menschen ist das systematische Lösen von Problemen. Ein Problem wird in zwei Schritten erledigt. Zuerst konstruiert man eine genau definierte Folge von Anweisungen zur Lösung des Problems. Dies ist eine interessante und geistreiche Tätigkeit. Dann kommt die Ausführung der Anweisungen. In der Regel ist dies eine zeitraubende, langweilige Arbeit, die man einem Rechner überläßt.
Eine Folge von Anweisungen zur Lösung eines Problems nennt man einen *Algorithmus*. Der Begriff des Algorithmus überlappt sich stark mit den Begriffen *Rezept, Prozedur, Prozeß, Methode, Rechenverfahren*.
Algorithmen kann man in der natürlichen Sprache formulieren. In der Regel verwendet man präzisere Sprachen, die sich zur Darstellung von Prozeßabläufen besser eignen. Die Darstellung eines Algorithmus in einer präzisen formalisierten Sprache nennt man ein *Programm*. Das Konstruieren von Programmen nennt man *Programmieren*. Dieses Buch will die Kunst des Programmierens lehren. Diese Kunst kann man nur anhand von Beispielen erlernen.
Jeder Rechner hat einen *Speicher*, der aus *Zellen* besteht. Eine Zelle kann man sich als eine kleine Tafel vorstellen, auf die man eine Zahl schreiben kann. Der Rechner notiert sich die Zahl in der Form

$$a \cdot 10^b, \quad b \text{ ganz und } 0, 1 \leq a < 1.$$

Die Dezimaldarstellung von a sei $a = 0, a_1 a_2 \ldots a_n$, $a_1 \neq 0$. Typische Werte für n und b sind $n = 12$ und $-99 \leq b \leq 99$. Wird während der Rechnung $b > 99$ oder $b < -99$, so spricht man von einem *Überlauf* bzw. *Unterlauf* (*overflow* bzw. *underflow*). Als Tafelnamen verwenden wir einen Buchstaben, einen Buchstaben gefolgt von einer Ziffer, sowie einfach und doppelt indizierte Buchstaben.
Beispiele: A, K, S, B0, X7, P9, X(0), X(1), X(2), . . . , R(3, 4) usw.
Der Rechner kann einen beschränkten Vorrat von einfachen *Anweisungen* oder *Befehlen* ausführen. Eine fundamentale Anweisung ist die *Zuweisung* an Variable. Sie wird mit dem Symbol „←" oder „ : = " bezeichnet und wird gerne rechteckig eingerahmt. Das Zeichen „←" bzw. „ : = " heißt *Zuweisungsoperator*.
Durch die Anweisung

$$\boxed{A \longleftarrow 4}$$

lies: *Ersetze A durch 4, setze A gleich 4*

wird der Variablen A der Wert 4 zugewiesen, d. h. die Tafel mit dem Namen A wird gelöscht, und es wird die Zahl 4 angeschrieben. Der *jetzige* Wert von A ist 4. Ferner sei jetzt $B = C = 0$. Fig. 1.1 zeigt, wie sich die Inhalte von A, B, C nach fünf weiteren Zuweisungen ändern. Bei der sog. *mehrfachen Zuweisung* $C \longleftarrow B \longleftarrow 2A + 3$ handelt es sich um die Zuweisungen $B \longleftarrow 2A + 3$ und $C \longleftarrow 2A + 3$.

$$
\begin{array}{ll}
 & \text{A} \quad \text{B} \quad \text{C} \\
\text{A} \leftarrow \text{A} + 1 & 5 \quad\ \ 0 \quad\ \ 0 \\
\text{C} \leftarrow \text{B} \leftarrow 2\,\text{A} + 3 & 5 \quad 13 \quad 13 \\
\text{C} \leftarrow \sqrt{\text{B}^2 - \text{A}^2} & 5 \quad 13 \quad 12 \\
\text{A} \leftarrow (\text{A} + \text{B} + \text{C}) / (\text{A} - 2) & 10 \quad 13 \quad 12
\end{array}
$$

Fig. 1.1

Die Zuweisung

     Variable $\longleftarrow$ Term

bedeutet also:

Berechne den Wert des Terms unter Verwendung der jetzigen Werte der im Term vorkommenden Variablen. Das Ergebnis ersetzt den früheren Wert der Variablen links vom Pfeil.

Eine wichtige Operation ist die *Vertauschung zweier Zelleninhalte A und B*. Man könnte meinen, daß Fig. 1.2 dies bewirkt. Aber der Rechner führt die beiden Befehle hintereinander aus. Dabei wird der später benötigte Wert von A bei der ersten Zuweisung gelöscht. Man muß A zuerst auf eine Tafel C kopieren. Fig. 1.3 zeigt die richtige Lösung. Dieses 3-Zeilen-Programm tritt oft als Teil eines größeren Programms auf. Wir werden es manchmal durch „A $\longleftrightarrow$ B" abkürzen (lies: *Vertausche A mit B*).

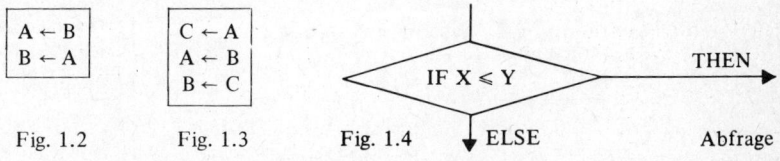

A ← B		C ← A				
B ← A		A ← B		IF X ⩽ Y		THEN
		B ← C			ELSE	Abfrage

Fig. 1.2   Fig. 1.3   Fig. 1.4

Eine weitere fundamentale Anweisung ist die *Entscheidung* auf Grund eines *Vergleichs*. Sie wird gerne durch eine Raute eingerahmt. Es wird eine der Relationen $<, >, \leq, \geq,$ $=, \neq$ auf ihren Wahrheitswert (1 oder 0) geprüft. Wenn die Relation erfüllt ist, dann geht der Rechner *waagerecht* heraus zur angegebenen Adresse. Sonst geht er zur nächsten Zeile über (Fig. 1.4). Statt *Vergleich* sagt man auch *Abfrage*.

Die Anweisung PRT I (PRINT I) veranlaßt den Rechner, den Inhalt der Zelle I zu drucken. Der Rechner wird gestoppt durch die Anweisung END. Weitere Anweisungen werden eingeführt, wenn sie zum ersten Mal gebraucht werden. Wir betrachten jetzt einige Programme.

1. Beispiel:

Fig. 1.5 zeigt ein komplettes Programm. Die Zeilen 3 bis 6 bilden eine *Schleife*, eine sich schließende Folge von Anweisungen. Die Schleife enthält eine Abfrage, die für den Abbruch der Wiederholung sorgt. Um herauszufinden, was das Programm tut, lassen wir es *ablaufen*. Die Befehle werden nacheinander ausgeführt (*abgearbeitet*). Wir starten mit I = 5, S = 2. Bei jeder Zuweisung wird der alte Wert durchgestrichen und durch den neuen ersetzt (Fig. 1.6). Das Programm startet bei I = 5 und schreitet in S-Schritten vor, wobei die Schrittlänge S abwechselnd 2 oder 4 ist. Es werden die ersten zehn Glieder der Folge $6n \pm 1$ gedruckt: 5, 7, 11, 13, 17, 19, 23, 25, 29, 31.

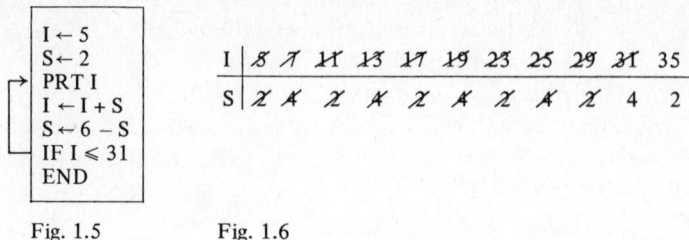

Fig. 1.5   Fig. 1.6

2. Beispiel:

Sortieren dreier Zahlen. In den Zellen A, B, C sind drei Zahlen gespeichert. Wir wollen sie durch *paarweisen Vergleich* in steigende Anordnung bringen und das Ergebnis drucken. Fig. 1.7 zeigt eine Lösung. Man kann einen Algorithmus nur verstehen, wenn man ihn ausführt, evtl. mehrmals mit verschiedenen Ausgangsdaten. Fig. 1.8 zeigt den Ablauf des Prozesses für A = 5, B = 3, C = 1. Der Leser sollte den Ablauf für diese und einige weitere Anordnungen nachspielen.

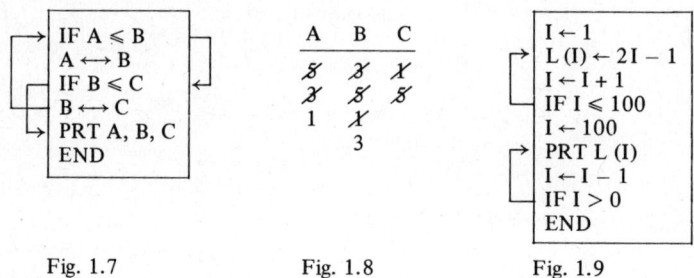

Fig. 1.7   Fig. 1.8   Fig. 1.9

3. Beispiel:

Wir haben es oft mit *Listen* (*Folgen*) von Zahlen zu tun. Unser Computer erlaubt eine Liste für jeden Buchstaben des Alphabets. Wenn L eine Liste bezeichnet, so ist L (4) das 4. Element der Liste. Das Programm in Fig. 1.9 speichert die ungeraden Zahlen 1, 3, 5, . . . , 199 in L (1), L (2), L (3), . . . , L (100). Danach druckt es diese Zahlen in umgekehrter Reihenfolge.

4. Beispiel:

Fig. 1.10 zeigt ein Programm. INP A ist eine Abkürzung für INPUT A, d. h. *Eingabe A*. Wenn man dieses Programm in den Computer eintippt, so reagiert er mit der Frage

     ?

Danach muß man den Wert A eingeben, z. B. 2. Der Computer berechnet aus A = 2 eine Zahl P und druckt sie. Danach kann man einen anderen A-Wert eingeben und den zugehörigen P-Wert errechnen lassen. D. h., das Programm stellt eine Funktion f dar, die aus dem eingegebenen Wert A den Funktionswert P = f (A) berechnet.

5. Beispiel:

Die größte ganze Zahl $\leq x$ wird mit $[x]$ bezeichnet (lies: *ganzer Teil von x*). Z. B., $[3] = 3$, $[\sqrt{2}] = 1$, $[-\pi] = -4$. Die Funktion *ganzer Teil* gehört zu den sog. *Standard-Funktionen* und kann durch ihren Namen *aufgerufen* werden. Z. B., der Befehl PRT $[-2/3]$ veranlaßt den Computer -1 zu drucken. Wir werden die Funktion $[\ ]$ in 1.3.3 genauer untersuchen.

Sind A und B natürliche Zahlen, dann ist A durch B teilbar genau dann, wenn A/B = [A/B]. Das Programm in Fig. 1.11 druckt alle ungeraden Zahlen von 11 bis 119, die weder durch 3, noch durch 5, noch durch 7 teilbar sind, d. h. genau die Primzahlen aus diesem Intervall.

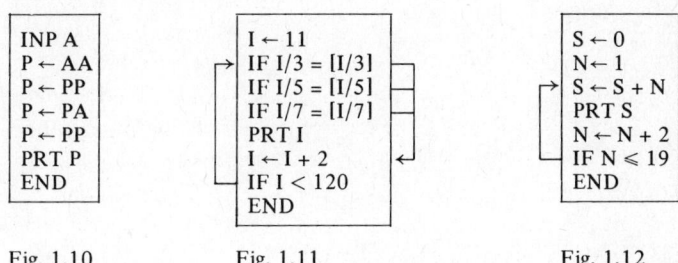

Fig. 1.10   Fig. 1.11   Fig. 1.12

Aufgaben:

1. Um welche Funktion handelt es sich bei dem Programm in Fig. 1.10?

2. Das Programm in Fig. 1.12 druckt eine Zahlenfolge. Durch Ausführen des Programms soll diese Folge bestimmt werden.

3. Durch $a_n = \sqrt{24n + 1}$ $n = 1, 2, 3, \ldots$ ist eine Zahlenfolge definiert. Schreibe ein Programm, das die ersten zehn ganzzahligen Glieder dieser Folge samt ihren Nummern druckt. Führe das Programm aus und studiere die gedruckten Werte. Vermutung!
   Hinweis: a_n ist genau dann ganzzahlig, wenn $a_n = [a_n]$ ist.

4. Analog zu Fig. 1.7 soll ein Algorithmus konstruiert werden, der vier Zahlen A, B, C, D sortiert.

5. Es soll durch möglichst wenige Zuweisungen die Folge (A, B, C, D, E) in die Folge (B, C, D, E, A) übergeführt werden (zyklische Vertauschung).

6. Welche Wirkung hat die Hintereinanderausführung der drei Anweisungen
   A ← A + B;   B ← A − B;   A ← A − B?

7. Das Programm in Fig. 1.13 druckt eine Zahlenfolge. Durch Ausführung des Programms soll die Folge identifiziert werden.

8. *Die altägyptische Multiplikationsmethode.* Die alten Ägypter konnten gut addieren, verdoppeln und halbieren. Damit haben sie das Produkt Z zweier Zahlen X, Y gebildet. Sie verwendeten die Identität XY = X (Y − 1) + X = (2X) (Y/2), um Y schrittweise zu verkleinern, wie das folgende Zahlenbeispiel zeigt:

9

$25 \cdot 19 = 25 \cdot 18 + 25 = 50 \cdot 9 + 25 = 50 \cdot 8 + 75 = 100 \cdot 4 + 75 = 200 \cdot 2 + 75 =$
$= 400 \cdot 1 + 75 = 475.$

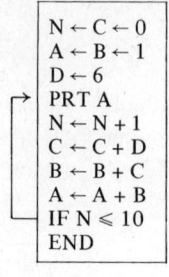

```
N ← C ← 0
A ← B ← 1
D ← 6
PRT A
N ← N + 1
C ← C + D
B ← B + C
A ← A + B
IF N ≤ 10
END
```

Fig. 1.13

$X \leftarrow 2X$	$Y \leftarrow [Y/2]$
25	19
50	9
~~100~~	4
~~200~~	2
400	1
475	

Fig. 1.14 a

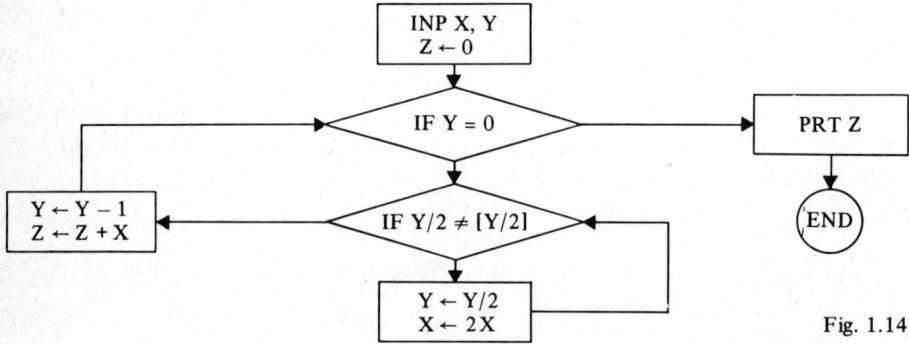

Fig. 1.14

a) Studiere dieses Zahlenbeispiel und vergleiche es mit dem zugehörigen Programm in Fig. 1.14.

[b)] Vereinfache das Multiplikationsverfahren nach dem Vorbild der Tabelle 1.14a. Vereinfache entsprechend Fig. 1.14.

[9.] Fig. 1.15 zeigt ein interessantes Programm. Eingabe ist eine reelle Zahl X. Ausgabe ist die Zahl $Y = f(X)$. A und B sind Hilfsvariable. Bestimme die Funktion f.

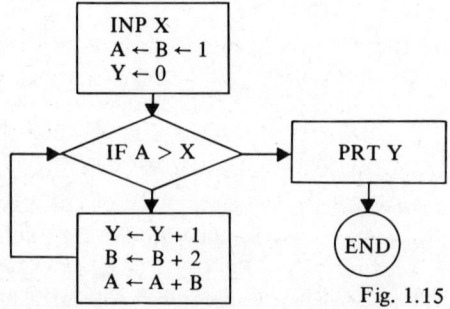

Fig. 1.15

1.2. Das 3 A + 1-Problem. Empirische Untersuchung eines Algorithmus

Vor einigen Jahren tauchte ein interessanter Algorithmus zur Erzeugung einer Zahlenfolge auf. Er lautet wie folgt:

    1. Starte mit einer beliebigen natürlichen Zahl A.
    2. Wenn A = 1 ist, dann stoppe.
    3. Wenn A gerade ist, ersetze A durch A/2 und gehe nach 2.
    4. Wenn A ungerade ist, ersetze A durch 3 A + 1 und gehe nach 2.

Wir führen den Algorithmus mit den Startwerten 3, 34 und 75 aus:
3, 10, 5, 16,.8, 4, 2, 1
34, 17, 52, 26, 13, 40, 20, 10, 5, 16, 8, 4, 2, 1
75, 226, 113, 340, 170, 85, 256, 128, 64, 32, 16, 8, 4, 2, 1
Stoppt der Algorithmus für jeden Startwert nach endlich vielen Schritten? Dazu wollen wir empirisch Daten sammeln. Der Computer wird angewiesen, zu einem eingegebenen Startwert A die zugehörige Folge zu drucken.
Bisher haben wir alle Programme eindimensional geschrieben, d. h. die Zeilen standen untereinander. Übersichtlicher ist ein sog. *Flußdiagramm* (Fig. 1.16), da es zweidimensional ist. Unsere Programme, ob ein- oder zweidimensional, sind sprach- und maschinenunabhängig. Ihre Übersetzung in jede beliebige Computersprache ist eine triviale Aufgabe. Daneben verwenden wir die Computersprache BASIC, da sie auf der Schule weit verbreitet ist und auf Tischrechnern verfügbar ist.

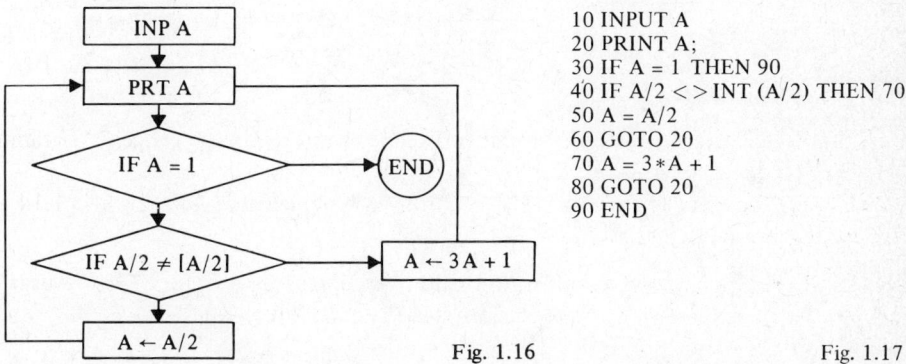

```
10 INPUT A
20 PRINT A;
30 IF A = 1 THEN 90
40 IF A/2 < > INT (A/2) THEN 70
50 A = A/2
60 GOTO 20
70 A = 3 * A + 1
80 GOTO 20
90 END
```

Fig. 1.16   Fig. 1.17

Fig. 1.17 zeigt das BASIC-Programm. Die BASIC-Sprache ist fast ohne Erläuterung verständlich. Man lernt sie am besten, indem man sich einige Programme ansieht. Fig. 1.17 zeigt, daß die Funktion „[ ]" in BASIC „INT" geschrieben wird (integer part). Statt A ⟵ B verwendet man A = B oder LET A = B. Das Multiplikationszeichen * darf nicht weggelassen werden. Zeile 20 bedarf einer Erläuterung. Von den drei Befehlen

      20 PRINT A   20 PRINT A,   20 PRINT A;

druckt der erste ein Glied der Folge pro Zeile, der zweite fünf Glieder pro Zeile und

11

der dritte möglichst viele. Statt „$\neq$" wird „$<>$" verwendet. Die Zeilen müssen aufsteigend numeriert werden. Bequem sind die Nummern 10, 20, 30, ... Will man nachträglich eine Zeile zwischen 30 und 40 einschieben, so gibt man ihr irgendeine Nummer zwischen 30 und 40 und fügt sie am Ende an.

Die Eingabe A = 27 liefert die Folge

```
27  82  41  124  62  31  94  47  142  71  214  107  322  161  484  242  121  364
182  91  274  137  412  206  103  310  155  466  233  700  350  175  526  263  790
395  1186  593  1780  890  445  1336  668  334  167  502  251  754  377  1132
566  283  850  425  1276  638  319  958  479  1438  719  2158  1079  3238  1619
4858  2429  7288  3644  1822  911  2734  1367  4102  2051  6154  3077  9232  4616
2308  1154  577  1732  866  433  1300  650  325  976  488  244  122  61  184  92
46  23  70  35  106  53  160  80  40  20  10  5  16  8  4  2  1
```

Dies ist eine unübersichtliche Zahlenflut. Es ist lehrreicher, nicht die ganze Folge zu drucken, sondern nur den Startwert und die Anzahl S der Schritte bis zum Erreichen des Stoppwertes 1. Der ursprüngliche A-Wert wird in B abgespeichert, da er durch den Algorithmus zerstört wird. Fig. 1.18 zeigt das Flußdiagramm und Fig. 1.19 das entsprechende BASIC-Programm.

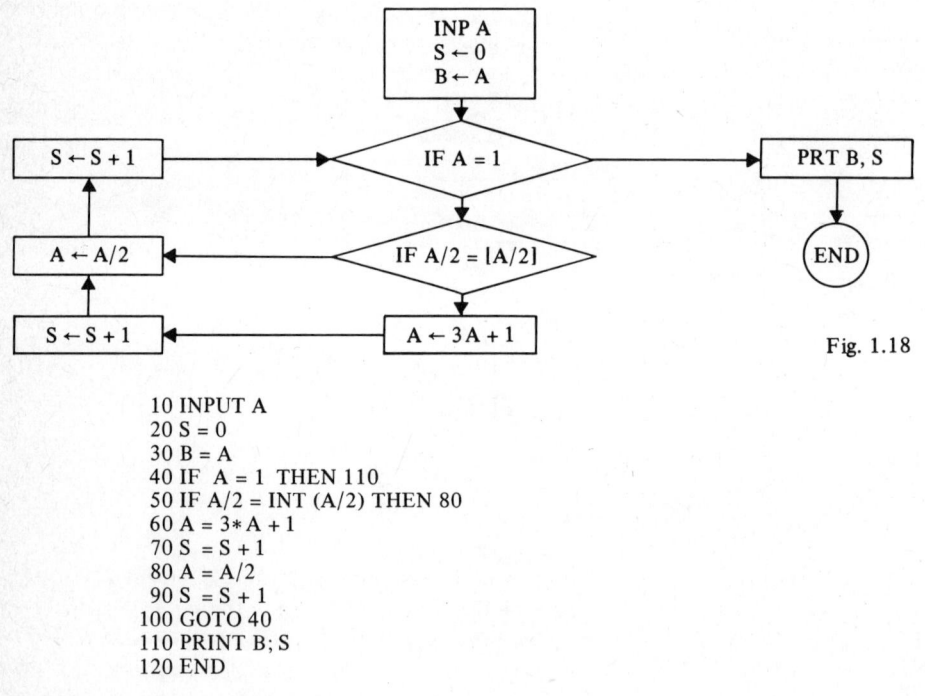

Fig. 1.18

```
10 INPUT A
20 S = 0
30 B = A
40 IF  A = 1  THEN 110
50 IF A/2 = INT (A/2) THEN 80
60 A = 3*A + 1
70 S = S + 1
80 A = A/2
90 S = S + 1
100 GOTO 40
110 PRINT B; S
120 END
```

Fig. 1.19

Wir lassen den Computer eine Tabelle drucken, die zu jedem A von 1 bis 50 die zugehörige Schrittzahl S angibt. Vielleicht erkennen wir dann eine Gesetzmäßigkeit.

Fig. 1.20 entsteht durch eine leicht verständliche Erweiterung von Fig. 1.18. Die Variable Z ist ein *Zähler*, der von 1 bis 50 läuft. Die zusammengehörigen Zeilen

$$10 \text{ FOR } Z = 1 \text{ TO } 50 \ldots \ldots 120 \text{ NEXT } Z$$

sind eine *Wiederholungsanweisung* oder *Laufanweisung*. Sie bewirken, daß der dazwischenliegende Teil des Programms 50mal wiederholt wird. Bei jedem Durchlauf wird der Zähler Z um 1 erhöht. Wenn der Computer Zeile 10 liest, dann setzt er Z = 1 und merkt sich die obere Grenze 50. Dann führt er die Zeilen 20 bis 110 aus. Bei 120 addiert er 1 zu Z und prüft, ob $Z \leq 50$ ist. Wenn ja, so springt er nach 20. Sonst geht er zur nächsten Zeile über und bleibt stehen. Der Schleifenblock aus den Zeilen 20 bis 110 wurde aus Gründen der Übersichtlichkeit eingerückt.

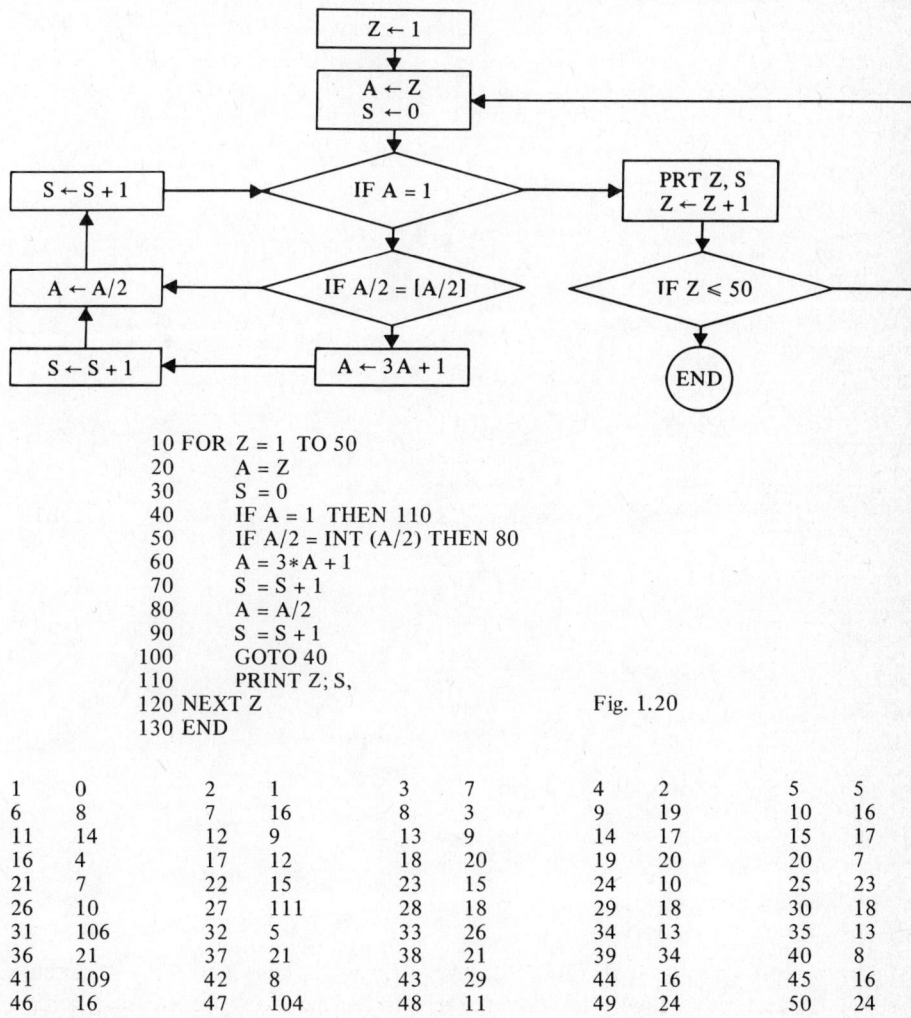

```
10 FOR Z = 1 TO 50
20       A = Z
30       S = 0
40       IF A = 1 THEN 110
50       IF A/2 = INT (A/2) THEN 80
60       A = 3 * A + 1
70       S = S + 1
80       A = A/2
90       S = S + 1
100      GOTO 40
110      PRINT Z; S,
120 NEXT Z
130 END
```

Fig. 1.20

1	0	2	1	3	7	4	2	5	5
6	8	7	16	8	3	9	19	10	16
11	14	12	9	13	9	14	17	15	17
16	4	17	12	18	20	19	20	20	7
21	7	22	15	23	15	24	10	25	23
26	10	27	111	28	18	29	18	30	18
31	106	32	5	33	26	34	13	35	13
36	21	37	21	38	21	39	34	40	8
41	109	42	8	43	29	44	16	45	16
46	16	47	104	48	11	49	24	50	24

Das Programm in Fig. 1.20 ist nicht narrensicher. Es wäre denkbar, daß während der Rechnung die Zahl A so groß wird, daß der Computer sie rundet, mit der gerundeten Zahl weiterrechnet und am Ende falsche Ergebnisse ausdruckt. Wir wollen uns gegen diese Gefahr absichern, indem wir das maximale Glied M der erzeugten Folge mit ausdrucken. Dann können wir sehen, ob M in die Nähe der Rundungszone 10^{12} kommt. Die Variable M in Fig. 1.21 bedeutet das momentane Maximum. Anfangs wird M = 0 gesetzt. Dann wird jedes Glied A der Folge mit M verglichen. Ist A > M, so wird M ← A gesetzt. Nach dem Schritt A ← A/2 ist ein Vergleich von M mit A überflüssig. In Fig. 1.21 wird zum ersten Mal ein Konnektor ① verwendet, der anzeigt, wo es im Flußdiagramm weitergeht. Dadurch kann man unübersichtliche Überschneidungen vermeiden. Der Zähler Z läuft diesmal von X bis Y. Die Grenzen X und Y muß man eingeben. In Fig. 1.21 wurde X = 71, Y = 100 gewählt.

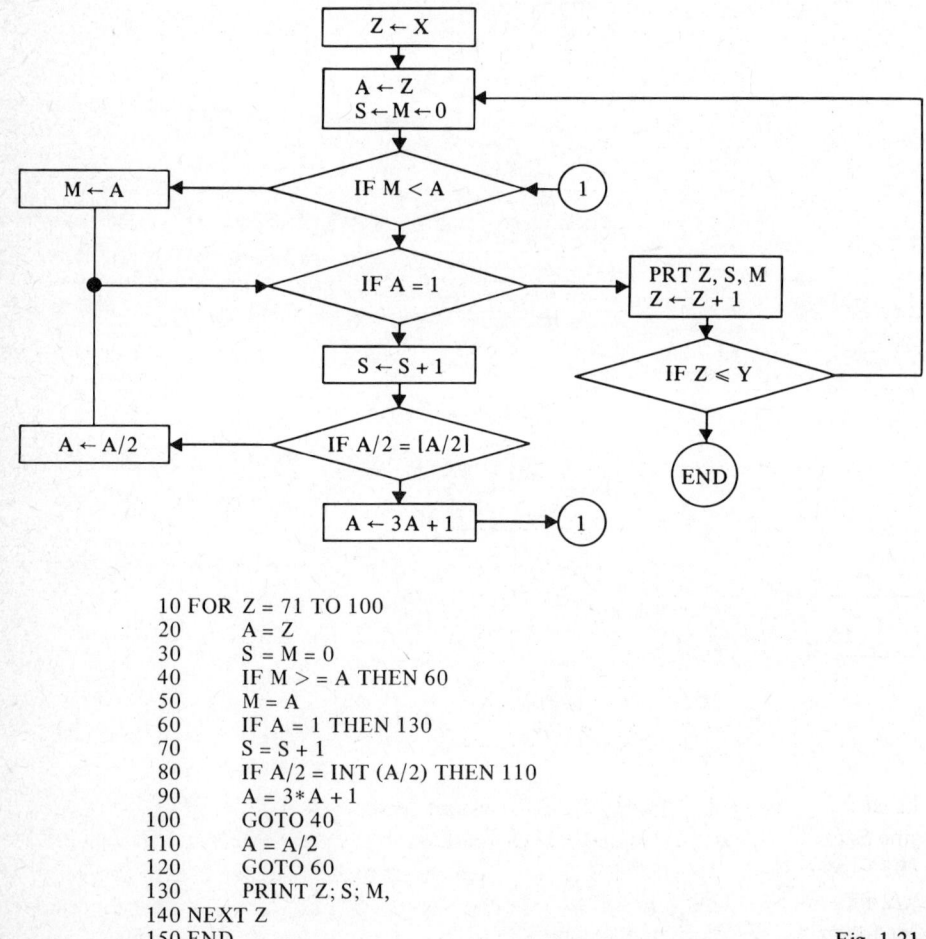

```
 10 FOR Z = 71 TO 100
 20      A = Z
 30      S = M = 0
 40      IF M > = A THEN 60
 50      M = A
 60      IF A = 1 THEN 130
 70      S = S + 1
 80      IF A/2 = INT (A/2) THEN 110
 90      A = 3*A + 1
100      GOTO 40
110      A = A/2
120      GOTO 60
130      PRINT Z; S; M,
140 NEXT Z
150 END
```

Fig. 1.21

14

71	102	9232	72	22	72	73	115	9232	74	22	112	75	14	340
76	22	88	77	22	232	78	35	304	79	35	808	80	9	80
81	22	244	82	110	9232	83	110	9232	84	9	84	85	9	256
86	30	196	87	30	592	88	17	88	89	30	304	90	17	136
91	92	9232	92	17	160	93	17	280	94	105	9232	95	105	9232
96	12	96	97	118	9232	98	25	148	99	25	448	100	25	100

zu Fig. 1.21

Wir wollen dieses Programm weiter verfeinern. Der Algorithmus kann nur stoppen, wenn er eine Zweierpotenz erzeugt. Von da an nimmt die Folge durch fortgesetztes Halbieren monoton ab, bis 1 erreicht wird. Wir führen den Zähler H ein (anfangs H = 0), der nach jedem Schritt A $\leftarrow$ A/2 um 1 erhöht wird und nach jedem Schritt A $\leftarrow$ 3A + 1 auf 0 zurückgesetzt wird. Wenn der Algorithmus stoppt, dann ist 2^H (in BASIC 2↑H) die getroffene Zweierpotenz. Nach einer kleinen Ergänzung geht Fig. 1.21 in Fig. 1.22 über. Das BASIC-Programm in Fig. 1.21 korrigiert man, indem man am Ende folgende Zeilen hinzufügt:

```
30 S = M = H = 0
95 H = 0
115 H = H + 1
130 PRINT Z, S, M, 2↑H
```

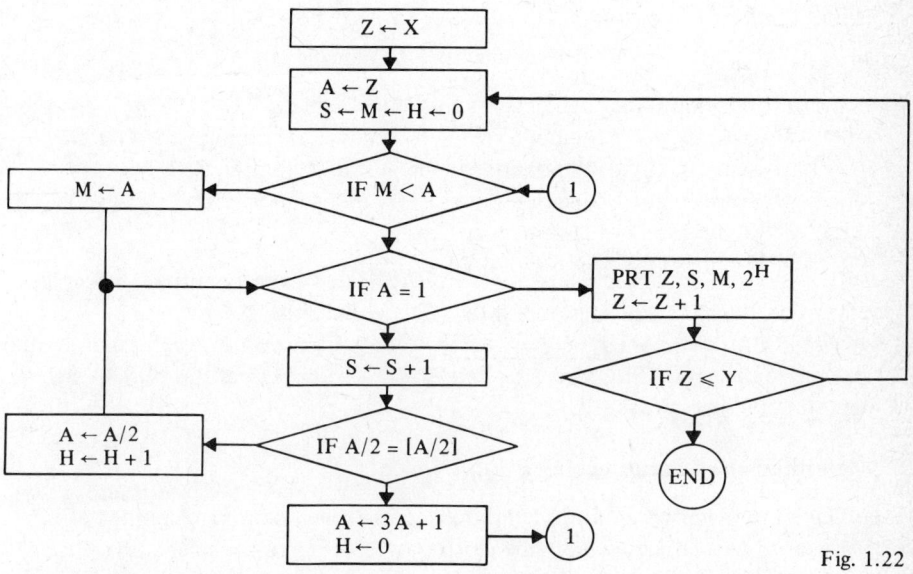

Fig. 1.22

Es ist nicht bekannt, ob die Folge für passende Startwerte nach ∞ divergiert oder in eine Schleife hineinläuft. Das Artificial Intelligence Laboratory am M.I.T. (Memo 239, 1972) hat alle A aus $-10^8 \leq A \leq 6 \cdot 10^7$ untersucht. Man hat iterativ A durch A/2 für gerade A und 3A + 1 für ungerade A ersetzt. Die Folge lief stets in eine der folgenden fünf Schleifen hinein:

15

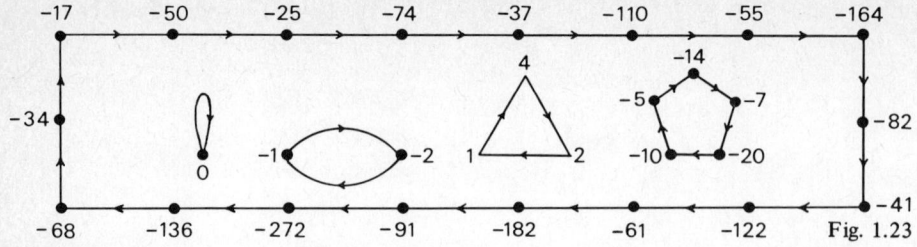

Fig. 1.23

D. J. Selfridge (Berkeley) hat nachgeprüft, daß der Algorithmus für alle $A \leq 2^{29}$ stoppt. Nach einer unbestätigten Meldung gilt dies auch für alle $A \leq 10^{40}$.

Aufgaben:

1. Teste das Programm in Fig. 1.22 für $X = Y = 31\,466\,383$ (Ergebnis: S = 705).

2. Vereinfache Fig. 1.22 so, daß das Programm zu jedem A nur die erste in der Folge auftretende Zweierpotenz 2^H bestimmt und $(A, 2^H)$ druckt.

3. Bei der $3A + 1$-Regel sei S (A) die Schrittzahl bis zum Stopp für den Startwert A. A durchlaufe die ungeraden Zahlen von 1 bis 1161. Das Paar (A, S (A)) soll nur gedruckt werden, wenn S (A) ein Rekord ist, d. h. größer als alle vorangehenden S (A). Schreibe dazu ein Programm (ausgehend von Fig. 1.20) und laß es vom Computer ausführen.

4. Hier ist ein Algorithmus zur Erzeugung einer Zahlenfolge:

   1. Starte mit einer beliebigen natürlichen Zahl A.
   2. Wenn A = 4 ist, dann STOP.
   3. Wenn A auf 4 endet, streiche die 4 und gehe nach 2.
   4. Wenn A auf 0 endet, streiche die 0 und gehe nach 2.
   5. Verdopple A und gehe nach 2.

Zeichne ein Flußdiagramm, übersetze es in BASIC und experimentiere mit einigen Startwerten. Besonders interessant ist der Startwert 1249.
Hinweis: B = A − 10 [A/10] ist der Rest bei der Teilung von A durch 10, d. h. die Endziffer von A. In BASIC wird | X | mit ABS (X) bezeichnet. Damit läßt sich das Programm etwas vereinfachen.

1.3. Algorithmische Definition einiger Funktionen

Wir wollen einige wichtige Funktionen durch Algorithmen oder Programme definieren. Dabei üben wir das Lesen und Abändern fertiger Programme sowie das selbständige Schreiben von Programmen.

1.3.1. Die Maximum- und die Minimum-Funktion

a) Das Programm in Fig. 1.24 ist eine Funktion f. Eingegeben wird ein Paar (X, Y) reeller Zahlen. Das Programm errechnet daraus Z = f (X, Y).
Z. B., f (3,5) = f (5,3) = 5, f (3,3) = 3. Offensichtlich ist Z = max (X, Y).

b) Die Funktion g in Fig. 1.25 errechnet aus dem Zahlentripel (X, Y, Z) eine Zahl M.
Es ist z. B. g (3,4,5) = g (5,3,4) = 5. Hier ist M = max (X, Y, Z).
c) In den Zellen R (1), R (2), . . . , R (N) sind Zahlen gespeichert. In welcher Zelle I
steht das Maximum M und wie groß ist M?
Wir müssen die Frage präzisieren. Das Maximum kann in mehreren Zellen stehen.
Wir suchen das am weitesten links gelegene Maximum. D. h. wir suchen

$$M = \max_{1 \leqslant J \leqslant N} R (J) \quad \text{und} \quad I = \min \{J \mid R (J) = M\}$$

Die Figuren 1.26 und 1.27 zeigen das Maximum-Programm und eine Ausführung.
I ist die Nummer der Zelle, die das jetzige Maximum enthält (anfangs I = 1).
K ist die Nummer der Zelle, deren Inhalt am jetzigen Maximum gemessen wird
(anfangs K = 2).

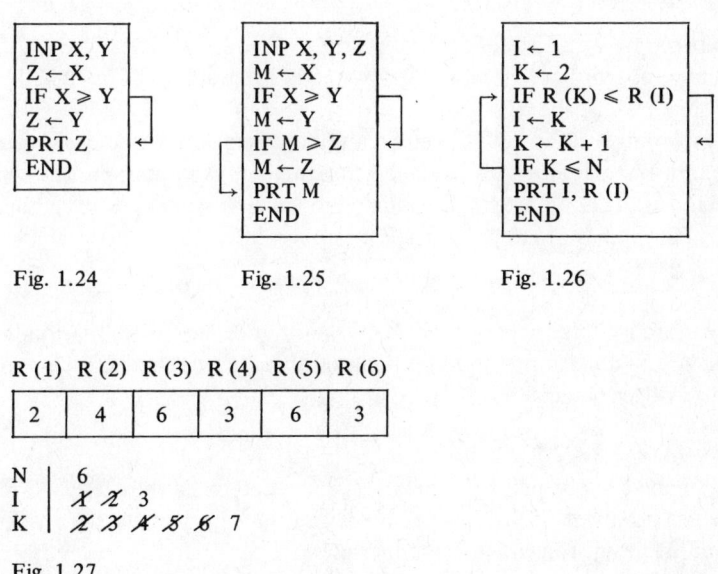

Fig. 1.24   Fig. 1.25   Fig. 1.26

R (1) R (2) R (3) R (4) R (5) R (6)

2	4	6	3	6	3

N | 6
I | $\cancel{1}\ \cancel{2}\ 3$
K | $\cancel{2}\ \cancel{3}\ \cancel{4}\ \cancel{5}\ \cancel{6}\ 7$

Fig. 1.27

Aufgaben:
1. Zeige, daß $\max (x, y) = \dfrac{x + y + |x-y|}{2}$, $\min (x, y) = \dfrac{x + y - |x-y|}{2}$.

2. Die Betragsfunktion gehört zu den Standardfunktionen des Computers. D. h. die
Zuweisung $m \leftarrow \dfrac{x + y + |x-y|}{2}$ liefert max (x, y). Wie kann man max (x, y, z)
durch zwei und max (x, y, z, u) durch drei Zuweisungen berechnen?

3. Ändere die Programme in Fig. 1.24 bis 1.26 so ab, daß anstatt des Maximums das
Minimum bestimmt wird.

4. Die Betragsfunktion gehöre nicht zu den Standardfunktionen des Computers. Schreibe ein Programm, das zur Eingabe x die Ausgabe |x| liefert.

5. Ändere Fig. 1.26 so ab, daß
a) das am weitesten rechts gelegene Maximum gedruckt wird.
[b)] alle Paare (I, M) mit maximalem M gedruckt werden.

6. Übersetze Fig. 1.26 in die BASIC-Sprache.

7. Schreibe ein BASIC-Programm, welches das Maximum und das Minimum der Folge R (1), R (2), . . . , R (N) bestimmt.

8. Schreibe ein BASIC-Programm, welches das Maximum (Minimum) der Folge $R(I) = I \sqrt{2} - [I \sqrt{2}]$, $I = 1, 2, \ldots , 100$ bestimmt.

1.3.2. Fakultät und Potenz

Die Funktion $n \rightarrow n!$ ist definiert durch $0! = 1! = 1$, $n! = 1 \cdot 2 \cdot 3 \cdot \ldots \cdot n$. Das Zeichen n! wird „n Fakultät" gelesen. Das Programm in Fig. 1.28 liefert zur Eingabe N die Ausgabe (N, N!).

Das Potenzieren X^Y für $X > 0$ gehört zu den Operationen, die der Computer ausführen kann. Wir schreiben unser eigenes Potenzierungsprogramm, weil wir dabei viel lernen. Fig. 1.29 liefert zur Eingabe (A, N) die Ausgabe $P = A^N$, falls $N \in \{0, 1, 2, \ldots\}$ ist. Man prüfe das Programm für

a) A = 2, N = 6   b) A = 2, N = 1   c) A = 2, N = 0.

Das Programm ist verschwenderisch. Z. B. benötigt es 16 Multiplikationen zur Berechnung von A^{16}. Man kommt jedoch mit vier Multiplikationen aus, indem man A^{16} durch viermaliges Quadrieren berechnet:

$$P \leftarrow AA; \quad P \leftarrow PP; \quad P \leftarrow PP; \quad P \leftarrow PP$$

Die Frage nach der optimalen Berechnung einer Potenz ist schwierig. A. M. Legendre (Théorie des nombres, 1798) fand einen eleganten Algorithmus, der fast optimal ist. Die Grundidee zeigt folgendes Zahlenbeispiel:

$$1 \cdot 2^{15} = 2 \cdot 2^{14} = 2 \cdot 4^7 = 8 \cdot 4^6 = 8 \cdot 16^3 = 128 \cdot 16^2 = 128 \cdot 256 = 32768$$

Hier werden zwei Schritte verwendet, die das Produkt $Z \cdot X^Y$ invariant lassen.

1. Schritt: $Y \leftarrow Y - 1$, $Z \leftarrow Z \cdot X$
2. Schritt: $Y \leftarrow Y/2$, $X \leftarrow X^2$

Der 2. Schritt ist nur möglich, wenn Y gerade ist. Ist jedoch Y ungerade, dann wird es gerade nach dem 1. Schritt. Wir starten mit X = A, Y = N, Z = 1. Dann ist das invariante Produkt $Z \cdot X^Y = A^N$. Bei geradem Y wird der 2. Schritt und bei ungeradem Y der 1. Schritt ausgeführt. Der Exponent Y nimmt jedesmal ab. Wenn Y = 0 ist, dann ist $Z = A^N$. Fig. 1.30 zeigt das zugehörige Programm. Vergleiche Fig. 1.30 mit Fig. 1.14.

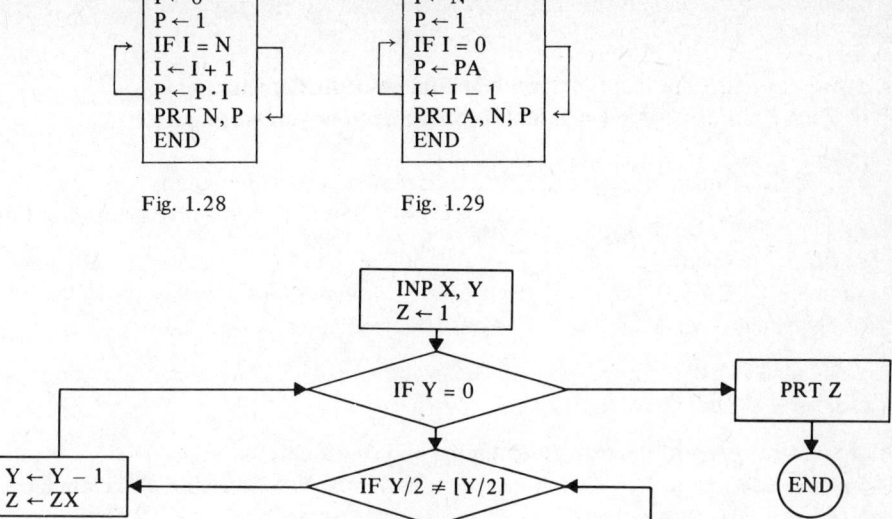

```
I ← 0                          I ← N
P ← 1                          P ← 1
IF I = N                       IF I = 0
I ← I + 1                      P ← PA
P ← P · I                      I ← I − 1
PRT N, P                       PRT A, N, P
END                            END
```

Fig. 1.28   Fig. 1.29

```
                    INP X, Y
                     Z ← 1
```

IF Y = 0 → PRT Z

Y ← Y − 1
Z ← ZX   IF Y/2 ≠ [Y/2]   END

Y ← Y/2
X ← XX

Fig. 1.30

Zur Berechnung von A^{15} benötigt das Programm 7 Multiplikationen (oder 6, wenn man die Multiplikation mit 1 nicht zählt). Das optimale Programm benötigt zur Berechnung von A^{15} nur 5 Multiplikationen, wie Fig. 1.31 zeigt. Das durchsichtigere Programm in Fig. 1.32 quadriert 4mal und dividiert anschließend durch A. Aber eine Division ist etwas teurer als eine Multiplikation.

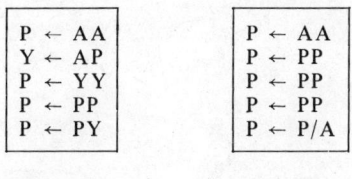

```
P ← A A          P ← A A
Y ← A P          P ← P P
P ← Y Y          P ← P P
P ← P P          P ← P P
P ← P Y          P ← P/A
```

Fig. 1.31   Fig. 1.32

Aufgaben:

1. Das Programm in Fig. 1.28 soll für N = 6, 4, 1, 0 ausgeführt werden.

2. Ändere das Programm in Fig. 1.28 so ab, daß es die Wertetafel der Funktion I → I! für I = 0, 1, 2, . . . , N druckt.

3. Ändere das Programm in Fig. 1.28 so ab, daß der Zähler I bei N beginnt und abwärts zählend bei 0 endet.

4. Schreibe ein Programm, das 1! + 2! + 3! + . . . + N! möglichst sparsam berechnet.

5. Übersetze das Programm in Fig. 1.30 in die BASIC-Sprache.

6. Berechne mit dem Programm in Fig. 1.30 $(1 - \frac{1}{n})^n$ für $n = 10, 10^2, \ldots, 10^{12}$.

7. a) Wie viele Multiplikationen benötigt Fig. 1.30 zur Berechnung von A^{23}?
   b) Zeige, daß man A^{23} durch 5 Multiplikationen und eine Division berechnen kann.
   c) Zeige, daß man A^{23} durch 6 Multiplikationen bestimmen kann.

8. a) Wie viele Multiplikationen benötigt Fig. 1.30 zur Berechnung von A^{1000}?
   b) Zeige, daß man A^{1000} durch 11 Multiplikationen und eine Division berechnen kann.
   c) Zeige, daß man A^{1000} durch 12 Multiplikationen berechnen kann.

9. Zeige, daß zur Berechnung von A^{77} acht und von A^{170} neun Multiplikationen ausreichen.

10. Hier ist ein Algorithmus zur Berechnung von A^N: Schreibe N im Zweiersystem. Ersetze jede „1" durch „QA" und jede „0" durch „Q". Streiche QA am linken Ende weg. Das Restwort ist eine Anweisung zur Berechnung von A^N, falls man Q bzw. A als die Befehle „quadriere" und „multipliziere mit A" deutet.
   Beispiel: $23 = 10111_2 = $ QAQQAQAQA.
   Die Folge QQAQAQA von Anweisungen liefert

$$A \rightarrow A^2 \rightarrow A^4 \rightarrow A^5 \rightarrow A^{10} \rightarrow A^{11} \rightarrow A^{22} \rightarrow A^{23}$$

Wie viele Multiplikationen erfordert dieser Algorithmus zur Berechnung von A^{15}, A^{16} und A^{1000}?

1.3.3. Die Funktion „ganzer Teil"

Wir untersuchen jetzt eine der wichtigsten Standardfunktionen des Computers. Sie kommt in den meisten Programmen vor. Wir definieren

$$[x] = \text{die größte ganze Zahl} \leq x, \ x \in \mathbb{R}$$

Das Zeichen „$[x]$" wird „ganzer Teil von x" gelesen. In BASIC heißt die Funktion INT. Fig. 1.33 zeigt den Graphen der Funktion $x \rightarrow [x]$.

Bemerkungen und Beispiele

a) $[x]$ entsteht durch *Abrunden* von x auf eine ganze Zahl. Z. B.:
$[3,7] = 3$, $[4] = 4$, $[-3,7] = -4$, $[-5] = -5$, $[0,6] = 0$, $[-0,6] = -1$.
b) $[X] = X$ gilt genau dann, wenn X ganzzahlig ist. Daher ist die Abfrage

   IF X = INT (X)

ein Test auf Ganzzahligkeit von X.
c) Es seien N und P ganze Zahlen. Dann ist $N/P = [N/P]$ genau dann, wenn P ein Teiler von N ist. D. h.

$$\text{IF } N/P = \text{INT } (N/P)$$

ist ein Test auf Teilbarkeit von N durch P.

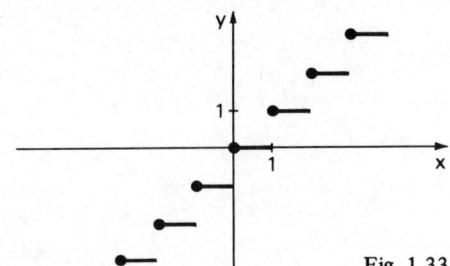

Fig. 1.33

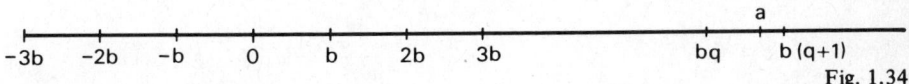

Fig. 1.34

d) *Teilung mit Rest*

Eine ganze Zahl a ist eindeutig darstellbar durch die natürliche Zahl b in der Form

$$(1) \qquad a = bq + r, \quad 0 \leq r < b$$

q und r heißen *Quotient* und *Rest* bei der Teilung von a durch b. Um dies einzusehen, betrachten wir die ganzzahligen Vielfachen von b auf der Zahlengeraden (Fig. 1.34). Die ganze Zahl a fällt in genau eines der Intervalle [bq, b(q + 1)]. Aus (1) folgt

$$\frac{a}{b} = q + \frac{r}{b}, \quad 0 \leq \frac{r}{b} < 1$$

Daher ist

$$q = \left[\frac{a}{b}\right], \quad r = a - b \left[\frac{a}{b}\right]$$

Der Term

$$\boxed{a - b \left[\frac{a}{b}\right] = \text{Rest bei der Teilung von a durch b}}$$

kommt besonders oft vor. Man sollte sich diesen Ausdruck merken.

Es ist zweckmäßig, für alle reellen a, b die Verknüpfung a mod b (lies: *a modulo b*) zu definieren durch

$$a \bmod b = \begin{cases} a - b \, [a/b] & \text{für } b \neq 0 \\ 0 & \text{für } b = 0 \end{cases}$$

Insbesondere ist

$$a \bmod 1 = a - [a] = \text{gebrochener Teil von a.}$$

Bei großen Rechenanlagen und bei einigen Tischrechnern gehört a mod b zu den Standardoperationen. Damit könnte man viele unserer Programme vereinfachen. Insbesondere ist *a durch b teilbar genau dann, wenn a mod b = 0* ist.

Aufgaben:

1. Bestimme alle Lösungen von $2x = [2x]$ für $x \in \mathbb{R}$.

2. Für welche n ist die Bedingung $\sqrt{n} = [\sqrt{n}\,]$ erfüllt?

3. Zeige, daß $-[-x]$ zur nächstgrößeren ganzen Zahl aufrundet.

▶ 4. Zeige, daß $[x + 0,5]$ und $[2x] - [x]$ die beste ganzzahlige Approximation von x liefern, d. h. sie runden zur nächsten ganzen Zahl (Rundungsfunktion).

5. Zeichne die Graphen der folgenden Funktionen: a) $y = \dfrac{[2x]}{2}$ b) $y = 2\left[\dfrac{x}{2}\right]$
   c) $y = (-1)^{[x]}$ d) $y = (-1)^{[2x]}$ e) $y = x - [x]$ f) $y = -[-x]$.

6. Berechne $\dfrac{[10x + 0,5]}{10}$, $\dfrac{[100x + 0,5]}{100}$, $\dfrac{[1000x + 0,5]}{1000}$ für $x = 3{,}1416$ und $x = 2{,}71828$. Deute demnach $\dfrac{[10^d x + 0,5]}{10^d}$ für $d = 0, 1, 2, 3, \ldots$.

▶ 7. Die nachfolgende Formel des Geistlichen Zeller liefert den Wochentag für jedes Datum des Gregorianischen Kalenders:

$$W = T + [2,6M - 0,2] + J + [J/4] + [H/4] - 2H$$

wobei H das Jahrhundert, J die Jahreszahl innerhalb des Jahrhunderts, M der Monat, T der Tag und $W \bmod 7 = W - 7\,[W/7]$ der Wochentag ist. Dabei ist So = 0, Mo = 1, ... , Sa = 6. Für die Monate ist altrömische Zählung zu verwenden, d. h. März ist M = 1, April ist M = 2, ... , Januar und Februar sind 11. und 12. Monat des Vorjahres. Berechne den Wochentag für folgende Daten:
a) heute b) den eigenen Geburtstag c) 1. 1. 2000 d) 22. 6. 1941 e) 7. 12. 1941
f) 25. 6. 1950

Beispiel:
Für den 1. 2. 1902 ist H = 19, J = 2, M = 12, T = 1, W = − 1, W mod 7 = 6.

▶ 8. a) Wenn N von 1 bis A^2 läuft, dann läuft $f(N) = [N + \sqrt{N} + \frac{1}{2}]$ bis $A^2 + A$ und überspringt daher genau A Zahlen. Schreibe ein Programm, das die übersprungenen Zahlen druckt. Vermutung.
b) Man lasse N die Zahlen 1, 2, 3, 4, ... durchlaufen. Welche Zahlen überspringt die Funktion $g(N) = [N + \sqrt{2N} + \frac{1}{2}]$?

9. Es sei $x = z_n z_{n-1} \ldots z_2 z_1 z_0, z_{-1} z_{-2} \ldots$ die Dezimaldarstellung der reellen Zahl $x \geq 0$. Dann liefert $z_i = [\frac{x}{10^i}] - 10\,[\frac{x}{10^{i+1}}]$ die i-te Ziffer von x. Zeige dies.

▶ 10. In Fig. 1.35 wird eine natürliche Zahl N eingegeben. Wie hängt die Ausgabe M von N ab?

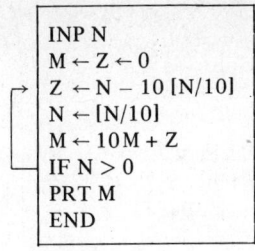

```
INP N
M ← Z ← 0
Z ← N – 10 [N/10]
N ← [N/10]
M ← 10 M + Z
IF N > 0
PRT M
END
```

Fig. 1.35

1.3.4. Wurzelfunktionen

a) *Der Quadratwurzelalgorithmus*. Schon die Sumerer vor ca. 4000 Jahren kannten einen Rechenprozeß, der zur Eingabe $a > 0$ die Ausgabe $\sqrt{a}$ liefert. Er wird hier nur knapp abgehandelt, da er im 4. Kapitel nochmals aufgenommen wird.
Man wählt $x_0 > 0$ beliebig und berechnet $x_1, x_2, \ldots$ mit der Rekursion

(1) $\qquad x_{n+1} = \frac{1}{2} (x_n + \frac{a}{x_n})$

Wir zeigen, daß $x_1 > x_2 > x_3 > \ldots > \sqrt{a}$ und $\lim\limits_{n \to \infty} x_n = \sqrt{a}$ ist. Setzt man

(2) $\qquad x_n = \sqrt{a} \, (1 + \epsilon_n),$

wo $\epsilon_n = \dfrac{(x_n - \sqrt{a})}{\sqrt{a}}$ der *n-te relative Fehler* ist, so folgt aus (1) und (2) nach einiger

Rechnung

$$x_{n+1} = \sqrt{a} \, (1 + \frac{\epsilon_n^2}{2(1 + \epsilon_n)})$$

D. h.,

(3) $\qquad \epsilon_{n+1} = \dfrac{\epsilon_n^2}{2(1 + \epsilon_n)}$

Wegen $x_0 > 0$ ist $\epsilon_0 > -1$ und daher $\epsilon_n > 0$ für alle $n \geq 1$. D. h. $x_n > \sqrt{a}$ für $n \geq 1$. Läßt man im Nenner von (3) das Glied 1 bzw. ϵ_n weg, so erhält man für $n \geq 1$

(4) $\qquad \epsilon_{n+1} < \dfrac{\epsilon_n}{2}$

(5) $\qquad \epsilon_{n+1} < \dfrac{\epsilon_n^2}{2}$

Wegen (4) wird bei jedem Schritt der relative Fehler mehr als halbiert. Ist $\epsilon_n \leq 10^{-p}$, so ist nach (5) $\epsilon_{n+1} < \dfrac{10^{-2p}}{2}$. D. h., bei jedem Schritt wird die Anzahl der richtigen Stellen annähernd verdoppelt.
Fig. 1.36 zeigt das Programm zur Berechnung von $\sqrt{a}$. Wir haben $x_0 = \dfrac{1+a}{2}$ gewählt; y und x sind zwei aufeinanderfolgende Glieder der Folge x_n. Die Folge $x_1, x_2, x_3, \ldots$ wird gedruckt solange $x_{n+1} < x_n$ ist. Eigentlich ist diese Bedingung stets erfüllt. Aber

23

in der Nähe von $\sqrt{a}$ wird sie durch Rundung verletzt. Dann ist es Zeit aufzuhören. Die Eingabe $a = 2$ liefert schon nach drei Schritten $\sqrt{2} = 1.414213562$ auf zehn Stellen genau (Fig. 1.36 a).

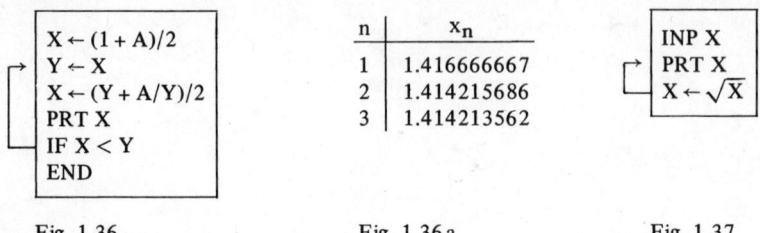

n	x_n
1	1.416666667
2	1.414215686
3	1.414213562

```
X ← (1 + A)/2
Y ← X
X ← (Y + A/Y)/2
PRT X
IF X < Y
END
```

```
INP X
PRT X
X ← √X
```

Fig. 1.36   Fig. 1.36 a   Fig. 1.37

b) *Das fortgesetzte Quadratwurzelziehen.*
Fig. 1.37 zeigt ein kleines Programm. Wird eine Zahl $x > 0$ eingegeben, dann druckt es die Folge

$$x_0 = x, \quad x_1 = \sqrt{x_0}, \quad x_2 = \sqrt{x_1}, \ldots, x_{n+1} = \sqrt{x_n}, \ldots$$

Dabei ist $x_n = x_{n+1}^2$.
Wir zeigen, daß $\lim_{n \to \infty} x_n = 1$ ist. Es sei zunächst $x > 1$. Dann ist $x_n > 1$ für alle n und

(6) $\qquad \dfrac{x_{n+1} - 1}{x_n - 1} = \dfrac{x_{n+1} - 1}{x_{n+1}^2 - 1} = \dfrac{1}{1 + x_{n+1}} < \dfrac{1}{2}$

Den Übergang von x_n zu x_{n+1} nennen wir einen Schritt oder eine Iteration.
(3) zeigt, daß jeder Schritt den Abstand von 1 mehr als halbiert. Daraus folgt schon, daß $x_n \to 1$ für $n \to \infty$. Startet man mit einer großen Zahl, z. B. $x = 10^{100}$, dann wird bei jeder Iteration die Stellenzahl ungefähr halbiert, und man erhält rasch $x_n < 10$. Nach spätestens zwei weiteren Schritten ist $1 < x_n < 2$. Von da an ist die Konvergenz langsam. Bei jeder Iteration wird der Abstand von 1 immer genauer halbiert. Es ist

$$\lim_{n \to \infty} \frac{x_{n+1} - 1}{x_n - 1} = \lim_{n \to \infty} \frac{1}{1 + x_{n+1}} = \frac{1}{2}$$

Daher sagt man, x_n konvergiere *linear* gegen 1 mit dem *Konvergenzfaktor* $\frac{1}{2}$.
Ist schließlich $0 < x < 1$, dann ist $y = \frac{1}{x} > 1$ und die Folge $y_n = \frac{1}{x_n}$ konvergiert gegen 1, also auch x_n. Startet man im Intervall $\frac{1}{2} < x < 2$, dann ist nach 32 Iterationen $|1 - x_{32}| \leq 1.614 \cdot 10^{-10}$. Man prüfe dies mit dem Taschenrechner nach. Siehe auch Aufgabe 4.
Durch fortgesetztes Quadratwurzelziehen wird es uns gelingen, viele andere in der Schule auftretende Funktionen zu berechnen.

c) *Die Funktion* $y = \sqrt[n]{x}, \ x \geq 0$.
Ein Taschenrechner besitze eine Quadratwurzeltaste $\boxed{\sqrt{x}}$. Wir machen uns an einigen Beispielen klar, wie man damit $\sqrt[n]{x}$ berechnen kann.

24

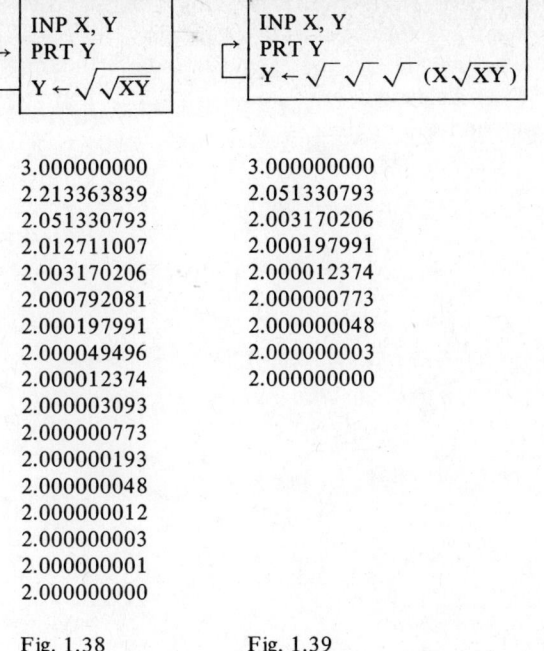

3.000000000	3.000000000
2.213363839	2.051330793
2.051330793	2.003170206
2.012711007	2.000197991
2.003170206	2.000012374
2.000792081	2.000000773
2.000197991	2.000000048
2.000049496	2.000000003
2.000012374	2.000000000
2.000003093	
2.000000773	
2.000000193	
2.000000048	
2.000000012	
2.000000003	
2.000000001	
2.000000000	

Fig. 1.38 Fig. 1.39

1. Beispiel:

Gegeben sei $x \geq 0$. Gesucht ist $y = \sqrt[3]{x}$. Für $y > 0$ gilt

$$y = \sqrt[3]{x} \iff y^3 = x \iff y^4 = xy \iff y = \sqrt{\sqrt{xy}}$$

Wir suchen die Lösung der Gleichung

$$y = \sqrt{\sqrt{xy}}$$

Gibt man in Fig. 1.38 x und eine Schätzung y_0 für das unbekannte y ein, so druckt sie die Folge

$$y_0, \quad y_1 = \sqrt{\sqrt{xy_0}}, \quad y_2 = \sqrt{\sqrt{xy_1}}, \ldots, y_{n+1} = \sqrt{\sqrt{xy_n}}, \ldots$$

Wir behaupten, daß $y_n \rightarrow y$ für $n \rightarrow \infty$ mit dem Konvergenzfaktor $\frac{1}{4}$. In der Tat, die Schätzung y_0 sei mit dem Fehlerfaktor q_0 behaftet, d. h.

$$y_0 = yq_0$$

Dann ist

$$y_1 = \sqrt{\sqrt{xyq_0}} = \sqrt{\sqrt{xy}} \ \sqrt{\sqrt{q_0}} = yq_1$$

D. h., y_1 ist mit dem Fehlerfaktor $q_1 = \sqrt{\sqrt{q_0}}$ behaftet. Analog ist

$$y_2 = yq_2, \quad y_3 = yq_3, \quad \text{mit} \quad q_{n+1} = \sqrt{\sqrt{q_n}}.$$

Nach b) konvergiert q_n gegen 1 mit dem Konvergenzfaktor $\frac{1}{4}$, da beim Übergang von q_n zu q_{n+1} zweimal die Quadratwurzel gezogen wird.
Fig. 1.38 zeigt die Berechnung von $\sqrt[3]{8}$, ausgehend von der Schätzung $y_0 = 3$.
Bei jeder Iteration wird der Abstand zum Grenzwert $y = 2$ immer genauer viermal kleiner. Nach 16 Iterationen ist der Fehler $\leq 10^{-10}$.

2. Beispiel:
Wir wollen $y = \sqrt[5]{x}$ aus $x > 0$ berechnen. Für $y > 0$ gilt

$$y = \sqrt[5]{x} \iff y^5 = x \iff y^{15} = x^3 \iff y^{16} = x^3 y \iff y = \sqrt{\sqrt{\sqrt{x\sqrt{xy}}}}.$$

Man überlegt sich analog wie im 1. Beispiel, daß Fig. 1.39 eine Folge y_n druckt, die mit dem Konvergenzfaktor $\frac{1}{16}$ gegen y konvergiert. Diese Figur zeigt die Berechnung von $\sqrt[5]{32}$ ausgehend von der Schätzung $y_0 = 3$.

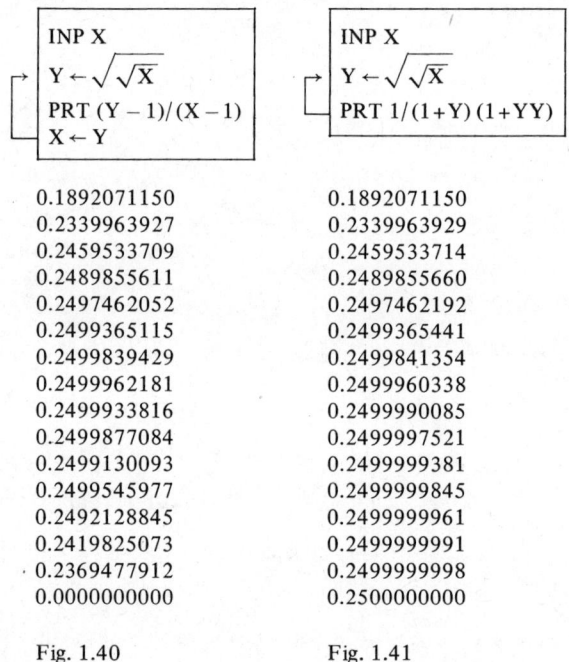

0.1892071150	0.1892071150
0.2339963927	0.2339963929
0.2459533709	0.2459533714
0.2489855611	0.2489855660
0.2497462052	0.2497462192
0.2499365115	0.2499365441
0.2499839429	0.2499841354
0.2499962181	0.2499960338
0.2499933816	0.2499990085
0.2499877084	0.2499997521
0.2499130093	0.2499999381
0.2499545977	0.2499999845
0.2492128845	0.2499999961
0.2419825073	0.2499999991
0.2369477912	0.2499999998
0.0000000000	0.2500000000

Fig. 1.40   Fig. 1.41

3. Beispiel:
Auslöschung durch Subtraktion. Es sei $x > 0$ und

$$x_0 = x, \quad x_1 = \sqrt{\sqrt{x_0}}, \quad x_2 = \sqrt{\sqrt{x_1}}, \ldots, \quad x_n = \sqrt{\sqrt{x_{n-1}}}, \ldots$$

Wir wissen, daß $\lim_{n \to \infty} x_n = 1$. Der Konvergenzfaktor beträgt $\frac{1}{4}$. Fig. 1.40 zeigt die Folge $\dfrac{x_n - 1}{x_{n-1} - 1}$ für $x = 2$ und $n = 1$ bis 16. Bis zum 8. Glied nähert sich diese Folge der Zahl $\frac{1}{4}$. Dann entfernt sie sich von ihrem Grenzwert, und das 16. Glied ist sogar 0. Dieses Verhalten ist auf schwere Rundungsfehler zurückzuführen. Sowohl x_n als auch x_{n-1} sind für $n \geq 8$ nahezu 1. Bei $x_n - 1$ und $x_{n-1} - 1$ werden zwei nahezu gleiche Zahlen subtrahiert. Dabei werden die vorderen zuverlässigen Ziffern ausgelöscht. Diesen unerwünschten Effekt nennt man *Auslöschung durch Subtraktion*. Er läßt sich in der Regel durch Umformung vermeiden. In unserem Fall ist $x_{n-1} = x_n^4$. Daher ist

$$\frac{x_n - 1}{x_{n-1} - 1} = \frac{x_n - 1}{x_n^4 - 1} = \frac{(x_n - 1)}{(x_n^2 + 1)(x_n + 1)(x_n - 1)} = \frac{1}{(1 + x_n^2)(1 + x_n)}$$

Fig. 1.41 zeigt den erstaunlichen Erfolg der Umformung.

> Vermeide die Subtraktion nahezu gleicher Zahlen!

Aufgaben:

1. Die folgenden Ausdrücke sollen für große x ausgewertet werden:

    a) $\sqrt{x+1} - \sqrt{x}$ b) $\frac{1}{x+1} - \frac{1}{x}$ c) $\frac{1}{x+1} - \frac{2}{x} + \frac{1}{x-1}$ [d)] $\sqrt{\sqrt{x+1}} - \sqrt{\sqrt{x}}$

    Forme so um, daß Auslöschung durch Subtraktion vermieden wird.

2. Schreibe ein Programm, das $y = \sqrt[7]{x}$ durch wiederholtes Quadratwurzelziehen auswertet.

3. Zeige, daß $y = \sqrt[9]{x}$ durch Umformung auf die Gestalt $y = \sqrt{\sqrt{\sqrt{\sqrt{\frac{x}{y}}}}}$ gebracht werden kann. Schreibe damit ein Programm für $\sqrt[9]{x}$ und bestimme $\sqrt[9]{512}$, ausgehend von $y_0 = 1000$. Welches ist der Konvergenzfaktor?

4. Wir betrachten die Folge in Fig. 1.37
    $x_0 = x$, $x_1 = \sqrt{x}$, $x_2 = \sqrt{x_1}$, ..., $x_n = \sqrt{x_{n-1}}$, ...
    Wegen Auslöschung durch Subtraktion kann man $x_n - 1$ nicht mit hoher Genauigkeit ausrechnen. Zeige jedoch, daß
    $x - 1 = (x_n - 1)(x_n + 1)(x_{n-1} + 1)(x_{n-2} + 1) \ldots (x_2 + 1)(x_1 + 1)$.
    Hinweis: Beachte, daß $(x_i - 1)(x_i + 1) = x_i^2 - 1 = x_{i-1} - 1$.
    Schreibe ein Programm, das $x_n - 1$ mit hoher Genauigkeit auswertet und prüfe das Ergebnis $x_{32} - 1 = 1.613859043 \cdot 10^{-10}$ für $x = 2$.

5. Mit Hilfe von (1) kann man zeigen, daß
    $$y = \sqrt{x} = (1 + \frac{1}{q_0})(1 + \frac{1}{q_1})(1 + \frac{1}{q_2}) \ldots = \prod_{n=0}^{\infty}(1 + \frac{1}{q_n}), \text{ wo } q_0 = \frac{x+1}{x-1},$$
    $q_{n+1} = 2q_n^2 - 1$ ist.
    a) Berechne damit $\sqrt{2}$, $\sqrt{0.5}$, $\sqrt{3}$, $\sqrt{i}$.
    b) Es sei $y_0 = 1 + \frac{1}{q_0}$, $y_n = y_{n-1}(1 + \frac{1}{q_n})$. Dann hat die Näherung y_n den Fehler $\sqrt{x} - y_n \approx \frac{\sqrt{x}}{q_{n+1}}$. Prüfe dies bei $\sqrt{2}$ und $\sqrt{3}$ mit dem Taschenrechner nach.

6. *Das arithmetisch-harmonische Mittel.* Es sei $x_0 > 0$, $y_0 > 0$. Wir definieren die Folgen x_n, y_n durch die Rekursionen

$$x_{n+1} = \frac{x_n + y_n}{2}, \quad y_{n+1} = \frac{2x_n y_n}{x_n + y_n}, \quad n = 0, 1, 2, \ldots$$

a) Schreibe ein Programm, das (x_n, y_n) für $n = 0, 1, 2, \ldots$ druckt.

b) Experimentiere mit verschiedenen Startwerten x_0, y_0 und versuche $\lim\limits_{n \to \infty} x_n$ und $\lim\limits_{n \to \infty} y_n$ durch x_0 und y_0 auszudrücken.

c) Beweise die durch Probieren in b) gefundenen Ergebnisse.

1.3.5. Logarithmen, Zufallsziffern und Potenzen

Jede reelle Zahl $a > 0$ kann man als Potenz von $b > 1$ schreiben:

(1) $\qquad a = b^x$

Die Hochzahl x heißt *Logarithmus von a zur Basis b* und wird mit $\log_b a$ bezeichnet. Für $0 < a < 1$ ist $x < 0$ und für $a \geq 1$ ist $x \geq 0$. Am wichtigsten sind der Zehnerlogarithmus $\log_{10} a = \lg a$, der Zweierlogarithmus $\log_2 a$ und der natürliche Logarithmus (logarithmus naturalis) $\log_e a = \ln a$, wobei $e = 2{,}7182818284590\ldots$ ist. Wir konstruieren ein Programm, das zur Eingabe a, b die Ausgabe $x = \log_b a$ liefert. Wir nehmen an, daß $a \geq 1$ ist (den Fall $0 < a < 1$ behandelt Aufg. 1). Dann ist $x \geq 0$. Die Dezimaldarstellung von x sei

(2) $\qquad x = z_0, z_1 z_2 z_3 \ldots = z_0 + \dfrac{z_1}{10} + \dfrac{z_2}{100} + \dfrac{z_3}{1000} + \ldots$

Dabei ist $z_0 = [x]$ und z_i ist die i-te Dezimale von x. Aus (1) und (2) folgt

(3) $\qquad a = b^{z_0 + z_1/10 + z_2/100 + z_3/1000 + \ldots}$

Der folgende Algorithmus druckt die Folge $z_0, z_1, z_2, z_3, \ldots$

    1. Setze $z \leftarrow 0$.
    2. Solange $a \geq b$ ist, setze $a \leftarrow \dfrac{a}{b}$ und $z \leftarrow z + 1$.
    3. Drucke z, setze $a \leftarrow a \uparrow 10$ und gehe nach 1.

D.h. in (3) wird zuerst der Faktor b $z_0$mal abdividiert und z_0 wird gedruckt. Dann geht (3) über in

(4) $\qquad a = b^{z_1/10 + z_2/100 + z_3/1000 + \ldots}$

Jetzt wird in (4) mit 10 potenziert und man erhält

(5) $\qquad a = b^{z_1 + z_2/10 + z_3/100 + \ldots}$

Diese Gleichung hat wieder dieselbe Form wie die Ausgangsgleichung (3). Fig. 1.42 zeigt das zugehörige Programm. Für $A = 2$, $B = 10$ erhält man
lg2 = 0.30102 99956 62079 68019 75447 64421 62391 57691 78285 99785
       72783 97258 38487 31053 95188 60845 79762 84327 96072 57403 . . .

Infolge von Rundungsfehlern sind nur die ersten 10 Dezimalen richtig. Trotzdem ist die Ziffernfolge nicht ohne Nutzen. Wird das Glücksrad in Fig. 1.43 wiederholt gedreht, so entsteht eine Folge *dezimaler Zufallsziffern*. Die vom Programm in Fig. 1.42 erzeugte Ziffernfolge kann als Ersatz für dezimale Zufallsziffern verwendet werden, falls $\log_b a$ irrational ist. In der Regel braucht man mindestens 1000 Zufallsziffern. Dann ist es wichtig, das Programm zu beschleunigen. Man kann z.B. die langsame Operation $A \leftarrow A \uparrow 10$ durch vier Multiplikationen ersetzen:
$P \leftarrow AA, \quad P \leftarrow PP, \quad P \leftarrow PA, \quad A \leftarrow PP.$
Die Eingabe $A = 2, \quad B = e$ liefert

$\ln 2 = 0.69314\ 71805\ 46849\ 14692\ 21090\ 10173\ 57756\ 71403\ \ldots$

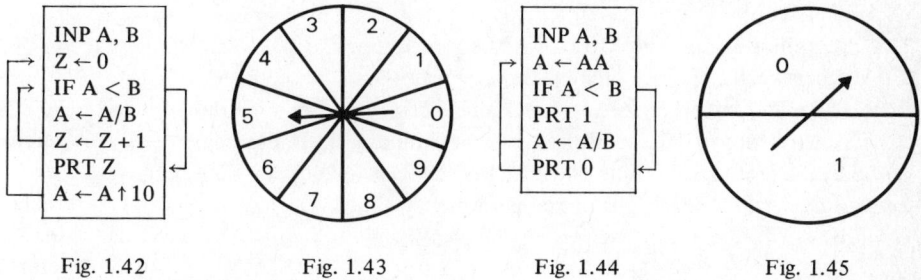

Fig. 1.42   Fig. 1.43   Fig. 1.44   Fig. 1.45

anstatt des richtigen Wertes
$\ln 2 = 0.69314\ 71805\ 59945\ 30941\ 72321\ 21458\ 17656\ 80755\ \ldots$
Auch diese Ziffernfolge ist ein guter Ersatz für dezimale Zufallsziffern. Besonders bequem lassen sich die Logarithmen im Zweiersystem berechnen. Der ganze Teil des Logarithmus läßt sich leicht im Kopf bestimmen. Daher dürfen wir $1 \le a \le b$ voraussetzen. Dann ist

$$\log_b a = (0, z_1 z_2 z_3 \ldots)_2 = \frac{z_1}{2} + \frac{z_2}{4} + \frac{z_3}{8} + \ldots, z_i \in \{0, 1\}$$

oder

$$a = b^{z_1/2 + z_2/4 + z_3/8 + \ldots}$$

Der folgende Algorithmus druckt die binäre Folge $z_1, z_2, z_3, \ldots$

    1. (Quadriere) Setze $A \leftarrow AA$.
    2. Ist $A < B$, dann drucke 0 und gehe nach 1.
        Sonst drucke 1, setze $A \leftarrow A/B$ und gehe nach 1.

Das zugehörige Programm in Fig. 1.44 läßt sich bequem und schnell mit dem Taschenrechner ausführen. $A = 2, \quad B = 10$ liefert die binäre Folge
$\lg 2 = 0.0100110100\ 0100000100\ 1101010000\ 1001111101\ 1110010011$
        $1001110000\ 0010010010\ 1101100001\ 1100011110\ 0111110100$
        $1001001101\ 0000101001\ 1000110111\ 1101100001\ 0101100101$
        $0000111011\ 0101000010\ 0100011110\ 0101010010\ 1100011101 \ldots$
Nur die ersten 36 Stellen sind richtig.

Würfe einer guten Münze mit den Seiten 0 und 1 bzw. Drehungen des Glücksrads in Fig. 1.45 liefern sog. *binäre Zufallsziffern*. Wir vermuten, daß Fig. 1.44 ein sehr schnelles Programm zur Erzeugung binärer Zufallsziffern ist. Diese Vermutung wird auf eine harte Probe gestellt. Wir erzeugen mit dem Programm 102 400 Ziffern, die wir in 10 240 Zehnerblöcke einteilen. Für jeden Zehnerblock bestimmen wir die Quersumme und zählen die Häufigkeiten der möglichen Quersummen $0, 1, 2, \ldots, 10$. Die Quersumme i hat die Wahrscheinlichkeit

$$p_i = \binom{10}{i} \frac{1}{2^{10}}$$

und den Erwartungswert

$$E_i = 10\,240 \cdot p_i = 10 \binom{10}{i}.$$

Das Programm in Fig. 1.46 druckt die beobachteten Häufigkeiten B_i, die wir mit ihren Erwartungswerten E_i vergleichen. Dabei wurde $A = 2$ und $B = 5$ gesetzt. Die Zeilen 30 bis 80 erzeugen einen Zehnerblock und bestimmen seine Quersumme S. Die Zeilen 20 bis 110 erzeugen 10 240 Blöcke und bestimmen die Häufigkeit B (S) der Quersumme S. Die Zeilen 120 bis 140 drucken die Häufigkeitstabelle in Fig. 1.47. Sie zeigt, daß die E_i und B_i gut übereinstimmen.

```
10 A = 2
20 FOR I = 1 TO 10240
30      FOR J = 1 TO 10
40          A = A * A
50          IF A < 5 THEN 80
60          S = S + 1
70          A = 0.2 * A
80      NEXT J
90      B (S) = B (S) + 1
100     S = 0
110 NEXT I
120 FOR I = 0 TO 10
130     PRINT I, B (I)
140 NEXT I
150 END
```

Fig. 1.46

i	B_i	E_i
0	9	10
1	101	100
2	425	450
3	1235	1200
4	2124	2100
5	2455	2520
6	2149	2100
7	1175	1200
8	466	450
9	91	100
10	10	10

Fig. 1.47

Als objektives Maß der Übereinstimmung verwendet man (siehe [4])

$$\chi^2 = \sum_{i=0}^{10} \frac{(B_i - E_i)^2}{E_i}$$

Der Erwartungswert von χ^2 ist um 1 kleiner als die Anzahl der Zeilen in Fig. 1.47, d. h. $E(\chi^2) = 10$. In unserem Fall ist $\chi^2 = 7.51$, also kleiner als der Erwartungswert. Daher ist die Übereinstimmung in der Tat gut. Unser Programm hat sich als Quelle binärer Zufallsziffern bewährt.

Wir wollen noch b^y für $b > 0$, $y > 0$ berechnen. Setzt man

$$y = n + x, \quad n = [y], \quad 0 \le x < 1$$

dann ist $b^y = b^n b^x$. Da n ganz ist, macht die Berechnung von b^n keine Schwierig-keiten. Daher können wir uns auf die Berechnung von $a = b^x$ mit $0 < x < 1$ be-schränken. Wir schreiben x im Zweiersystem:

$$x = \frac{x_1}{2} + \frac{x_2}{4} + \frac{x_3}{8} + \ldots, \quad x_i \in \{0, 1\}$$

$$a = b^x = b^{x_1/2}\, b^{x_2/4}\, b^{x_3/8} \ldots$$

Damit ergibt sich der Algorithmus in Fig. 1.48, dessen Arbeitsweise der Leser ent-ziffern möge.

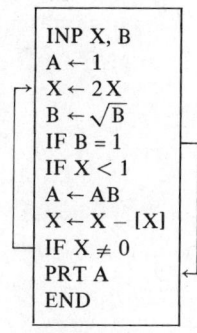

Fig. 1.48

Aufgaben:

1. Wie kann man mit dem Programm in Fig. 1.42 $\log_b a$ für $0 < a < 1$ berechnen?

2. Es sei $1 < a < 5$. Zeige, daß Fig. 1.49 binäre Zufallsziffern berechnet.
   Hinweis: Beachte, daß die Relation $a \geq 5$ den Wert 1 oder 0 hat, je nachdem, ob sie wahr oder falsch ist.

3. Es sei $1 < a < b$. Fig. 1.50 berechnet die Ziffern von $\log_b a$ im System mit der Basis g. Man erhält so Zufallsziffern aus der Menge $\{0, 1, 2, \ldots, g - 1\}$.

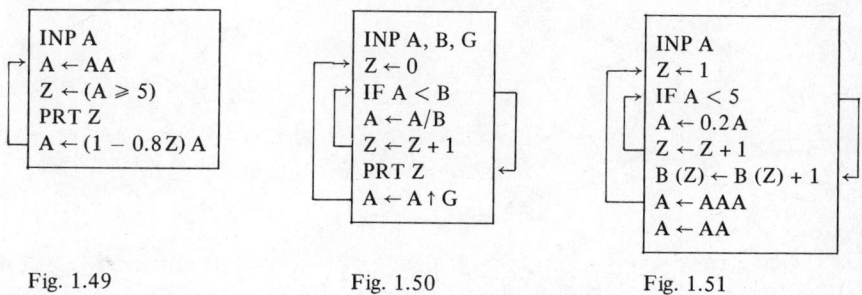

Fig. 1.49   Fig. 1.50   Fig. 1.51

4. Durch Vergleich mit Fig. 1.50 überlege man sich, daß Fig. 1.51 Würfe eines guten Würfels erzeugt und die Häufigkeiten der Augenzahlen 1 bis 6 zählt. Schreibe ein Programm in BASIC, das 600mal würfelt und die Häufigkeiten B_i der Augenzah-len druckt. Prüfe die Qualität der Zufallsziffern mit χ^2.

5. Berechne nach Fig. 1.44 und Fig. 1.49 je 1000 binäre Ziffern von $\log_5 3$, bestimme jeweils die Häufigkeit der Ziffer 1 und vergleiche die Rechenzeiten.

6. Berechne nach Fig. 1.50 1000 Ziffern von $\log_5 3$ im Achtersystem und bestimme die Häufigkeiten der Ziffern 0 bis 7.
Hinweis: Das Programm wird schneller, wenn man $A \leftarrow A \uparrow 8$ durch $A \leftarrow AA$, $A \leftarrow AA$, $A \leftarrow AA$ ersetzt.

7. Berechne auf 10 Dezimalen genau $\lg \pi$, $\lg e$, $\ln 10$, $\ln \pi$, $e^{\pi/4}$, $2^{\sqrt{2}}$, π^π.

▶ 8. Die erste Tafel mit Zehnerlogarithmen wurde 1617 von Briggs publiziert. Es genügt, wenn man $\lg x$ für $1 < x < 10$ kennt. Briggs (wie schon vor ihm Neper) verwendet die Formel $\lg \sqrt{ab} = \dfrac{\lg a + \lg b}{2}$. Sie liefert den folgenden Algorithmus für $\lg x$:
1. Setze $a = 1$, $b = 10$, $\lg a = 0$, $\lg b = 1$.
2. Berechne $g = \sqrt{ab}$, $\lg g = \dfrac{\lg a + \lg b}{2}$.
3. Wenn $x < g$, setze $b = g$, $\lg b = \lg g$. Sonst setze $a = g$, $\lg a = \lg g$.
4. Ist $b - a > \epsilon$, so gehe nach 2. Sonst STOP mit $\dfrac{\lg a + \lg b}{2}$ als Antwort.

Berechne $\lg 2$, $\lg 3$, $\lg 5$ für $\epsilon = 10^{-10}$ (bzw. $\epsilon = 10^{-5}$, falls nur ein Taschenrechner zur Verfügung steht).

1.3.6. Zufallsgeneratoren

In 1.3.4 haben wir bereits Generatoren für *Zufallsziffern* kennengelernt. Fast jeder Computer hat einen eingebauten *Zufallsgenerator*. Darunter stellen wir uns das Glücksrad in Fig. 1.52 vor. Auf den Befehl RND (Abkürzung für random = zufällig) dreht der Computer dieses Rad und liest als Ausfall eine reelle Zahl U aus dem Intervall $(0, 1)$ ab. Ist $0 \le a \le b \le 1$, dann fällt U in das Intervall (a, b) mit Wahrscheinlichkeit $b - a$. Die Zufallsgröße U heißt *gleichverteilt* in $(0, 1)$. So erzeugte Zahlen nennt man *Zufallszahlen* aus $(0, 1)$. Das BASIC-Programm in Fig. 1.53 druckt zehn Zufallszahlen.

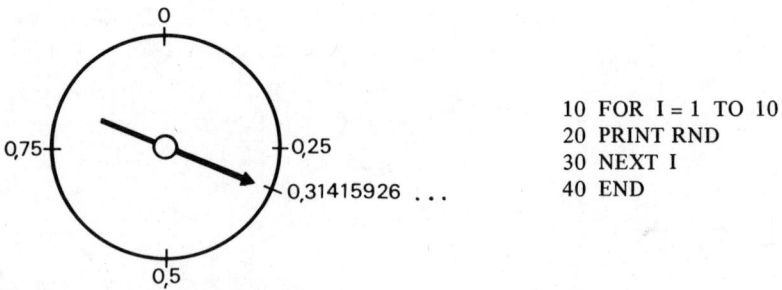

Fig. 1.52

```
10 FOR I = 1 TO 10
20 PRINT RND
30 NEXT I
40 END
```

Fig. 1.53

Wir wollen aus $\Omega = \{0, 1, 2, \ldots, N - 1\}$ eine Zahl *zufällig* auswählen, d. h. so auswählen, daß jedes Element von Ω mit Wahrscheinlichkeit $\dfrac{1}{N}$ drankommt. Eine so ausgewählte Zahl heißt *Zufallsziffer* aus Ω. Der Befehl N $\cdot$ RND liefert eine (reelle) Zufallszahl aus (0, N). Daher liefert der Befehl [N $\cdot$ RND] eine Zufallsziffer aus Ω und [N $\cdot$ RND] $+$ 1 liefert eine Zufallsziffer aus $\{1, 2, 3, \ldots, N\}$. In BASIC liefern INT (2 $*$ RND) einen Wurf einer guten Münze mit den Seiten 0 und 1, INT (6 $*$ RND)$+$1 einen Wurf eines guten Würfels und INT (10 $*$ RND) eine dezimale Zufallsziffer. Aus Zufallszahlen kann man demnach leicht Zufallsziffern herstellen.

Manche Tischrechner haben keinen eingebauten Zufallsgenerator. Daher besprechen wir einige Algorithmen zur Erzeugung von Zufallszahlen.

a) *Die middle-square-Methode* (J. von Neumann, 1946):
Starte mit einer n-stelligen natürlichen Zahl A. Quadriere sie und wähle die mittleren n Ziffern des Quadrats als nächste Zahl.

Man erhält eine Folge natürlicher Zahlen aus $\{0, 1, 2, \ldots, 10^n - 1\}$. Division mit 10^n liefert Zahlen aus (0, 1), die an Stelle von Zufallszahlen zu verwenden sind. Fig. 1.54 verwendet n = 4.

Dies war historisch der erste Versuch, künstliche Zufallszahlen mit einem deterministischen Prozeß zu erzeugen. Leider degeneriert diese einfache Methode sehr schnell. *Sie ist nicht zu empfehlen.* (Siehe Aufgabe 3.)

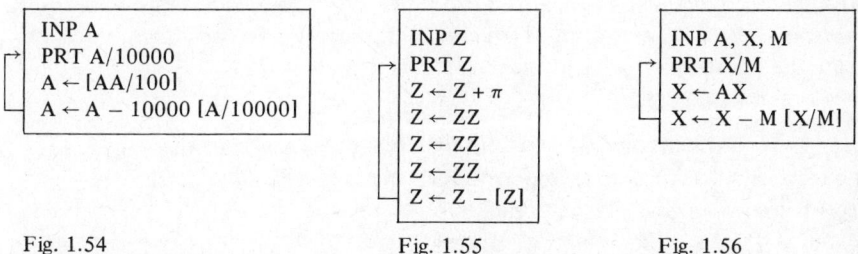

Fig. 1.54   Fig. 1.55   Fig. 1.56

b) Die Computerfirma Hewlett-Packard (HP) empfiehlt den Zufallsgenerator in Fig. 1.55. Man startet mit einer Zahl Z aus (0, 1), die man zufällig eintippt, z. B. 0.2718281828. Zur jetzigen Zufallszahl addiert man π, bildet die achte Potenz der Summe und nimmt deren gebrochenen Teil als nächste Zufallszahl. Der Generator ist gut und schnell. Man sollte das dreimalige Quadrieren nicht durch die Zuweisung $Z \leftarrow Z\uparrow 8$ ersetzen, da das Potenzieren eine langsame Operation ist.

c) *Die lineare Kongruenzmethode* (D. H. Lehmer, 1948)
Wir kommen jetzt zu einer umfangreichen Klasse von Zufallsgeneratoren, die bei weitem die besten sind. Dabei wird eine Folge X_n von Zufallsziffern aus $0, 1, 2, \ldots, M-1$ erzeugt mit Hilfe der Beziehung

$$X_{n+1} \equiv AX_n + C \pmod{M}$$

Die Werte A, C, M und den Startwert X_0 muß man sich vorgeben. Die Folge der Quotienten

$$U_n = X_n/M$$

kann man als Ersatz für Zufallszahlen aus (0, 1) verwenden.

33

Wir begnügen uns mit einem Spezialfall dieser Methode. Wählt man $M = 2^k$, $C = 0$, $A \equiv 5$ (mod 8), dann läßt sich zeigen, daß die Folge

$$X_{n+1} \equiv AX_n \pmod{2^k}$$

eine Permutation von $1, 5, 9, \ldots, 2^k - 3$ bzw. $3, 7, 11, \ldots, 2^k - 1$ ist, je nachdem $X_0 \equiv 1$ (mod 4) oder $X_0 \equiv 3$ (mod 4) ist. Die Folge $\dfrac{X_n}{2^k}$ von Zahlen aus $(0, 1)$ hat die Periodenlänge 2^{k-2}. Deren Glieder kann man als Zufallszahlen verwenden. Kann der Tischrechner Zahlen bis $2^{35} - 1$ exakt speichern, dann wählt man $k = 17$, $M = 2^{17} = 131\,072$ und erhält eine Folge mit der Periodenlänge $2^{15} = 32\,768$ (Fig. 1.56). Die Eingabe X muß ungerade sein und A muß die Form $8T - 3$ haben, da sonst die Periodenlänge kleiner als 32 768 ist. Beide Zahlen sollten größer als $\sqrt{M}$, aber kleiner als $M - \sqrt{M}$ sein. A sollte größer als $\dfrac{M}{100}$ sein. Am besten wählt man A und X vierstellig, z. B. A = 9749, X = 4567.
Die Periodenlänge sollte viel länger sein als die Anzahl der verwendeten Zufallszahlen, denn sie beeinflußt den Grad der erreichbaren Zufälligkeit in der Folge. In der Regel verwendet man Tausende von Zufallszahlen in einem Programm. Dann ist die Periodenlänge 32 768 etwas zu kurz. Man kann $M = 262\,144 = 2^{18}$ oder $M = 524\,288 = 2^{19}$ wählen. Dann wird aber in der Zeile $X \leftarrow AX$ manchmal gerundet. An sich braucht eine Rundung keine schlimmen Folgen zu haben, nur kann man dann die Periodenlänge nicht mehr voraussagen.

Aufgaben:
1. Schreibe ein BASIC-Programm, das unter Verwendung des eingebauten Zufallsgenerators a) 100 Würfe eines guten Würfels b) 100 dezimale Zufallsziffern c) 100 Würfe einer guten Münze druckt.

2. Erzeuge mit den Programmen in Fig. 1.55 und 1.56
a) 1000 Würfe einer guten Münze mit den Seiten 0 und 1 und bestimme die Anzahl der Einsen.
b) 1000 Würfe eines Würfels und bestimme die Häufigkeiten der Ausfälle 1 bis 6.
c) 1000 dezimale Zufallsziffern und bestimme die Häufigkeiten der Ziffern 0 bis 9.
Wähle jeweils verschiedene Eingangswerte A, X und Z.

3. a) Wende das Programm in Fig. 1.54 auf A = 5678, 9876, 3792 und einige weitere Startwerte an. Beachte das schnelle Hineinlaufen in einen kurzen Zyklus.
b) Schreibe das Programm um für $n = 6$ und teste es für verschiedene Startwerte A.

4. Es sei $X_0 \equiv 2$ (mod 4) und $X_{n+1} \equiv X_n (X_n + 1) \pmod{2^k}$. Wähle $k = 2^{17}$, erzeuge mit dieser Folge 1000 dezimale Zufallsziffern und bestimme die Häufigkeiten der Ziffern 0 bis 9.
Hinweis: Verfahre analog wie in Fig. 1.56.

5. Man überzeuge sich, daß die Fibonacci-Folge modulo m:

$$X_1 = X_2 = 1, \quad X_{n+1} \equiv X_n + X_{n-1} \pmod{m}$$

Zufallszahlen von ganz schlechter Qualität liefert (siehe 1.4).

6. In Fig. 1.57 soll eine reelle Zahl Z aus (0, 1) eingegeben werden. Z. B. $\frac{\pi}{4}$, $\frac{\sqrt{2}}{2}$, $\frac{\sqrt{5}-1}{2}$. Das Programm erzeugt eine Folge reeller Zahlen aus (0, 1). Der gebrochene Teil des Kehrwerts eines Gliedes ist das nächste Glied der Folge. Erzeuge damit 1000 dezimale Zufallsziffern und bestimme die Häufigkeiten der Ziffern 0 bis 9. Man prüfe mehrere verschiedene Startwerte. Warum ist der Startwert $\frac{\sqrt{5}-1}{2}$ besonders schlecht? Welche Merkwürdigkeit tritt beim Startwert $\frac{\sqrt{2}}{2}$ auf?

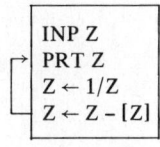

```
INP Z
PRT Z
Z ← 1/Z
Z ← Z - [Z]
```

Fig. 1.57

1.4. Die Fibonacci-Folge

Leonardo von Pisa, genannt *Fibonacci* (d. h. Sohn des Bonacci) war der größte Mathematiker des Mittelalters. 1202 erschien sein Buch „liber abaci", das Europa mit den indisch-arabischen Ziffern bekannt gemacht hat. In diesem Buch findet man die berühmte *Kaninchenaufgabe:*
Ein zur Zeit 0 geborenes Kaninchenpaar erzeugt vom zweiten Monat seiner Existenz an in jedem Monat ein weiteres Paar, und auch die Nachkommen befolgen dasselbe Vermehrungsgesetz. Wieviel Paare sind nach n Monaten vorhanden?
Tabelle 1.58 zeigt die Anzahl der Paare im ersten Jahr.

Zeit	0	1	2	3	4	5	6	7	8	9	10	11	12
Paare	1	1	2	3	5	8	13	21	34	55	89	144	233

Fig. 1.58

Heute definiert man die *Fibonacci-Folge* durch

(1) $F_1 = F_2 = 1$, $F_{n+2} = F_n + F_{n+1}$, $n \geq 0$

Diese Folge hat eine Fülle interessanter Eigenschaften, die in vielen Tausenden von Arbeiten untersucht wurden. Es gibt sogar eine Fibonacci-Vereinigung und eine Zeitschrift „Fibonacci-Quarterly".
Wir wollen die Folge $F_1, F_2, F_3, \ldots$ drucken. Die zwei zuletzt gedruckten Glieder nennen wir A, B. Anfangs ist A = B = 1. Nach jedem Drucken wird (A, B) durch (B, A + B) ersetzt. Vor der Zuweisung A ← B machen wir von A eine Kopie C, da wir das alte A zur Berechnung des nächsten Gliedes A + B brauchen. Durch Ausführung des Programms in Fig. 1.59 stellt man fest, daß es die Folge F_n druckt. Die Kopie C läßt sich einsparen, wie die Programme in Fig. 1.60 und 1.61 zeigen. Das letzte ist besonders sparsam, da es bei gleichem Rechenaufwand zwei Glieder liefert.

Wir werden in der Regel Fig. 1.60 verwenden. Das BASIC-Programm in Fig. 1.62 druckt F_1 bis F_{60}.

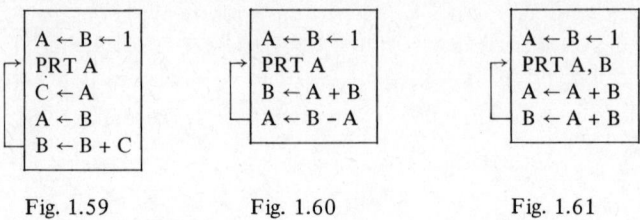

<table>
<tr><td>

```
A ← B ← 1
PRT A
C ← A
A ← B
B ← B + C
```

</td><td>

```
A ← B ← 1
PRT A
B ← A + B
A ← B - A
```

</td><td>

```
A ← B ← 1
PRT A, B
A ← A + B
B ← A + B
```

</td></tr>
</table>

| Fig. 1.59 | Fig. 1.60 | Fig. 1.61 |

Wir betrachten jetzt die Folge der Quotienten $q_n = \dfrac{F_{n+1}}{F_n}$

$$\frac{1}{1}, \frac{2}{1}, \frac{3}{2}, \frac{5}{3}, \frac{8}{5}, \frac{13}{8}, \frac{21}{13}, \cdots$$

```
10  A = B = 1
20  FOR  I = 1  TO  30
30      PRINT A, B,
40      A = A + B
50      B = A + B
60  NEXT  I
70  END
```

1	1	2	3	5
8	13	21	34	55
89	144	233	377	610
987	1597	2584	4181	6765
10946	17711	28657	46368	75025
121393	196418	317811	514229	832040
1346269	2178309	3524578	5702887	9227465
14930352	24157817	39088169	63245986	102334155
165580141	267914296	433494437	701408733	1134903170
1836311903	2971215073	4807526976	7778742049	12586269025
20365011074	32951280099	53316291173	86267571272	139583862445
225851433717	365435296162	591286729879	956722026041	1548008755920

Fig. 1.62

Das Programm in Fig. 1.63 druckt 25 Glieder dieser Folge. Die Tabelle läßt vermuten, daß q_n gegen den Grenzwert

$$\varphi = \lim_{n \to \infty} q_n = 1{,}6180339887 \ldots$$

konvergiert. Die Existenz des Grenzwerts wird in Aufgabe 5 bewiesen.
Für φ läßt sich leicht eine Gleichung herleiten. Es ist

$$q_n = \frac{F_{n+1}}{F_n} = \frac{F_n + F_{n-1}}{F_n} = 1 + \frac{F_{n-1}}{F_n}, \quad q_n = 1 + \frac{1}{q_{n-1}}.$$

Wegen $\lim\limits_{n \to \infty} q_n = \lim\limits_{n \to \infty} q_{n-1} = \varphi$ folgt daraus für $n \to \infty$

$$\varphi = 1 + \frac{1}{\varphi}, \quad \varphi = \frac{1+\sqrt{5}}{2} = 1,61803\ 39887\ 49894\ 84820\ldots$$

φ ist das bekannte Verhältnis des *goldenen Schnitts*.

```
10  A = B = 1
20  FOR I = 1 TO 30
30      PRINT B/A,
40      B = A + B
50      A = B − A
60  NEXT I
70  END
```

1	2	1.5	1.6666666667	1.6
1.625	1.6153846154	1.6190476190	1.6176470588	1.6181818182
1.6179775281	1.6180555556	1.6180257511	1.6180371353	1.6180327869
1.6180344478	1.6180338134	1.6180340557	1.6180339632	1.6180339985
1.6180339850	1.6180339902	1.6180339882	1.6180339890	1.6180339887
1.6180339888	1.6180339887	1.6180339888	1.6180339887	1.6180339887

Fig. 1.63

Wir untersuchen jetzt die Fibonacci-Folge modulo 10:

(2) $1,1,2,3,5,8,3,1,4,5,9,4,3,7,0,7,7,4,1,5,6,1,7,8,5,\ldots,8,1,9,0,\ldots$

Wir zeigen, daß (2) sofortperiodisch ist. Jedes Paar von Nachbargliedern bestimmt alle nachfolgenden und alle vorangehenden Glieder. Das Paar (0, 0) kann nicht auftreten (warum nicht?). Daher gibt es insgesamt 99 mögliche Paare (0, 1), (0, 2), . . . , (9, 9). 101 aufeinanderfolgende Glieder von (2) bilden 100 Paare von Nachbarn. Daher muß sich mindestens ein Paar wiederholen:

$$(F_i, F_{i+1}) = (F_k, F_{k+1}), \quad 1 \le i < k \le 100$$

Dann stimmen auch alle vorangehenden Paare überein:

$$(F_{i-t}, F_{i+1-t}) = (F_{k-t}, F_{k+1-t}), \quad t = 1, 2, 3, \ldots, i-1$$

D. h., die Folge ist periodisch, die Periode beginnt mit 1, 1, . . . und hat die Länge $k - i$. Genauso zeigt man, daß die Fibonacci-Folge für jeden Modul M sofortperiodisch ist. Das Programm in Fig. 1.64 druckt eine Periode der Fibonacci-Folge modulo M und die Periodenlänge P. Für M = 10 ergibt sich P = 60.
Wir wollen einen Zusammenhang zwischen M und P finden. Dazu drucken wir eine Tabelle, die zu jedem Modul M von 2 bis 125 das zugehörige P druckt. Das Ergebnis (Fig. 1.65) wird in Aufgabe 1 untersucht.

```
10 FOR  M = 2 TO 125
20       P = 0
30       A = B = 1
40       B = A + B
50       A = B - A
60       B = B - M * INT (B/M)
70       P = P + 1
80       IF A * B < > 1 THEN 40
90       PRINT  M; P,
100 NEXT M
110 END
```

```
P ← 0
A ← B ← 1
PRT A
P ← P + 1
B ← A + B
A ← B - A
B ← B - M [B/M]
IF AB ≠ 1
PRT P
END
```

Fig. 1.64

2	3	3	8	4	6	5	20	6	24
7	16	8	12	9	24	10	60	11	10
12	24	13	28	14	48	15	40	16	24
17	36	18	24	19	18	20	60	21	16
22	30	23	48	24	24	25	100	26	84
27	72	28	48	29	14	30	120	31	30
32	48	33	40	34	36	35	80	36	24
37	76	38	18	39	56	40	60	41	40
42	48	43	88	44	30	45	120	46	48
47	32	48	24	49	112	50	300	51	72
52	84	53	108	54	72	55	20	56	48
57	72	58	42	59	58	60	120	61	60
62	30	63	48	64	96	65	140	66	120
67	136	68	36	69	48	70	240	71	70
72	24	73	148	74	228	75	200	76	18
77	80	78	168	79	78	80	120	81	216
82	120	83	168	84	48	85	180	86	264
87	56	88	60	89	44	90	120	91	112
92	48	93	120	94	96	95	180	96	48
97	196	98	336	99	120	100	300	101	50
102	72	103	208	104	84	105	80	106	108
107	72	108	72	109	108	110	60	111	152
112	48	113	76	114	72	115	240	116	42
117	168	118	174	119	144	120	120	121	110
122	60	123	40	124	30	125	500		

Fig. 1.65

Aufgaben:

1. Es sei $L(m)$ die Periodenlänge der Fibonacci-Folge modulo m. Prüfe anhand von Tabelle 1.65 folgende Vermutungen:

   a) $L(p^n) = L(p) \cdot p^{n-1}$ für jede Primzahl p.

   b) $L(p_1^{\alpha_1} \, p_2^{\alpha_2} \ldots p_r^{\alpha_r}) = \text{kgV} \{L(p_1^{\alpha_1}), L(p_2^{\alpha_2}), \ldots, L(p_r^{\alpha_r})\}$ für Primzahlen $p_1, p_2, \ldots, p_r$.

2. Mit Hilfe von Aufgabe 1 soll $L(10^n)$ bestimmt werden.

3. Um das erste auf m Nullen endende Glied der Folge F_n zu finden, muß man das erste Auftreten der 0 in der Folge F_n modulo 10^m bestimmen. Schreibe ein Programm, das die Nummer der ersten durch 10^m teilbaren Fibonacci-Zahl druckt. Was erhält man für m = 1, 2, 3, 4?

4. Wir wollen die Teilbarkeitseigenschaften der Fibonacci-Zahlen untersuchen. Schreibe ein BASIC-Programm, das in getrennten Zeilen die Nummern der durch 2, 3, ..., 20 teilbaren Fibonacci-Zahlen bis F_{50} druckt. Stelle Teilbarkeitsvermutungen auf.

```
   A ← B ← 1
→  PRT A
   A ⟷ B
   B ← A + B
```

Fig. 1.66

5. Es sei $\varphi = \dfrac{\sqrt{5} + 1}{2}$ und $q_n = \dfrac{F_{n+1}}{F_n}$. Zeige durch Induktion, daß

$$q_n - \varphi = \frac{(-1)^n}{F_n \varphi^n}$$

Daraus folgt $\lim\limits_{n \to \infty} q_n = \varphi$.

6. Manche Computer besitzen den Vertauschungsbefehl $\longleftrightarrow$. D. h., $A \longleftrightarrow B$ vertauscht die Inhalte der Zellen A und B. Prüfe nach, daß das Programm in Fig. 1.66 die Fibonacci-Folge druckt.

7. Es seien A, B, C drei aufeinanderfolgende Glieder der Fibonacci-Folge. Schreibe ein Programm, das $B^2 - AC$ druckt. Vermutung. Beweis.

8. Die *Lucas-Folge* ist definiert durch $L_1 = 2$, $L_2 = 1$, $L_{n+2} = L_n + L_{n+1}$, $n \geq 0$. Sie ist eng mit der Fibonacci-Folge verwandt.
a) Es seien A, B, C drei aufeinanderfolgende Glieder der Lucas-Folge. Schreibe ein Programm, das $B^2 - AC$ druckt. Vermutung. Beweis.
b) Untersuche das Verhalten von $p_n = \dfrac{L_{n+1}}{L_n}$ für $n \to \infty$ und die Periodenlänge der Lucas-Folge modulo M für M = 2 bis 100.

[9.] Wir betrachten die Folge der ersten Ziffern in F_1 bis F_{10000}:
1,1,2,3,5,8,1,2,3,5,8,1,2,3,6,9,1,2,4,6,1,1,2,4,7, ...
Schreibe ein Programm, das die Häufigkeiten der Ziffern 1 bis 9 in dieser Folge bestimmt.

2. Zahlentheorie

2.1. Umwandlung vom 10-System ins b-System und umgekehrt

a) *Umwandlung natürlicher Zahlen vom 10-System ins b-System.*
Es sei $b \geq 2$ eine natürliche Zahl. Dann kann man jede natürliche Zahl z eindeutig nach Potenzen von b entwickeln mit Koeffizienten $a_i \in \{0, 1, 2, \ldots, b-1\}$:

$$z = a_n b^n + a_{n-1} b^{n-1} + \ldots + a_2 b^2 + a_1 b + a_0 = (a_n a_{n-1} \ldots a_2 a_1 a_0)_b$$

Die Koeffizienten a_i heißen Ziffern. Dividiert man z durch b, so sind Quotient und Rest

$$q = \left[\frac{z}{b}\right] = a_n b^{n-1} + a_{n-1} b^{n-2} + \ldots + a_2 b + a_1, \quad r = z - bq = z - b\left[\frac{z}{b}\right] = a_0$$

Ersetzt man z durch q und dividiert wieder durch b, so ergibt sich als Rest die nächste Ziffer a_1, usw. D. h., Fig. 2.1 druckt die Ziffern in der Reihenfolge $a_0, \ldots, a_n$. Das Programm in Fig. 2.2 ist eine Zeile länger, benötigt einen Speicherplatz mehr, spart aber eine Division.

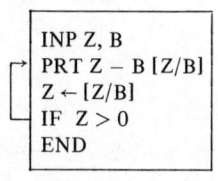

Fig. 2.1

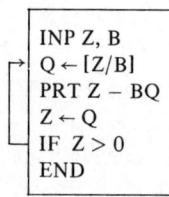

Fig. 2.2

```
  5 DIM R (40)
 10 READ B, Z
 20 FOR I = 1 TO 40
 30     R (I) = Z – B*INT (Z/B)
 40     Z = INT (Z/B)
 50     IF  Z = 0 THEN 70
 60 NEXT I
 70 FOR J = I TO 1 STEP – 1
 80     PRINT R (J);
 90 NEXT J
100 PRINT
110 GOTO 10
120 DATA 2, 1976, 3, 123456,8192
130 END
```

```
1 1 1 1 0 1 1 1 0 0 0
2 0 0 2 1 1 0 0 1 1 0
2 3 0 2 3 2
```

Fig. 2.3

Das BASIC-Programm in Fig. 2.3 druckt die Ziffern in der richtigen Reihenfolge $a_n, a_{n-1}, \ldots, a_0$. Wir wollen es besprechen, da es neue Befehle enthält.
Zeile 5 reserviert die Zellen R (0) bis R (40), in denen wir Ziffern speichern werden. Der Computer reserviert automatisch die Zellen R (0) bis R (10). Braucht man mehr Platz, so muß man ihn durch eine *Dimensionsanweisung* belegen. Man darf mehr Platz reservieren als man benötigt.
Wenn der Computer die READ-Zeile 10 liest, dann geht er zur DATA-Zeile 120 und setzt B = 2, Z = 1976. In 20-60 werden die Ziffern von Z im B-System berechnet und a_{i-1} wird in R (I) gespeichert. 70-90 druckt die Ziffern in der richtigen Reihenfolge, hinten beginnend. 100 startet eine neue Zeile. 110 schickt ihn nach 10. Von

dort geht er nach 120, setzt $B = 3$, $Z = 123456$ usw. Nachdem er 8192 ins 5-System umgerechnet hat, gehen ihm die Daten aus und er bleibt stehen.

Will man das Programm mit neuen Daten nochmals laufen lassen, so braucht man nur die Zeile 120 neu zu tippen.

b) *Umwandlung natürlicher Zahlen vom b-System ins 10-System.*
Wir haben eine natürliche Zahl z im b-System:

$$z = a_n b^n + a_{n-1} b^{n-1} + \ldots + a_1 b + a_0$$

Wir rechnen sie ins 10-System um, indem wir das Polynom

$$f(x) = a_n x^n + a_{n-1} x^{n-1} + \ldots + a_1 x + a_0$$

an der Stelle b auswerten. Dafür gibt es einen eleganten Algorithmus, der auf Newton zurückgeht und der „*Horner-Schema*" heißt. Durch Ausklammern erhält man

$$f(x) = (\ldots (((a_n)x + a_{n-1})x + a_{n-2})x + \ldots + a_1)x + a_0$$

Wir rechnen, wie uns die Klammern befehlen:

$z \leftarrow 0$ Beispiel: $z = 5 \cdot 7^4 + 2 \cdot 7^3 + 3 \cdot 7^2 + 4 \cdot 7 + 6 = (52346)_7$

$z \leftarrow zx + a_n$ $z \leftarrow 0$

$z \leftarrow zx + a_{n-1}$ $z \leftarrow 0 \cdot 7 + 5 = 5$

$z \leftarrow zx + a_{n-2}$ $z \leftarrow 5 \cdot 7 + 2 = 37$

$\ldots\ldots\ldots\ldots$ $z \leftarrow 37 \cdot 7 + 3 = 262$

$z \leftarrow zx + a_0$ $z \leftarrow 262 \cdot 7 + 4 = 1838$

$z \leftarrow 1838 \cdot 7 + 6 = 12\,872$

Fig. 2.4 zeigt ein BASIC-Programm für das Horner-Schema.

```
10  DIM R (40)
20  READ X, N
30  FOR I = 0 TO N
40      READ R (I)
50  NEXT I
60  Z = 0
70  FOR I = 0 TO N
80      Z = Z*X + R (I)
90  NEXT I
100 PRINT Z
110 GOTO 20
120 DATA 7,4,5,2,3,4,6
130 DATA 8,6,2,0,3,0,4,2,1
140 END

    12872
    536849
```

Kommentar:

10 Die Zellen R (0) bis R (40) werden für die Koeffizienten $a_n, a_{n-1}, \ldots, a_0$ reserviert.

20 Die Basis $X = 7$ und der Polynomgrad $N = 4$ werden eingelesen.

30 - 50 Die Koeffizienten R (0) = 5, R (1) = 2, R (2) = 3, R (3) = 4, R (4) = 6 werden eingelesen.

60 - 90 Das Polynom $f(x) = 5x^4 + 2x^3 + 3x^2 + 4x + 6$ wird an der Stelle $x = 7$ ausgewertet.

100 Es wird f (7) gedruckt.

110 Daten für die nächste Aufgabe werden geholt.

Fig. 2.4

c) *Umwandlung einer Zahl z < 1 aus dem 10-System ins b-System.*
Wir müssen z nach Potenzen von b^{-1} entwickeln. Die Entwicklung wird in der Regel nicht abbrechen. Daher geben wir uns die Stellenzahl n vor, hinter der wir abbrechen.

$$z = \frac{a_{-1}}{b} + \frac{a_{-2}}{b^2} + \frac{a_{-3}}{b^3} + \ldots = (0,\ a_{-1},\ a_{-2},\ a_{-3} \ldots)_b$$

Multiplikation mit b liefert

$$bz = a_{-1} + \frac{a_{-2}}{b} + \frac{a_{-3}}{b^2} + \ldots = (a_{-1},\ a_{-2},\ a_{-3} \ldots)_b$$

$$a_{-1} = [bz], \quad r = bz - [bz] = (0,\ a_{-2},\ a_{-3} \ldots)_b$$

Ersetzt man z durch r und wiederholt diesen Schritt, so erhält man nacheinander die Ziffern a_{-1}, a_{-2}, a_{-3}, … . Das Programm in Fig. 2.5 rechnet n Stellen im b-System aus.

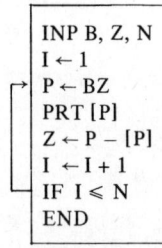

```
INP B, Z, N
I ← 1
P ← BZ
PRT [P]
Z ← P – [P]
I ← I + 1
IF I ≤ N
END
```

Fig. 2.5

d) *Umwandlung einer Zahl z < 1 aus dem b-System ins 10-System.*
Hat z unendlich viele Stellen, dann bricht man nach n Stellen ab:

$$z = (0,a_{-1} a_{-2} \ldots a_{-n})_b = \frac{a_{-1}}{b} + \frac{a_{-2}}{b^2} + \ldots + \frac{a_{-n}}{b^n}$$

Dieses Polynom in $c = \frac{1}{b}$ wertet man nach dem Horner-Schema aus.

Aufgaben:
1. Fig. 2.5a zeigt eine Vereinfachung von Fig. 2.5. Das Programm druckt eine endlose Ziffernfolge. Prüfe mit diesem Programm folgende Umrechnungen nach:
$\frac{1}{3} = 0.\overline{01}_2$, $\frac{1}{5} = 0.\overline{0011}_2$, $\frac{2}{7} = 0.\overline{010}_2$, $\frac{3}{4} = 0.\overline{20}_3$, $\frac{3}{5} = 0.\overline{1210}_3$, $\frac{1}{7} = 0.\overline{1}_8$,
$\frac{1}{7} = 0.\overline{142857}_{10}$, $\frac{6}{13} = 0.\overline{461538}_{10}$ (Die Periode ist jeweils überstrichen.)
Wie viele richtige Stellen liefert der Rechner?

2. Es seien Z und B natürliche Zahlen, $B \geq 2$. Schreibe ein Programm, das zur Eingabe Z, B die Quersumme (= Ziffernsumme) von Z im B-System ausgibt.

▶ 3. Wir beschreiben einen Algorithmus zur Erzeugung einer Zahlenfolge:
   1. Starte mit einer durch 3 teilbaren natürlichen Zahl A.

2. Drucke A. Wenn A = 153 ist, dann STOP.

3. Sonst ersetze A durch die Summe der dritten Potenzen der Ziffern von A und gehe nach 2.

   a) Schreibe ein Programm, das zur Eingabe A die zugehörige Folge druckt.

   [b)] Beweise mit Hilfe des Rechners, daß der Algorithmus immer stoppt.

▶ 4. (Vgl. mit Fig. 1.30.) Wir wollen $z = x^y$ berechnen, wo $y \geq 0$ ganz ist. Z. B.,

$$z = x^{90} = x^{1011010_2} = x^{64} \cdot x^{16} \cdot x^8 \cdot x^2.$$

Wird $x \leftarrow x \cdot x$, $y \leftarrow [\frac{y}{2}]$ ausgeführt solange $y \neq 0$ ist, so durchlaufen x bzw. y die Werte $x, \underline{x^2}, x^4, \underline{x^8}, \underline{x^{16}}, x^{32}, \underline{x^{64}}$ bzw. 90, $\underline{45}$, 22, $\underline{11}$, $\underline{5}$, 2, $\underline{1}$; $z = x^{90}$ ist das Produkt aller Potenzen, die ungeraden y-Werten entsprechen. Darauf beruht das Programm in Fig. 2.5b. Führe es mehrmals mit der Hand aus. Bei der Berechnung von x^y quadriert es einmal zu oft. Behebe diesen „Mangel". (Vgl. mit Fig. 1.14a)

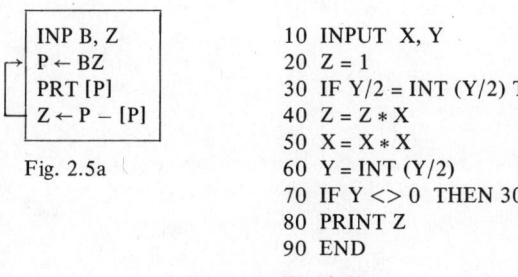

INP B, Z
P ← BZ
PRT [P]
Z ← P − [P]

Fig. 2.5a

```
10  INPUT  X, Y
20  Z = 1
30  IF Y/2 = INT (Y/2) THEN 50
40  Z = Z * X
50  X = X * X
60  Y = INT (Y/2)
70  IF Y <> 0 THEN 30
80  PRINT Z
90  END
```

Fig. 2.5b

2.2. Euklidischer Algorithmus

Es seien a und b nichtnegative ganze Zahlen. Ihren *größten gemeinsamen Teiler* (ggT) bezeichnen wir mit $a \sqcap b$. Setzt man noch $0 \sqcap 0 = 0$, dann gilt

$$a \sqcap 1 = 1, \quad a \sqcap a = a, \quad a \sqcap 0 = a, \quad a \sqcap b = b \sqcap a \quad \text{für alle } a, b \in \{0, 1, 2, \dots\}$$

Z. B., $10 \sqcap 15 = 5$, $9 \sqcap 10 = 1$, $7 \sqcap 7 = 7$, $8 \sqcap 0 = 8$, $6 \sqcap 1 = 1$.
Es sei $a \geq b > 0$. Durch Teilung mit Rest erhält man

(1) $\quad a = bq + r, \quad 0 \leq r < b$

(2) $\quad q = [\frac{a}{b}], \quad r = a - bq = a - b[\frac{a}{b}] = a \bmod b.$

Aus (1) folgt leicht, daß

$$a \sqcap b = b \sqcap r.$$

Wir können also das Paar (a, b) durch das kleinere Paar (b, r) mit demselben ggT ersetzen. Wiederholt man diesen Schritt, so erhält man immer kleinere Paare, bis man schließlich ein Paar (g, 0) erhält. Dann ist $a \sqcap b = g \sqcap 0 = g$.

43

Wir betrachten die Zahlenbeispiele $560 \sqcap 91$ und $972 \sqcap 666$:

$$560 = 91 \cdot 6 + 14 \qquad\qquad 972 = 666 \cdot 1 + 306$$

$$91 = 14 \cdot 6 + 7 \qquad\qquad 666 = 306 \cdot 2 + 54$$

$$14 = 7 \cdot 2 + 0 \qquad\qquad 306 = 54 \cdot 5 + 36$$

$$54 = 36 \cdot 1 + 18$$

$$36 = 18 \cdot 2 + 0$$

D. h., $560 \sqcap 91 = 7 \sqcap 0 = 7$ und $972 \sqcap 666 = 18 \sqcap 0 = 18$.

Dieser elegante und schnelle Algorithmus zur Bestimmung des ggT heißt *euklidischer Algorithmus*. Er steht in den „Elementen" von Euklid, Buch 7, Satz 1 und 2. Fig. 2.6 zeigt das entsprechende Programm. Noch eleganter ist das Programm in Fig. 2.7. Man führe es für verschiedene Werte von a und b aus.

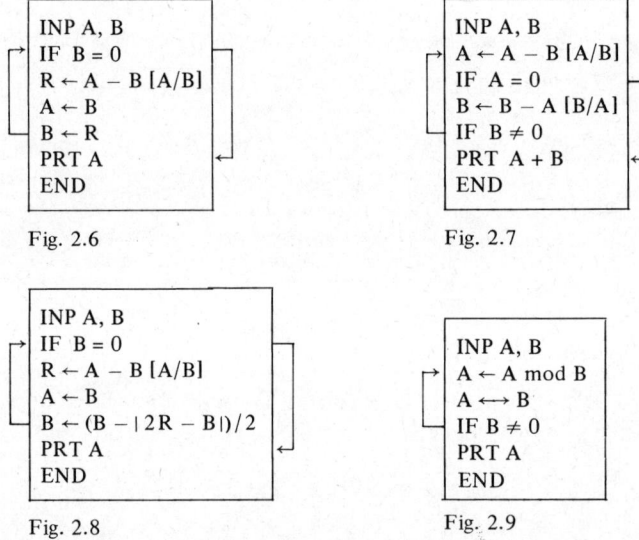

```
INP A, B
IF  B = 0
R ← A − B [A/B]
A ← B
B ← R
PRT A
END
```
Fig. 2.6

```
INP A, B
A ← A − B [A/B]
IF  A = 0
B ← B − A [B/A]
IF  B ≠ 0
PRT  A + B
END
```
Fig. 2.7

```
INP A, B
IF  B = 0
R ← A − B [A/B]
A ← B
B ← (B − | 2R − B |)/2
PRT A
END
```
Fig. 2.8

```
INP A, B
A ← A mod B
A ←→ B
IF B ≠ 0
PRT A
END
```
Fig. 2.9

Unter Verwendung der mod-Operation und des Vertauschungsbefehls ←→ erhält man Fig. 2.9. Man überzeuge sich von der Richtigkeit dieses Programms.

Wir wollen den euklidischen Algorithmus evtl. noch etwas beschleunigen.

Bei der Teilung mit Rest

$$a = bq + r, \quad 0 \le r < b$$

haben wir einen positiven Rest verwendet. Man könnte auch mit negativen Resten arbeiten. Offenbar ist

$$a = bq + r = b(q + 1) - (b - r), \quad 0 \le b - r < b$$

44

und
$$a \sqcap b = b \sqcap r = b \sqcap (b - r).$$

Ist $b - r < r$, dann ist es besser in Fig. 2.6 anstatt $b \leftarrow r$ die Zuweisung $b \leftarrow b - r$ zu verwenden. D. h., man verwendet die Zuweisung $b \leftarrow \min(r, b - r)$.
Nach 1.3.1., Aufgabe 1 ist

$$\min(r, b - r) = \frac{r + b - r - |r - b + r|}{2} = \frac{b - |2r - b|}{2}$$

Damit erhalten wir den *euklidischen Algorithmus mit kleinstem Absolutrest* in Fig. 2.8. Wir berechnen $89 \sqcap 55$ nach Fig. 2.6 und 2.8:

$$89 \sqcap 55 = 55 \sqcap 34 = 34 \sqcap 21 = 21 \sqcap 13 = 13 \sqcap 8 = 8 \sqcap 5 = 5 \sqcap 3 = 3 \sqcap 2 = 2 \sqcap 1 = 1$$
$$89 \sqcap 55 = 55 \sqcap 21 = 21 \sqcap 8 = 8 \sqcap 3 = 3 \sqcap 1 = 1$$

Der neue Algorithmus erfordert weniger, aber kompliziertere Schritte. Um festzustellen, welcher der drei Algorithmen besser ist, haben wir jeden auf 1000 Paare (a, b) angewandt und die Rechenzeiten abgestoppt. Die Zahlen a, b wurden zufällig aus $\{1, 2, \ldots, 1000000\}$ ausgewählt. Fig. 2.10 zeigt das entsprechende BASIC-Programm für Fig. 2.7. Im Wettstreit ist Fig. 2.7 als klarer Sieger hervorgegangen. Es folgten Fig. 2.8 und als Schlußlicht Fig. 2.6. Von nun an wollen wir Fig. 2.7 als unser Standardprogramm ansehen.

```
10  FOR I = 1  TO 1000
20       A = INT (1000000 * RND) + 1
30       B = INT (1000000 * RND) + 1
40       A = A − B * INT (A/B)
50       IF  A = 0  THEN  80
60       B = B − A * INT (B/A)
70       IF  B ≠ 0  THEN  40
80  NEXT I
90  END
```

n	p_n
1	0,41504
2	0,16992
3	0,09311
4	0,05891

Fig. 2.10   Fig. 2.11

Von Nicomachos (100 nach Chr.) stammt eine Version des Algorithmus, die auf Subtraktion statt Division beruht. Sie verwendet die Tatsache, daß

$$a \sqcap b = b \sqcap (a - b), \quad a \geq b,$$

Beispiele: $120 \sqcap 48 = 72 \sqcap 48 = 48 \sqcap 24 = 24 \sqcap 24 = 24,$
$8 \sqcap 5 = 5 \sqcap 3 = 3 \sqcap 2 = 2 \sqcap 1 = 1.$
D. h., es wird immer die kleinere Zahl von der größeren subtrahiert, bis eine der Zahlen 1 wird oder beide Zahlen gleich sind. Das Verfahren erscheint verschwenderisch. Man kann jedoch zeigen, daß bei der Division der Quotient n mit Wahrscheinlichkeit

$$p_n = \log_2 \frac{(n + 1)^2}{(n + 1)^2 - 1}$$

vorkommt (Fig. 2.11). D. h., in 58,5 % aller Fälle kann man die relativ teure Division durch eine oder zwei Subtraktionen ersetzen.

Es folgt eine Beschreibung des Nicomachos-Algorithmus:
1. Wenn $a = 1$ oder $b = 1$, dann STOP mit 1 als Antwort.
2. Wenn $a = b$ ist, dann STOP mit a als Antwort.
3. Wenn $a > b$ ist, setze $a \leftarrow a - b$ und gehe nach 1.
4. Wenn $a < b$ ist, setze $b \leftarrow b - a$ und gehe nach 1.

Aufgaben:
1. Man überzeuge sich, daß die Programme in Fig. 2.6 - 2.9 auch für $a < b$ richtig arbeiten.

2. Wieso darf man in Fig. 2.7 und 2.9 nicht $b = 0$ eingeben?

3. Zeichne ein Flußdiagramm für den Nicomachos-Algorithmus.

4. Die Programme in Fig. 2.6 - 2.8 und der Nicomachos-Algorithmus sollen miteinander verglichen werden.
   a) Schreibe Programme analog zu Fig. 2.10 und vergleiche die Rechenzeiten.
   b) Wähle a, b aus $\{1, 2, \ldots, 1000\}$ und vergleiche abermals die Rechenzeiten.

5. Wähle aus $\{1, 2, \ldots, 10^6\}$ zufällig zwei Zahlen a, b aus und bilde den Quotienten q aus der größeren Zahl durch die kleinere. Wiederhole dies 1000-mal und zähle, wie oft $[q] = 1, 2, 3, 4$ vorkommt. Vergleiche mit Fig. 2.11.

6. Man kann zeigen: Werden a und b zufällig aus $\{1, 2, \ldots, n\}$ ausgewählt, so benötigt man zur Bestimmung von $a \sqcap b$ im Mittel $\frac{12 \ln 2}{\pi}$ $\ln n + 0{,}06$ Divisionen. Für $n = 10^6$ sind dies 11,703 Divisionen. Dies soll nachgeprüft werden, indem man in Fig. 2.10 einen Zähler D einbaut, der die Divisionen zählt.

▶ 7. Aus $\{1, 2, \ldots, 10^6\}$ werden zwei Zahlen a und b zufällig ausgewählt. Ist $a \sqcap b = 1$, dann gewinnt Abel. Sonst gewinnt Kain. Schreibe ein Programm, welches das Spiel 1000-mal wiederholt und Abels Gewinne zählt. Ist das Spiel fair?

▶ 8. Ein Tripel natürlicher Zahlen heißt *pythagoräisches Tripel*, wenn $x^2 + y^2 = z^2$ ist. Das Tripel heißt primitiv, wenn $x \sqcap y \sqcap z = 1$ ist. Am bekanntesten sind die Tripel (3, 4, 5) und (5, 12, 13). Wir wollen eine Tabelle primitiver pythagoräischer Tripel drucken. Man erhält sie alle aus

$$x = a^2 - b^2, \quad y = 2ab, \quad z = a^2 + b^2, \text{ wo}$$

1) $a > b$ 2) $a \sqcap b = 1$ 3) a und b verschiedene Parität haben.
(Zwei natürliche Zahlen haben verschiedene Parität, wenn eine gerade und die andere ungerade ist.) Schreibe ein BASIC-Programm, das alle primitiven pythagoräischen Tripel mit $a \leq 10$ druckt.

9. Das kleinste gemeinsame Vielfache der natürlichen Zahlen a und b bezeichnen wir mit $a \sqcup b$. Gib Algorithmen zur Bestimmung von $a \sqcup b$ an.

2.3.* Eine Erweiterung des euklidischen Algorithmus

Sind a und b natürliche Zahlen mit dem größten gemeinsamen Teiler d, dann gibt es ganze Zahlen x, y, so daß

(1) $ax + by = d$.

D. h., der ggT von a und b läßt sich als Linearkombination von a und b mit ganzen Koeffizienten x, y darstellen. In fast allen Anwendungen braucht man außer d auch x, y. Wir geben einen Algorithmus an, der zu a und b die Zahlen d, x, y aus (1) berechnet. Dazu führen wir neue Bezeichnungen ein. Wir setzen $a_0 = a$, $a_1 = b$ und berechnen nach dem euklidischen Algorithmus die Restfolge $a_0, a_1, a_2, \ldots, a_k$, wobei a_i der Rest bei der Teilung von a_{i-2} durch a_{i-1} ist. Dabei ist a_k der letzte von 0 verschiedene Rest. D. h., a_k teilt a_{k-1} und $a_{k+1} = 0$. Dann ist $a_0 \sqcap a_1 = a_k$. Neben der Restfolge a_i berechnen wir zwei weitere Folgen x_i, y_i. Wir behaupten, daß der Algorithmus in Fig. 2.12 die gesuchten Zahlen d, x, y in (1) druckt. Um ihn zu verstehen, führen wir ihn für drei Zahlenbeispiele aus:

a) $a_0 = 91$, $a_1 = 56$ b) $a_0 = 286$, $a_1 = 121$ c) $a_0 = 119$, $a_1 = 13$

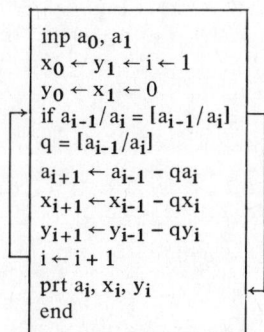

```
inp a₀, a₁
x₀ ← y₁ ← i ← 1
y₀ ← x₁ ← 0
if aᵢ₋₁/aᵢ = [aᵢ₋₁/aᵢ]
q = [aᵢ₋₁/aᵢ]
aᵢ₊₁ ← aᵢ₋₁ - qaᵢ
xᵢ₊₁ ← xᵢ₋₁ - qxᵢ
yᵢ₊₁ ← yᵢ₋₁ - qyᵢ
i ← i + 1
prt aᵢ, xᵢ, yᵢ
end
```

Fig. 2.12

i	a_i	x_i	y_i
0	91	1	0
1	56	0	1
2	35	1	-1
3	21	-1	2
4	14	2	-3
5	7	-3	5

i	a_i	x_i	y_i
0	286	1	0
1	121	0	1
2	44	1	-2
3	33	-2	5
4	11	3	-7

i	a_i	x_i	y_i
0	119	1	0
1	13	0	1
2	2	1	-9
3	1	-6	55

$$7 = -3 \cdot 91 + 5 \cdot 56 \qquad 11 = 3 \cdot 286 - 7 \cdot 121 \qquad 1 = -6 \cdot 119 + 55 \cdot 13$$

Man startet mit den Zeilen Nr. 0 und 1: $\begin{matrix} a_0 & 1 & 0 \\ a_1 & 0 & 1 \end{matrix}$

Aus den Zeilen $i - 1$ und i ergibt sich die Zeile $i + 1$ wie folgt: Man bestimmt $q = \left[\frac{a_{i-1}}{a_i}\right]$. Dann subtrahiert man von der $(i - 1)$-ten Zeile das q-fache der i-ten Zeile. Wir beweisen die Richtigkeit des Algorithmus. Wir zeigen, daß für $i \geq 0$

(2) $a_0 x_i + a_1 y_i = a_i$.

47

Die Gleichung ist richtig für $i = 0$ und $i = 1$. Denn

$$a_0 \cdot 1 + a_1 \cdot 0 = a_0$$
$$a_0 \cdot 0 + a_1 \cdot 1 = a_1.$$

Wir nehmen an, daß (2) für $i - 1$ und i richtig ist. Wegen

$$x_{i+1} = x_{i-1} - qx_i, \quad y_{i+1} = y_{i-1} - qy_i, \quad a_{i+1} = a_{i-1} - qa_i$$

und der Induktionsvoraussetzung gilt

$$a_0 x_{i+1} + a_1 y_{i+1} = a_0 x_{i-1} + a_1 y_{i-1} - q\,(a_0 x_i + a_1 y_i) = a_{i-1} - qa_i = a_{i+1}.$$

Aber in der letzten Zeile ist $a_i = a_0 \sqcap a_1$. Daher liefert die letzte Zeile

$$a_0 x_i + a_1 y_i = a_0 \sqcap a_1.$$

Mit Hilfe von 2.12 können wir lineare Gleichungen der Form

(3) $ax + by = c$ a, b, c ganz

in ganzen Zahlen x, y lösen. Zunächst bemerken wir, daß ein Teiler von a und b auch ein Teiler von c ist und wegdividiert werden kann. D. h., wir dürfen in (3) zusätzlich voraussetzen, daß

(4) $a \sqcap b = 1$

ist. Dann ist die Gleichung

(5) $ax + by = 1$

in ganzen Zahlen lösbar. Der Algorithmus 2.12 liefere die Lösung (x_0, y_0). Damit kann man leicht alle Lösungen von (5) finden. Es sei (x, y) eine weitere Lösung. Dann gilt

$$ax + by = 1$$
$$ax_0 + by_0 = 1.$$

Durch Subtraktion und leichte Umformung erhält man

(6) $$\frac{x - x_0}{y - y_0} = \frac{-b}{a}$$

Wegen (4) gibt es eine ganze Zahl t, so daß

$$x - x_0 = -bt, \quad y - y_0 = at$$

oder

(7) $$\begin{aligned} x &= x_0 - bt \\ y &= y_0 + at. \end{aligned} \quad t \in \mathbb{Z}$$

In (7) haben wir alle Lösungen von (5). Damit sind alle Lösungen von (3)

(8) $$\begin{aligned} x &= c\,(x_0 - bt) \\ y &= c\,(y_0 + at). \end{aligned} \quad t \in \mathbb{Z}$$

Aufgaben:

1. Schreibe ein BASIC-Programm zu Fig. 2.12 und bestimme in (1) d, x, y für
   a) $a = 91$, $b = 56$ b) $a = 286$, $b = 121$ c) $a = 119$, $b = 13$ d) $a = 144$, $b = 89$
   e) $a = 233$, $b = 144$ f) $a = 377$, $b = 233$ g) $a = 610$, $b = 377$ h) $a = 987$, $b = 610$.
   In d) bis h) handelt es sich um aufeinanderfolgende Fibonacci-Zahlen.
   Welche Formel vermutet man auf Grund der ausgedruckten Werte?

2. *Die Scheckaufgabe.* Prof. X löst einen Scheck für x DM und y Pf. ein. Der Kassierer zahlt aus Versehen y DM und x Pf. aus, wodurch Prof. X um 5 Pf. mehr als das Doppelte des richtigen Betrags erhält. Bestimme x und y.

2.4. Primzahlen

Eine natürliche Zahl heißt *Primzahl*, wenn sie *genau zwei Teiler* hat. Schon Euklid (365? − 300?) wußte, daß es unendlich viele Primzahlen gibt.
Die Primzahlfolge 2, 3, 5, 7, 11, 13, 17, 19, 23, 29, . . . ist sehr unregelmäßig.
Einerseits gibt es beliebig große Primzahllücken. Z. B., $n! + 2$, $n! + 3$, . . . , $n! + n$ sind $n - 1$ aufeinanderfolgende zusammengesetzte Zahlen. Andererseits gibt es höchstwahrscheinlich unendlich viele *Primzahlzwillinge*, d. h. Primzahlpaare der Form $(p, p + 2)$.
Jede Primzahl > 3 hat die Form $6n - 1$ oder $6n + 1$, da für $n \geq 1$ Zahlen der Form $6n$, $6n \pm 2$, $6n + 3$ offensichtlich keine Primzahlen sind. Deshalb haben alle Primzahlzwillinge außer $(3, 5)$ die Form $(6n - 1, 6n + 1)$.
Ist $n > 1$ keine Primzahl, dann kann man sie nichttrivial zerlegen:

$$n = d_1 \cdot d_2, \quad 1 < d_1 < n, \; 1 < d_2 < n$$

Die Teiler d_1 und d_2 können nicht beide $> \sqrt{n}$ sein, sonst wäre $d_1 d_2 > n$.
Eine Nichtprimzahl n hat also einen nichttrivialen Teiler $d \leq \sqrt{n}$. Mit anderen Worten: *Hat n keinen Teiler d in $1 < d \leq \sqrt{n}$, dann ist n eine Primzahl.*
Wir wollen eine Primzahltafel herstellen. Alle einschlägigen Verfahren beruhen auf *Division* oder *Siebung*.

Primzahltafel durch Division

Wir wollen alle Primzahlen $\leq N$ drucken. Die Primzahlen 2 und 3 spielen eine Sonderrolle und werden am besten gesondert gedruckt. Es sei A die zu testende Zahl und B sei der Testteiler. Anfangs ist $A = 5$ und $B = 3$. Wir müssen A durch alle Primzahlen $\leq \sqrt{A}$ teilen. Geht eine Division auf, so ist A keine Primzahl. Andernfalls ist A eine Primzahl und wird gedruckt. Danach wird $A \leftarrow A + 2$, $B \leftarrow 3$ gesetzt und der Zyklus wiederholt sich. Der Testteiler B braucht nur die Primzahlen $\leq \sqrt{A}$ zu durchlaufen. Da es unbequem ist, die Primzahlen $\leq \sqrt{N}$ zu speichern, lassen wir B alle ungeraden Zahlen $\leq \sqrt{A}$ durchlaufen. Fig. 2.13 zeigt das Flußdiagramm und das BASIC-Programm für $N = 1000$.

```
10 PRINT 2; 3;
20 FOR A = 5 TO 1000 STEP 2
30      FOR B = 3 TO SQR (A) STEP 2
40          IF A/B = INT (A/B) THEN 70
50      NEXT B
60      PRINT A;
70 NEXT A
80 END
```

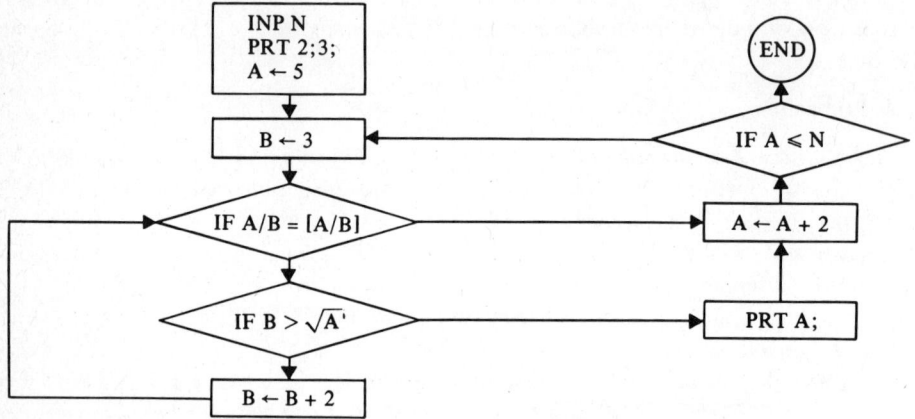

2 3 5 7 11 13 17 19 23 29 31 37 41 43 47 53 59 61 67 71 73 79 83 89 97 101
103 107 109 113 127 131 137 139 149 151 157 163 167 173 179 181 191 193 197
199 211 223 227 229 233 239 241 251 257 263 269 271 277 281 283 293 307 311
313 317 331 337 347 349 353 359 367 373 379 383 389 397 401 409 419 421 431
433 439 443 449 457 461 463 467 479 487 491 499 503 509 521 523 541 547 557
563 569 571 577 587 593 599 601 607 613 617 619 631 641 643 647 653 659 661
673 677 683 691 701 709 719 727 733 739 743 751 757 761 769 773 787 797 809
811 821 823 827 829 839 853 857 859 863 877 881 883 887 907 911 919 929 937
941 947 953 967 971 977 983 991 997

Fig. 2.13

Aufgaben:

1. Bei jeder Ausführung der Zeile 40 wird links und rechts vom Gleichheitszeichen
   dividiert. Man braucht nur einmal zu dividieren, falls man 40 durch die beiden
   Zeilen

   $$40 \ C = A/B \qquad 45 \ IF \ C = INT \ (C)$$

   ersetzt. Vergleiche die Rechenzeiten des alten mit dem so modifizierten Programm
   für N = 2000. Entferne vorher aus beiden Programmen die Druckanweisungen.

2. Schreibe ein Programm, das die Anzahl der Primzahlen im Intervall von M bis N
   zählt (M > 3 und ungerade). Wieviel Primzahlen gibt es zwischen 1000 und 2000,
   2000 und 3000, 3000 und 4000, 10000 und 11000?

3. Schreibe ein Programm, das die Lücken zwischen aufeinanderfolgenden Primzahlen bis 1000 druckt, d. h. 1, 2, 2, 4, 2, 4, 2, 4, 6, 2, 6, . . .

4. Schreibe ein Programm, das die maximale Primzahllücke im Intervall zwischen M (M > 2) und N druckt. Die kleinste Primzahl P im Intervall [M, N] sei bekannt.

5. Schreibe ein Programm, welches das erste Auftreten der Primzahllücke 16 bestimmt. D. h., es ist das kleinste Primzahlpaar der Form (p, p + 16) gesucht.

Primzahlzwillinge

Wir schreiben ein schnelles Programm, das alle Primzahlzwillinge zwischen A und B bestimmt. Alle Zwillinge außer (3, 5) haben die Form $(6n - 1, 6n + 1)$. Für das erste Paar $(X, X + 2)$ der Form $(6n - 1, 6n + 1)$ im Intervall von A bis B ist $X = 6 [\frac{A}{6}] + 5$. Y ist ein Testfaktor. Anfangs ist $Y = 5$, da $6n \pm 1$ nicht durch 3 teilbar ist. Y durchläuft die ungeraden Zahlen von 5 bis $\sqrt{X} + 1$. An sich genügt die kleinere Zahl $\sqrt{X + 2}$, aber durch Verwendung von $\sqrt{X} + 1$ schützen wir uns gegen Rundungsfehler. Der entscheidende Gedanke ist hier, die Elemente eines Paares $(X, X + 2)$ gleichzeitig zu testen. Dies geschieht in Zeile 40 (Fig. 2.14). In der Regel hat ein Element des Paares einen kleinen Faktor. Dann kann man den Test abbrechen und X um 6 erhöhen.

```
10 INPUT A, B
20 FOR  X = 6*INT (A/6) + 5 TO B STEP 6
30        FOR Y = 5 TO SQR (X) + 1 STEP 2
40              IF X = Y*INT (X/Y) OR  X + 2 = Y*INT ( (X + 2)/Y) THEN 70
50        NEXT Y
60        PRINT X; X + 2,
70 NEXT X
80 END
```

```
1019 1021   1031 1033   1049 1051   1061 1063   1091 1093

10007 10009   10037 10039   10067 10069   10091 10093

100151 100153   100361 100363   100391 100393   100517 100519
100547 100549   100799 100801

1000037 1000039   1000211 1000213   1000289 1000291
1000427 1000429   1000577 1000579   1000619 1000621
1000667 1000669   1000721 1000723   1000847 1000849
1000859 1000861   1000919 1000921
```

Fig. 2.14

Das Programm in Fig. 2.14 wurde ausgeführt für die Intervalle

$$(10^3, 10^3 + 100), (10^4, 10^4 + 100), (10^5, 10^5 + 1000), (10^6, 10^6 + 1000).$$

Es gibt überraschend viele Primzahlzwillinge. Ihre Dichte nimmt zwar langsam ab, aber in einer unregelmäßigen Weise. Von 10^5 bis $10^5 + 1000$ gibt es nur sechs Paare, während es zwischen 10^6 und $10^6 + 1000$ elf Paare gibt. Über die Verteilung der Primzahlzwillinge kann man in [5] nachlesen.

Zerlegung in Primfaktoren

Jede natürliche Zahl $n > 1$ läßt sich eindeutig in der Form

$$n = p_1 p_2 \cdots p_m, \quad p_1 \le p_2 \le p_3 \le \cdots \le p_m$$

darstellen, wo jedes p_i eine Primzahl ist. Wir schreiben ein Programm, das diese Primfaktorzerlegung findet. Wir beschreiben unser Vorgehen zuerst in der deutschen Sprache. Wir dividieren n der Reihe nach durch $p = 2, 3, 5, 7, \ldots$. Wenn die Teilung ohne Rest aufgeht, dann drucken wir p, setzen $n \leftarrow \frac{n}{p}$, und wir versuchen das neue n durch p und größere Primzahlen zu teilen. Sobald $[\frac{n}{p}] \le p$ ist, können wir aufhören, da n Primzahl ist.

Es ist bequemer, als Teiler nicht nur die Primzahlen, sondern außer 2 und 3 alle Zahlen der Form $6n \pm 1$ zu verwenden. D. h., beginnend mit $D = 5$ rücken wir abwechselnd um 2 und 4 Schritte vor. Im Programm wird das abwechselnde Vorrücken des Teilers D um 2 oder 4 durch den Schalter S besorgt. Allerdings müssen die Faktoren 2 und 3 vorweggenommen werden. Dieser Plan ist in Fig. 2.15 verwirklicht.

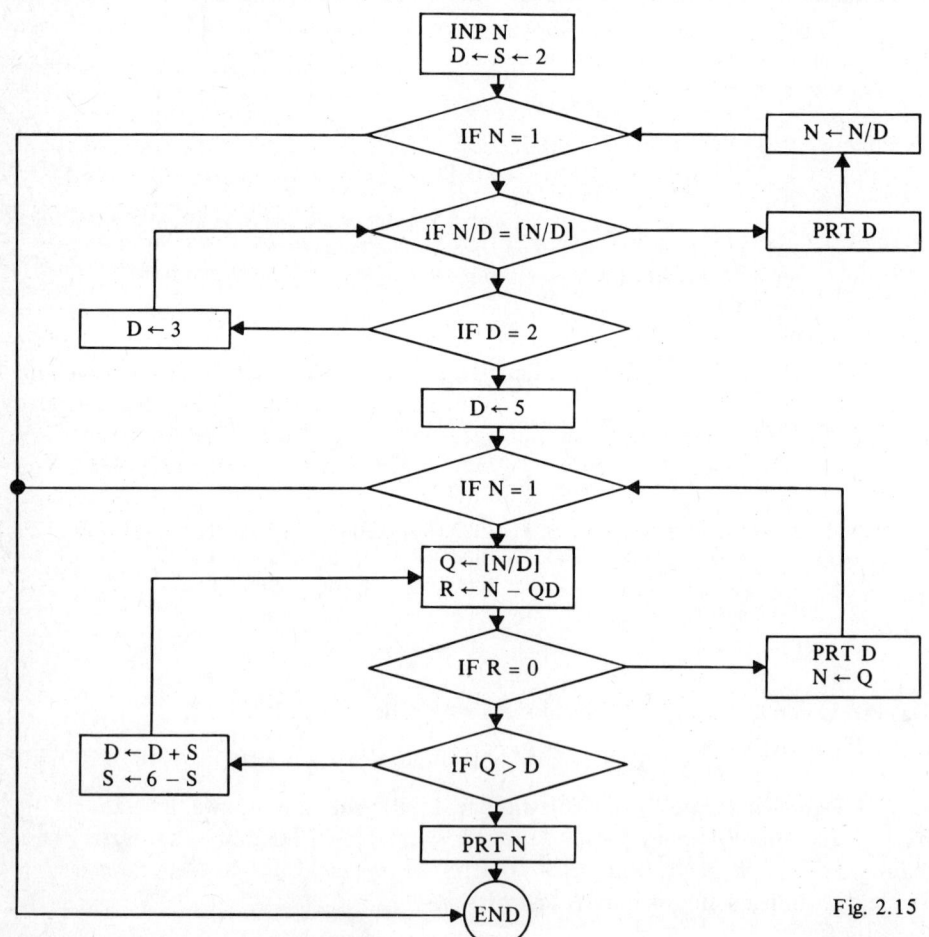

Fig. 2.15

52

Aufgaben:

6. Übersetze Fig. 2.15 in BASIC und zerlege die Zahlen 123456789, 987654321, $2^{32} + 1$, 1264460, 81128632, 600000017.

▶ 7. Wir wollen das Programm in Fig. 2.15 radikal vereinfachen, indem wir den Testteiler D jedesmal von 2 bis $\sqrt{n}$ laufen lassen. Schreibe das entsprechende BASIC-Programm und vergleiche die Rechenzeiten für die Zerlegung von 600000017.

8. Die Zahlen 1 979 339 333 und 1 979 339 339 sind Primzahlen. Zeige, daß sie Primzahlen bleiben, wenn man von rechts nacheinander die Ziffern streicht.

Das Sieb des Eratosthenes

Von Eratosthenes (276? − 194?) stammt der folgende Algorithmus zur Konstruktion der Primzahlfolge aus der Folge 2, 3, 4, 5, 6, 7, 8, 9, 10, 11, . . . :

> Sieb des Eratosthenes.
> 1. Setze p = 2.
> 2. Streiche alle Vielfachen von p hinter p.
> 3. Setze p = der ersten nicht gestrichenen Zahl hinter p und gehe nach 2.

Die erste nicht gestrichene Zahl ist jeweils eine Primzahl, denn sonst wäre sie als Vielfaches einer vorangehenden Zahl schon gestrichen. Jede Primzahl siebt als erste Zahl ihr eigenes Quadrat aus. Z. B., 7 siebt als erste Zahl 7^2 aus, da $2 \cdot 7$, $3 \cdot 7$, $4 \cdot 7$, $5 \cdot 7$, $6 \cdot 7$ als Vielfache von 2, 3 oder 5 schon gestrichen sind. Wenn man mit p siebt, dann startet man bei p^2 und streicht jede p-te Zahl. Aber $p^2 + p$, $p^2 + 3p$, $p^2 + 5p$, . . . sind gerade und daher schon gestrichen. Also kann man in Schritten von $2p$ fortschreiten.

Das Programm in Fig. 2.16 druckt die Primzahlen bis 2000. Siebzahlen sind alle Primzahlen bis 43, da $47^2 > 2000$ ist. Zeile 10 reserviert 2000 Plätze. Nach der Siebung ist $X(I) = 1$ oder 0, je nachdem I eine Primzahl ist oder nicht. Die einzige gerade Primzahl wird extra gedruckt. Zeile 20 speichert 1 in den Zellen mit ungeraden Nummern. Dies sind unsere Primzahlkandidaten. 30 liest die erste noch nicht verwendete Siebzahl p in Zeile 90. Zeile 40 streicht p^2, $p^2 + 2p$, $p^2 + 4p$, ... 50 liest die nächste Primzahl in Zeile 90, oder druckt 2 wenn die Daten ausgehen. 60 - 80 druckt alle nicht gestrichenen Zahlen bis 2000.

```
10  DIM X (2000)
20  FOR I = 3 TO 2000 STEP 2  X (I) = 1
30  READ P
40  FOR I = P*P TO 2000 STEP 2*P  X (I) = 0
50  IF P < 43 THEN 30 ELSE PRINT 2;
60  FOR I = 3 TO 2000 STEP 2
70      IF X (I) < > 0 THEN PRINT I;
80  NEXT I
90  DATA 3, 5, 7, 11, 13, 17, 19, 23, 29, 31, 37, 41, 43
100 END
```

Fig. 2.16

2 3 5 7 11 13 17 19 23 29 31 37 41 43 47 53 59 61 67 71 73 79 83 89 97 101
103 107 109 113 127 131 137 139 149 151 157 163 167 173 179 181 191 193
197 199 211 223 227 229 233 239 241 251 257 263 269 271 277 281 283 293 307
311 313 317 331 337 347 349 353 359 367 373 379 383 389 397 401 409 419 421
431 433 439 443 449 457 461 463 467 479 489 491 499 503 509 521 523 541 547
557 563 569 571 577 587 593 599 601 607 613 617 619 631 641 643 647 653 659
661 673 677 683 691 701 709 719 727 733 739 743 751 757 761 769 773 787 797
809 811 821 823 827 829 839 853 857 859 863 877 881 883 887 907 911 919 929
937 941 947 953 967 971 977 983 991 997 1009 1013 1019 1021 1031 1033 1039
1049 1051 1061 1063 1069 1087 1091 1093 1097 1103 1109 1117 1123 1129 1151
1153 1163 1171 1181 1187 1193 1201 1213 1217 1223 1229 1231 1237 1249 1259
1277 1279 1283 1289 1291 1297 1301 1303 1307 1319 1321 1327 1361 1367 1373
1381 1399 1409 1423 1427 1429 1433 1439 1447 1451 1453 1459 1471 1481 1483
1487 1489 1493 1499 1511 1523 1531 1543 1549 1553 1559 1567 1571 1579 1583
1597 1601 1607 1609 1613 1619 1621 1627 1637 1657 1663 1667 1669 1693 1697
1699 1709 1721 1723 1733 1741 1747 1753 1759 1777 1783 1787 1789 1801 1811
1823 1831 1847 1861 1867 1871 1873 1877 1879 1889 1901 1907 1913 1931 1933
1949 1951 1973 1979 1987 1993 1997 1999
zu Fig. 2.16

Das Programm in Fig. 2.16 ist verschwenderisch, da nur die Zellen mit ungerader Nummer verwendet werden. Außerdem ist zu beachten, daß man bei einem Tischrechner gar nicht so viele Plätze reservieren kann. Oft kann man nur 256 Plätze reservieren. Daher schreiben wir unser Programm so um, daß $X(I) = 1$ oder 0 ist, je nachdem $2I + 1$ eine Primzahl ist oder nicht. Wir können dann eine Primzahltafel bis 513 herstellen. Siebzahlen sind die Primzahlen bis 19, da $23^2 = 529$ ist. Man überzeuge sich von der Richtigkeit des Programms in Fig. 2.17. Nur Zeile 60 erfordert einige Überlegung.

```
10  DIM X (255)
20  FOR I = 1 TO 255
30      X (I) = 1
40  NEXT I
50  READ P
60  FOR I = (P*P – 1)/2 TO 255 STEP P
70      X (I) = 0
80  NEXT I
90  IF P< 19 THEN 50
100 PRINT 2;
110 FOR I = 1 TO 255
120     IF X (I) = 0 THEN 140
130     PRINT 2*I + 1;
140 NEXT I
150 DATA 3, 5, 7, 11, 13, 17, 19
160 END
```

2 3 5 7 11 13 17 19 23 29 31 37 41 43 47 53 59 61 67 71 73 79 83 89 97 101
103 107 109 113 127 131 137 139 149 151 157 163 167 173 179 181 191 193 197
199 211 223 227 229 233 239 241 251 257 263 269 271 277 281 283 293 307 311
313 317 331 337 347 349 353 359 367 373 379 383 389 397 401 409 419 421 431
433 439 443 449 457 461 463 467 479 487 491 499 503 509

Fig. 2.17

Fig. 2.17 ist in einer primitiven BASIC-Version geschrieben, die von jedem Tischrechner akzeptiert wird, während dies für Fig. 2.16 nicht zutrifft.

Aufgaben:

▶ 9. Eine natürliche Zahl heißt quadratfrei, wenn sie nicht durch das Quadrat einer Primzahl teilbar ist. Es sei h (n) die Anzahl und $q(n) = \frac{h(n)}{n}$ der Anteil der quadratfreien Zahlen $\leq n$.
a) Bestimme mit der Hand h (n) und q (n) für n = 10, 20, 30, 40, 50, 60.
b) Speichere die Zahl 1 in X (1) bis X (2000). Siebe dann alle Vielfachen von $2^2, 3^2, 5^2, 7^2, 11^2, \ldots, 41^2, 43^2$ aus und drucke eine Tabelle mit den Eingängen n, h (n), q (n) für n = 100 bis 2000 in 100-Schritten.
Man kann zeigen, daß $\lim_{n \to \infty} q(n) = \frac{6}{\pi^2}$ ist. Siehe [5].

2.5. Periodische Dezimalzahlen

Gauß hat als Schüler $\frac{1}{n}$ für alle $n < 1000$ in Dezimalzahlen verwandelt, um die Periodenlänge p (n) in Abhängigkeit von n zu studieren.
Es sei n teilerfremd zu 10, d. h. $10 \sqcap n = 1$. Wir wollen die Periodenlänge der Dezimaldarstellung von $\frac{1}{n}$ bestimmen. Es sei

$$\frac{1}{n} = \frac{r_1}{n} = 0, a_1 a_2 a_3 a_4 \ldots$$

$r_1 = 1$ nennen wir den ersten Rest. Multiplikation mit 10 liefert

$$\frac{10 r_1}{n} = a_1, a_2 a_3 a_4 \ldots$$

$$a_1 = [\frac{10 r_1}{n}], \quad \frac{10 r_1}{n} - [\frac{10 r_1}{n}] = 0, a_2 a_3 a_4 \ldots$$

$$\frac{r_2}{n} = \frac{10 r_1 - n [\frac{10 r_1}{n}]}{n} = 0, a_2 a_3 a_4 \ldots$$

Der zweite Rest ist

$$r_2 = 10 r_1 - n [\frac{10 r_1}{n}] = 10 r_1 \bmod n$$

D. h., der folgende Rest ergibt sich aus dem vorangehenden durch den Befehl

$$r \leftarrow 10 r - n [\frac{10 r}{n}], \text{ oder } r \leftarrow 10 r \bmod n$$

Anfangs ist r = 1. Daher stimmt die Restfolge überein mit der Folge

$$1, 10, 10^2, 10^3, \ldots \text{(mod n)}$$

Da nur die Reste $1, 2, \ldots, n - 1$ möglich sind, ist diese Folge periodisch mit der Periodenlänge $\leq n - 1$. Sie ist sofortperiodisch, d. h. als erster wird sich der Rest 1 wiederholen. In der Tat sei

$$10^i \equiv 10^k \text{ (mod n)}, i < k.$$

Da $10 \sqcap n = 1$ ist, darf man die Kongruenz mit 10 kürzen. Daher ist

$$10^{i-1} \equiv 10^{k-1}, \ 10^{i-2} \equiv 10^{k-2}, \dots, \ 1 \equiv 10^{k-i} \pmod{n}.$$

Die Periodenlänge ist also die kleinste Hochzahl p, so daß

$$10^p \equiv 1 \pmod{n}.$$

Das Programm in Fig. 2.18 druckt zu jedem n, $n < 100$, $n \sqcap 10 = 1$ seine Periodenlänge p.

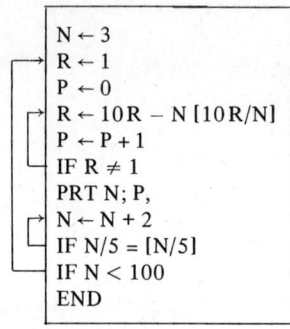

```
N ← 3
R ← 1
P ← 0
R ← 10R − N [10R/N]
P ← P + 1
IF R ≠ 1
PRT N; P,
N ← N + 2
IF N/5 = [N/5]
IF N < 100
END
```

Fig. 2.18

Aufgaben:

1. Schreibe ein BASIC-Programm zu Fig. 2.18 und studiere die vom Computer gedruckte Tabelle.

   a) Welcher Zusammenhang besteht zwischen n und $p(n)$, wenn n eine Primzahl ist?

   [b)] Versuche einen Zusammenhang zwischen n und $p(n)$ für zusammengesetzte n zu finden.

2. Schreibe ein zu Fig. 2.18 analoges Programm für das Zweiersystem. Vergleiche die Periodenlängen mit denen im Zehnersystem.

   Hinweis: $\frac{1}{n}$ ist im Zweiersystem sofortperiodisch, wenn $2 \sqcap n = 1$ ist. Die Periodenlänge ist die kleinste Hochzahl p, so daß

   $$2^p \equiv 1 \pmod{n}.$$

3. Schreibe ein Programm, das die Periode von $\frac{1}{n}$ druckt $(n \sqcap 10 = 1)$.

2.6. Kettenbrüche

Es sei x eine reelle Zahl. Falls x nicht ganz ist, so schreiben wir

$$x = z_0 + \frac{1}{x_1}, \quad z_0 = [x], \quad x_1 = \frac{1}{x - z_0} > 1$$

Ist x_1 nicht ganz, so wenden wir dieselbe Transformation auf x_1 an:

$$x_1 = z_1 + \frac{1}{x_2}, \quad z_1 = [x_1], \quad x_2 = \frac{1}{x_1 - z_1} > 1$$

Für rationale x erhält man einen Ausdruck der Form

$$x = z_0 + \cfrac{1}{z_1 + \cfrac{1}{z_2 + \cfrac{1}{z_3 + \cfrac{\ddots}{\qquad + \cfrac{1}{z_n}}}}} = z_0 + 1/(z_1 + 1/(z_2 + 1/(z_3 + \ldots + 1/z_n)\ldots)))$$

Dieser Ausdruck heißt *Kettenbruch*. Er wird auch mit $[z_0; z_1, z_2, \ldots, z_n]$ bezeichnet. Die z_i heißen *Teilnenner* und $r_i = [z_0; z_1, z_2, \ldots, z_i]$ heißt i-ter *Näherungsbruch*. Für irrationale x bricht die Kettenbruchdarstellung nicht ab. Kettenbrüche lassen sich leicht — hinten beginnend — mit dem Taschenrechner auswerten. Das Programm in Fig. 2.19 druckt zur Eingabe x die Folge z_i. Für $x = \pi, \sqrt{2}, (\sqrt{5}+1)/2,$ e lieferte es die angegebenen Folgen. Infolge von Rundungen sind die unterstrichenen Teilnenner falsch.

```
INP X
PRT [X]
IF X = [X]
X ← 1/(X – [X])
END
```

$\pi = [3; 7, 15, 1, 292, 1, 1, 1, \underline{4}, 1, 2, 14, 1, 2, 2, 1, 3, \ldots]$

$\sqrt{2} = [1; 2, 2, 2, 2, 2, 2, 2, 2, 2, 2, 2, 2, 2, 2, \underline{3}, 1, 3, 2, 2, \ldots]$

$(\sqrt{5}+1)/2 = [1; 1, 1, 1, 1, 1, 1, 1, 1, 1, 1, 1, 1, 1, 1, 1, 1, 1, 1, 1,$
$\qquad\qquad\qquad 1, 1, 1, 1, 1, 1, \underline{7}, 1, 2, 4, 3, \ldots]$

$e = [2; 1, 2, 1, 1, 4, 1, 1, 6, 1, 1, 8, 1, 1, \underline{11}, 1, 1, 2, 2, 1, 1, 1, 1, 1, \ldots]$

Fig. 2.19

Die Näherungsbrüche für $\pi = 3.141592653589793 \ldots$ sind

$$r_0 = 3, \quad r_1 = 3\frac{1}{7}, \quad r_2 = 3\frac{15}{106}, \quad r_3 = 3\frac{16}{113} = \frac{355}{113}, \ldots$$

Dies sind lauter berühmte Näherungen für π. Der Taschenrechner liefert

$r_0 = 3.000000000 \qquad r_1 = 3.142857143 \qquad r_2 = 3.141509434$
$r_3 = 3.141592920 \qquad r_4 = 3.141592653 \qquad r_5 = 3.141592654$

1. Beispiel:
Zusammenhang mit dem Euklidischen Algorithmus
Wir wenden auf $a = 67$, $b = 29$ den Euklidischen Algorithmus an:

$$67 = 29 \cdot \underline{2} + 9 \quad \Rightarrow \quad \frac{67}{29} = 2 + \frac{9}{29} = 2 + \cfrac{1}{\frac{29}{9}}$$

$$29 = 9 \cdot \underline{3} + 2 \quad \Rightarrow \quad \frac{29}{9} = 3 + \frac{2}{9} = 3 + \cfrac{1}{\frac{9}{2}}$$

$$\left. \begin{array}{l} \\ \\ \end{array} \right\} \Rightarrow \frac{67}{29} = 2 + \cfrac{1}{3 + \cfrac{1}{4 + \frac{1}{2}}} = [2; 3, 4, 2]$$

$$9 = 2 \cdot \underline{4} + 1 \quad \Rightarrow \quad \frac{9}{2} = 4 + \frac{1}{2}$$

$$2 = 1 \cdot \underline{2} + 0$$

Die beim Euklidischen Algorithmus auftretenden Quotienten sind also die Teilnenner der Kettenbruchentwicklung von $\frac{a}{b}$.

2. Beispiel:
Die Kettenbruchentwicklung von $\log_b a$
Es sei $a > 1$ und $b > 1$. Wir wollen $x > 0$ aus

$$(1) \qquad b^x = a$$

berechnen. Setzt man $x = z_0 + \frac{1}{x_1}$, $z_0 = [x]$, $x_1 > 1$, dann ist

$$b^{z + \frac{1}{x_1}} = a.$$

Wird $a \leftarrow \frac{a}{b}$ z_0-mal ausgeführt, so verbleibt die Gleichung

$$b^{\frac{1}{x_1}} = a$$

oder

$$b = a^{x_1}.$$

Vertauscht man darin a mit b, so haben wir wieder die ursprüngliche Aufgabe (1). Dies liefert den folgenden Algorithmus, der die Folge $z_0, z_1, z_2, \ldots$ der Kettenbruchentwicklung von z druckt:

    1. Setze $z \leftarrow 0$.
    2. Solange $a \geq b$ ist, wiederhole $a \leftarrow \frac{a}{b}$; $z \leftarrow z + 1$.
    3. Drucke z und vertausche a mit b.
    4. Falls $b > 1$ ist, so gehe nach 1; sonst STOP.

Für $b = 10$, $a = 2$ erhält man $\lg 2 = [0; 3, 3, 9, 2, 2, 4, 6, 2, 1, 1, 3, \ldots]$. Der Taschenrechner liefert $\lg 2 = 0.3010299957$, wobei alle Dezimalen stimmen. Fig. 2.20 zeigt das entsprechende Programm. Es liefert gegen Ende einige falsche Teilnenner. Die falschen Teilnenner beeinflussen jedoch nur die 11. und höhere Stellen.

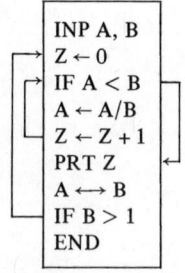

```
INP A, B
Z ← 0
IF A < B
A ← A/B
Z ← Z + 1
PRT Z
A ⟷ B
IF B > 1
END
```

Fig. 2.20

Aufgaben:

1. a) Es seien a, b natürliche Zahlen. Schreibe ein Programm, das zur Eingabe a, b mit Hilfe des Euklidischen Algorithmus die Teilnenner der Kettenbruchentwicklung von $\frac{a}{b}$ druckt.

   b) Teste das Programm für aufeinanderfolgende Fibonacci-Zahlen in Fig. 1.62, d. h. für $a = F_{n+1}$, $b = F_n$. Was fällt auf? Beweis!

2. 1000 Zufallszahlen werden aus $(0, 1)$ ausgewählt. Für jede Zahl X wird der erste Teilnenner $Z = [1/X]$ seiner Kettenbruchentwicklung bestimmt.
   Wie oft kommt $Z = 1, 2, 3, \ldots, 10$ vor?
   Es sei p_n die Wahrscheinlichkeit, daß $Z = n$ ist. Versuche eine Formel für p_n zu erraten.

2.7.* Chinesische Primzahlen

Ist a ein Teiler von b, so schreibt man $a \mid b$ (lies: *a teilt b*). Andernfalls schreibt man $a \nmid b$ (lies: *a teilt nicht b*).
Vor 2500 Jahren wurde in China die folgende Vermutung aufgestellt:

$$(1) \qquad n \text{ Primzahl} \iff n \mid 2^n - 2, \quad n > 1.$$

Wir wollen $n > 1$ eine *chinesische Primzahl* (*Pseudoprimzahl*) nennen, wenn $n \mid 2^n - 2$. Fermat hat 1640 gezeigt, daß

$$(2) \qquad n \text{ Primzahl} \Rightarrow n \mid a^n - a \quad \text{für alle ganzen } a.$$

Die Umkehrung stimmt leider nicht. Wäre sie richtig, so hätten wir einen sehr schnellen Primzahltest. Die Rechenzeit für die Nachprüfung der Relation $n \mid a^n - a$ ist proportional zu $\log_2 n$. Dagegen erfordert der Primzahltest durch Division mit $2, 3, 5, \ldots, [\sqrt{n}]$ eine Rechenzeit, die proportional zu $\sqrt{n}$ ist.
Um die Relation $n \mid a^n - a$ nachzuprüfen, wird man $a^n - a$ modulo n ausrechnen und dabei das schnelle Potenzierungsprogramm (Fig. 2.5b) verwenden.

Aufgaben:

1. Schreibe ein Programm, das die chinesischen Primzahlen bis 1000 druckt.

2. Schreibe ein Programm, das alle zusammengesetzten chinesischen Primzahlen unter 1000 druckt, also die Gegenbeispiele zur Vermutung (1).

3. Mit (2) gleichwertig ist der Satz

   $$(2a) \qquad n \nmid a^n - a \Rightarrow n \text{ ist keine Primzahl.}$$

   1640 hat Fermat in einem Brief an Mersenne die Vermutung ausgesprochen, daß $2^{32} + 1$ eine Primzahl ist. Zeige mit Hilfe von (2a) mit $a = 3$, $n = 2^{32} + 1$, daß n keine Primzahl ist. (Man benötigt einen Rechner, der 20-stellig rechnet.)
   Bemerkung: Mit (2a) kann man oft schnell zeigen, daß n keine Primzahl ist.

4. a) Vor 2^{11} Jahren hat man in Anchurien die Vermutung aufgestellt

(3)   n Primzahl $\iff$ n | $3^n - 3$.

b) Vor 3^7 Jahren hat man in Sikinien die Vermutung aufgestellt

(4)   n Primzahl $\iff$ n | $5^n - 5$.

Finde alle unter 1000 liegenden Gegenbeispiele zu (3) und (4).
Bemerkung: Es gibt zusammengesetzte Zahlen n, so daß

$$n \mid a^n - a \quad \text{für alle ganzen } a.$$

Finde eine solche *absolute Pseudoprimzahl*, die die Vermutungen aller Länder widerlegt.

3. Geometrie

In diesem Kapitel betrachten wir geometrische Probleme. Im Mittelpunkt stehen die Berechnung von π sowie Algorithmen für Funktionen, die mit Hilfe des Kreises $x^2 + y^2 = 1$ oder der Hyperbel $xy = 1$ definiert werden.

3.1. Die Quadratur der Parabel nach Archimedes

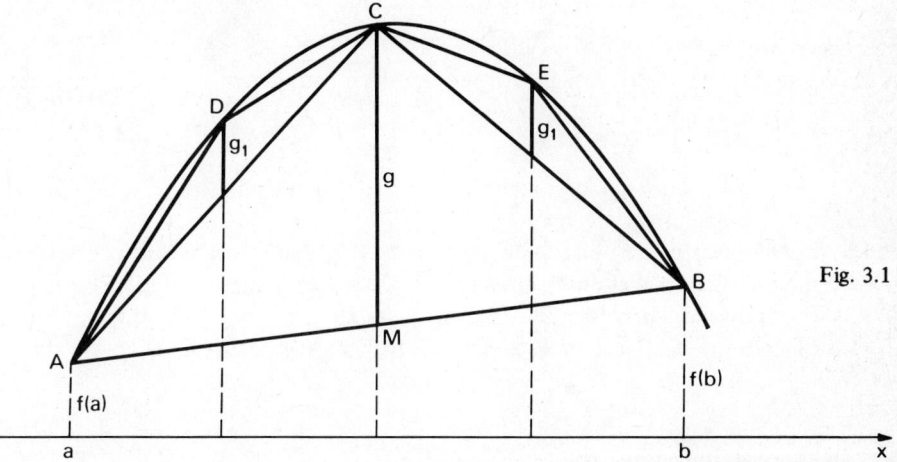

Fig. 3.1

Die Fläche unter der Parabel $f(x) = px^2 + qx + r$ von a bis b habe den Inhalt T (Fig. 3.1). Wir konstruieren für T eine Folge $T_0, T_1, T_2, \ldots$ von Näherungen, indem wir die Fläche durch $1, 2, 4, 8, \ldots, 2^n, \ldots$ Trapeze gleicher Breite annähern. Es ist

$$T_0 = h \cdot \frac{f(a) + f(b)}{2}, \quad h = b - a.$$

Der erste Fehler $T - T_0$ ist gleich dem Inhalt P des von der Sehne AB begrenzten Parabelsegments. Für $\overline{CM} = g$ ergibt eine leichte Rechnung

(1) $\qquad g = f\left(\frac{a+b}{2}\right) - \frac{f(a) + f(b)}{2} = -\frac{p}{4}(b-a)^2 = -\frac{p}{4}h^2$

$\triangle$ ABC hat den Inhalt $\triangle = \frac{gh}{2}$. Ferner ist $T_1 = T_0 + \triangle$. Nach (1) ist

$$g_1 = -\frac{p}{4}\left(\frac{h}{2}\right)^2 = \frac{g}{4}$$

Daher haben $\triangle$ ADC und $\triangle$ BEC zusammen den Inhalt $\frac{\triangle}{4}$, und es ist $T_2 = T_1 + \frac{\triangle}{4}$. Analog erhält man

$$T_{n+1} = T_n + \frac{\triangle}{4^n}, \quad n = 0, 1, 2, \ldots$$

Das Parabelsegment hat den Inhalt

(2) $\qquad P = \triangle + \frac{\triangle}{4} + \frac{\triangle}{4^2} + \ldots = \frac{4}{3}\triangle = \frac{2}{3}gh.$

Daher ist

$$T = T_0 + \frac{4}{3} \Delta,$$

$$T_n = T_0 + \Delta + \frac{\Delta}{4} + \ldots + \frac{\Delta}{4^{n-1}} = T_0 + \frac{4}{3} \Delta \left(1 - \frac{1}{4^n}\right)$$

oder

(3) $T_n = T - \dfrac{P}{4^n}, \quad n = 0, 1, 2, \ldots$

Die Folge T_n konvergiert gegen T mit dem Konvergenzfaktor $\frac{1}{4}$. Jede Iteration reduziert den Fehler *genau* 4-fach. Ferner ergibt sich aus (3)

(4) $T'_n = \dfrac{4 T_{n+1} - T_n}{3} = T.$

Von irgend zwei Nachbargliedern kann man also auf den Grenzwert T *extrapolieren*, indem man T'_n nach (4) berechnet.

Ein kurzes Kurvenstück unterscheidet sich kaum von einem Parabelstück. Ersetzt man in Fig. 3.1 die Parabel durch eine andere Kurve und konstruiert die Trapezfolge T_n, dann wird der Fehler $T - T_n$ bei jeder Iteration *ungefähr* 4mal kleiner. T'_n aus (4) wird in der Regel *nicht genau* T ergeben, liegt aber viel näher bei T als T_n.

3.2. Die Berechnung von π nach Archimedes

Die Zahl π ist eine der wichtigsten und berühmtesten Zahlen. Es gibt keine rechnerisch bequeme und zugleich elementare Methode zur Berechnung von π. Der Kampf um π hat eine spannende 4000-jährige Geschichte. Das alte Testament verwendet $\pi = 3$ (1. Könige 7:23, 2. Chronik 4:2). Die Babylonier verwendeten $\pi = 3$ und $\pi = 3\frac{1}{8}$. Der ägyptische Schreiber Ahmes (1700 v. Chr.?) gibt folgenden Algorithmus zur Berechnung der Kreisfläche an:

Subtrahiere vom Durchmesser des Kreises $\frac{1}{9}$ des Durchmessers und quadriere das Ergebnis.

Aufgabe 1:
Welche Näherung für π haben die Ägypter verwendet?

Ein Kreis mit dem *Radius 1* hat den *Inhalt* π und den *halben Umfang* π. Die elementaren Methoden zur Bestimmung von π berechnen näherungsweise den halben Umfang oder den Inhalt des Einheitskreises. Als erster hat Archimedes (um 260 v. Chr.) eine Näherung für π berechnet. Er näherte den halben Umfang des Einheitskreises durch einbeschriebene und umbeschriebene regelmäßige Vielecke an.
Wir wollen die Länge L des Bogens $\overset{\frown}{AB}$ in Fig. 3.2 berechnen. Dazu wird er durch gleichseitige Sehnen- bzw. Tangentenzüge mit $1, 2, 4, \ldots, 2^n$ Seiten angenähert. Die Seite eines Sehnen- bzw. Tangentenzugs sei $2s_n$ bzw. $2t_n$ $(n = 0, 1, 2, \ldots)$. Ferner habe s_n den Abstand c_n vom Kreismittelpunkt. Die Länge des n-ten Sehnen-

bzw. Tangentenzugs sei S_n bzw. T_n. Dann ist

(1) $\qquad S_n = 2^{n+1} s_n, \ T_n = 2^{n+1} t_n, \ S_n < L < T_n, \quad \lim_{n \to \infty} S_n = \lim_{n \to \infty} T_n = L.$

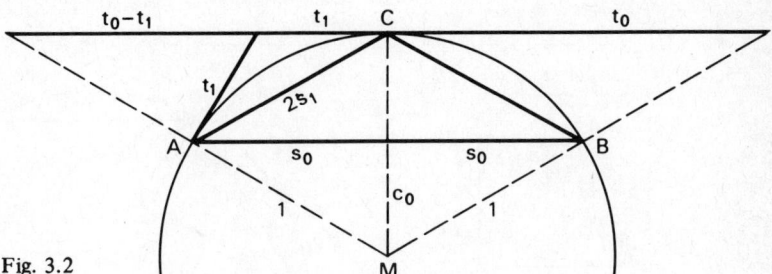

Fig. 3.2

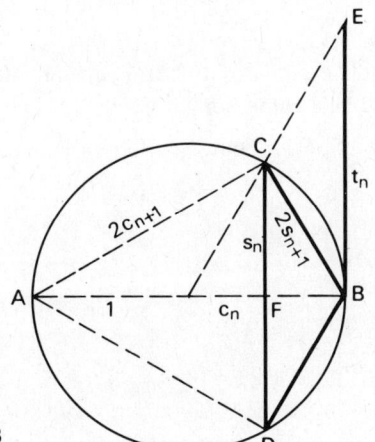

Fig. 3.3

In Fig. 3.3 kann man den Inhalt des Drachens ADBC auf zwei Arten ausrechnen. Durch Gleichsetzen erhält man $2 s_n = 2 s_{n+1} \cdot 2 c_{n+1}$, oder

(2) $\qquad s_{n+1} = \dfrac{s_n}{2 c_{n+1}}$

Ferner gilt $t_n : 1 = s_n : c_n$ oder

(3) $\qquad t_n = \dfrac{s_n}{c_n}.$

Der Kathetensatz liefert $\overline{AC}^2 = \overline{AB} \cdot \overline{AF}$, d. h. $4 c_{n+1}^2 = 2(1 + c_n)$, oder

(4) $\qquad c_{n+1} = \sqrt{\dfrac{1 + c_n}{2}}\ .$

Aus (1) bis (3) folgt

$$S_{n+1} = 2^{n+2} s_{n+1} = \frac{2^{n+1} s_n}{c_{n+1}} = \frac{S_n}{c_{n+1}}, \qquad T_{n+1} = 2^{n+2} \frac{s_{n+1}}{c_{n+1}} = \frac{S_{n+1}}{c_{n+1}}.$$

Damit haben wir die Rekursionsgleichungen

(5)
$$c_{n+1} = \sqrt{\frac{1+c_n}{2}}, \quad S_{n+1} = \frac{S_n}{c_{n+1}}, \quad T_{n+1} = \frac{S_{n+1}}{c_{n+1}}$$

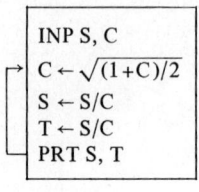

```
INP S, C
C ← √(1+C)/2
S ← S/C
T ← S/C
PRT S, T
```

Fig. 3.4

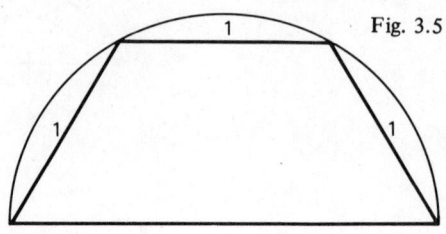

Fig. 3.5

Sie liefern das Programm in Fig. 3.4. Eingabe ist die Länge S der Sehne AB und ihr Abstand C vom Mittelpunkt. Das Programm druckt eine Intervallschachtelung für die Bogenlänge L. Um L = π zu bekommen, müssen wir S = 2, C = 0 eingeben. Archimedes startete wie in Fig. 3.5, d. h. mit S = 3, C = $\frac{\sqrt{3}}{2}$, und er führte vier Iterationen aus.

```
10 INPUT S, C
20 C = SQR ( (1 + C)/2)
30 S = S/C
40 T = S/C
50 PRINT S, T, 1 – C, π – S, T – π ·
60 IF S < T THEN 20
70 END
```

S	T	1 – C	π – S	T – π
3.105828541	3.215390309	.034074174	.035764112	.073797656
3.132628613	3.159659942	.008555139	.008964040	.018067289
3.139350203	3.146086215	.002141077	.002242451	.004493562
3.141031951	3.142714600	.000535413	.000560703	.001121946
3.141452472	3.141873050	.000133862	.000140181	.000280396
3.141557608	3.141662747	.000033466	.000035046	.000070093
3.141583892	3.141610177	.000008367	.000008761	.000017523
3.141590463	3.141597034	.000002092	.000002190	.000004381
3.141592106	3.141593749	.000000523	.000000548	.000001095
3.141592517	3.141592927	.000000131	.000000137	.000000274
3.141592619	3.141592722	.000000033	.000000034	.000000068
3.141592645	3.141592671	.000000008	.000000009	.000000017
3.141592651	3.141592658	.000000002	.000000002	.000000004
3.141592653	3.141592654	.000000001	.000000001	.000000001
3.141592654	3.141592654	.000000000	.000000000	.000000000

Fig. 3.6

Wir brauchen noch ein geeignetes Abbruchkriterium. Es ist stets S < T. In Fig. 3.6 wird abgebrochen, sobald diese Bedingung durch Rundung verletzt wird. Man stellt fest, daß bei jeder Iteration $1 - c_n$, $\pi - S_n$, $T_n - \pi$ und $T_n - S_n$ fast genau *viermal* kleiner werden. Man vermutet, daß $c_n, S_n, T_n,\ T_n - S_n$ je den Konvergenzfaktor $\frac{1}{4}$ haben. In der Tat ist

$$1 + c_n = 2 c_{n+1}^2,\ 1 - c_n = 2\,(1 - c_{n+1}^2) = 2\,(1 - c_{n+1})(1 + c_{n+1}) = 4 c_{n+2}^2\,(1 - c_{n+1}).$$

Wegen $\lim\limits_{n \to \infty} c_n = 1$, $T_n - S_n = T_n\,(1 - c_n)$, $S_n - S_{n-1} = S_n\,(1 - c_n)$ folgt für $n \to \infty$

$$\frac{1 - c_{n+1}}{1 - c_n} = \frac{1}{4 c_{n+2}^2} \to \frac{1}{4}, \qquad \frac{T_{n+1} - S_{n+1}}{T_n - S_n} = \frac{c_n}{c_{n+1}^2}\ \frac{1 - c_{n+1}}{1 - c_n} \to \frac{1}{4},$$

$$\frac{S_{n+1} - S_n}{S_n - S_{n-1}} = \frac{1}{c_{n+1}}\ \frac{1 - c_{n+1}}{1 - c_n} \to \frac{1}{4}.$$

3.3. Algorithmen für die trigonometrischen Funktionen

a) Mit Hilfe der archimedischen Methode kann man einfache Algorithmen für die trigonometrischen Funktionen konstruieren. Fig. 3.7 zeigt die Definition der Funktionen $s\,(x) = \sin x$ und $c\,(x) = \cos x$. Im Intervall $\frac{-\pi}{2} \le x \le \frac{\pi}{2}$ ist s steigend und daher umkehrbar. Die Umkehrung $g = s^{-1}$ heißt Arkussinus. Fig. 3.8 zeigt die Definition von $g\,(x) = \text{arc sin } x$. Im Intervall $0 \le x \le \pi$ ist c fallend und daher umkehrbar. Die Umkehrung $h = c^{-1}$ heißt Arkuskosinus. Fig. 3.9 zeigt die Definition von $h\,(x) = \text{arc cos } x$. Fig. 3.8 zeigt, daß man arc sin x mit Fig. 3.4 berechnen kann. Wird dort $S = 2x$, $C = \sqrt{1 - x^2}$ eingegeben, so ist die Ausgabe $2\,\text{arc sin } x$.

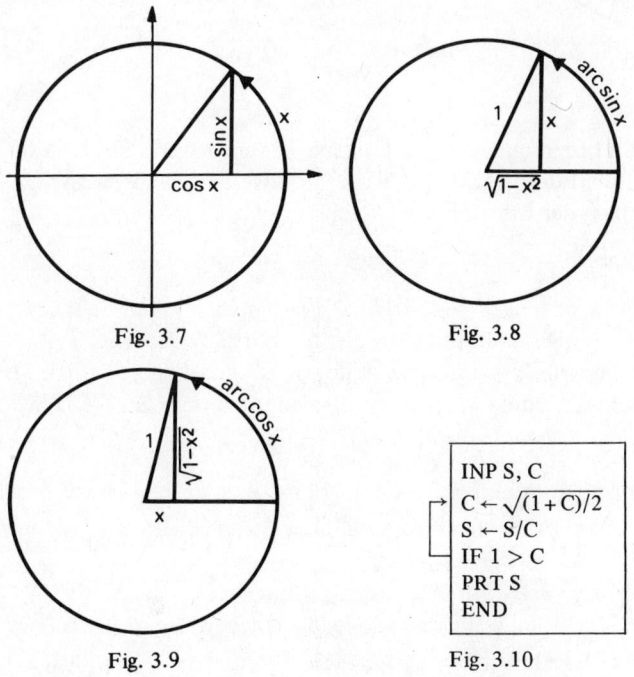

Fig. 3.7   Fig. 3.8

Fig. 3.9   Fig. 3.10

Wird dagegen $S = x$ eingegeben, so ist die Ausgabe arc sin x. Wir vereinfachen das Programm weiter, indem wir die Variable T weglassen. Man erhält Fig. 3.10. Sie liefert zur Eingabe $S = x$, $C = \sqrt{1 - x^2}$ die Ausgabe arc sin x. Ferner zeigt Fig. 3.9, daß sie zur Eingabe $S = \sqrt{1 - x^2}$, $C = x$ die Ausgabe arc cos x liefert.

b) Die Figuren 3.11 und 3.12 zeigen die Definitionen von tan x und arctan x. In Fig. 3.12 ist $s = \dfrac{x}{\sqrt{1+x^2}}$, $c = \dfrac{1}{\sqrt{1+x^2}}$. D. h., wir können mit dem Programm in Fig. 3.10 auch arctan x berechnen, wenn wir dort $C = \dfrac{1}{\sqrt{1+x^2}}$, $S = \dfrac{x}{\sqrt{1+x^2}}$ eingeben.

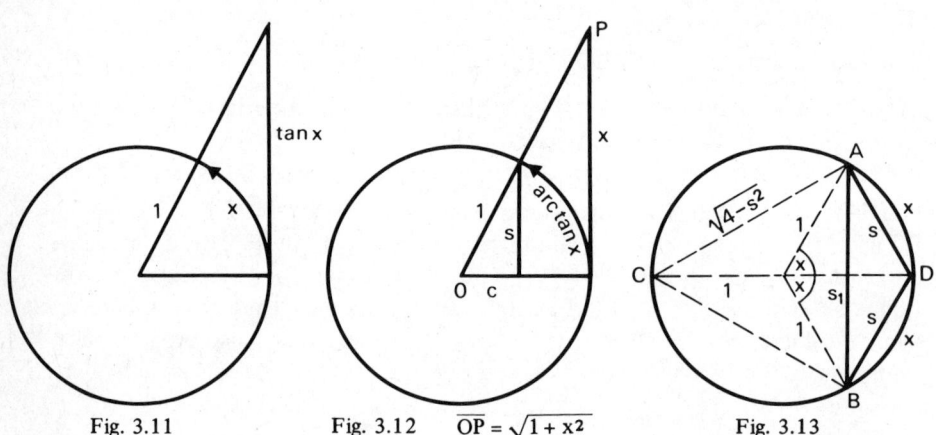

Fig. 3.11   Fig. 3.12 $\overline{OP} = \sqrt{1 + x^2}$ Fig. 3.13

c) Wir suchen ein Programm, das zur Eingabe x die Ausgabe sin x liefert. In Fig. 3.13 kann man den Inhalt des Drachens CBDA auf zwei Arten ausrechnen.
Durch Gleichsetzen der Ergebnisse erhält man

(1) $s_1 = s\sqrt{4 - s^2}$

D. h., durch die Zuweisung $s \leftarrow s\sqrt{4 - s^2}$ kann man von der Sehne mit dem Mittelpunktswinkel x zur Sehne mit dem doppelten Mittelpunktswinkel $2x$ übergehen. Wir approximieren den Bogen $\overarc{AB} = 2x$ durch 2^n gleichlange Sehnen. Ist n hinreichend groß ($n \geq 16$), dann hat jede der 2^n Sehnen mit großer Genauigkeit die Länge $s = \dfrac{2x}{2^n}$. Nach n Zuweisungen $s \leftarrow s\sqrt{4 - s^2}$ haben wir $s = \overline{AB} = 2\sin x$. Damit ergibt sich das Programm in Fig. 3.14. Zur Eingabe x im Bogenmaß druckt es sin x. Wenn x im Gradmaß gegeben ist, so kann man durch $x \leftarrow \pi \dfrac{x}{180}$ zum Bogenmaß übergehen.

Das Programm in Fig. 3.14 wurde getestet, indem $\sin \dfrac{\pi}{6} = 0.5$, $\sin \dfrac{\pi}{2} = 1$, $\sin \dfrac{\pi}{180} = 0.01745240644$ für verschiedene Eingabewerte n berechnet wurden. Fig. 3.15 zeigt das Ergebnis.

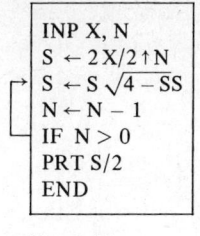

```
INP X, N
S ← 2 X/2↑N
S ← S √4 − SS
N ← N − 1
IF N > 0
PRT S/2
END
```

Fig. 3.14

n \ x	$\pi/6$	$\pi/2$	$\pi/180$
1	0.5053368618	0.9723086202	0.01745262794
2	0.5013044765	0.9990556716	0.01745246181
3	0.5003243298	0.9999472391	0.01745242028
4	0.5000809716	0.9999967886	0.01745240990
5	0.5000202360	0.9999998006	0.01745240730
6	0.5000050586	0.9999999876	0.01745240665
7	0.5000012646	0.9999999992	0.01745240649
8	0.5000003162	1.0000000000	0.01745240645
9	0.5000000791		0.01745240644
10	0.5000000198		
11	0.5000000050		
12	0.5000000012		
13	0.5000000003		
14	0.5000000001		
15	0.5000000000		

Fig. 3.15

d) Wir konstruieren ein Sinusprogramm, das viel besser ist als Fig. 3.14. Dazu brauchen wir den folgenden Sonderfall des *Satzes von Ptolemäus:*

Im gleichschenkligen Trapez ist das Produkt der Diagonalen gleich der Summe der Produkte der Gegenseiten.

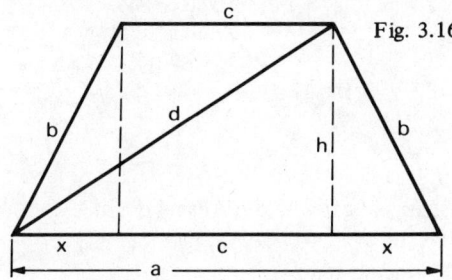

Fig. 3.16

Fig. 3.17

Beweis: In Fig. 3.16 ist nach dem Satz des Pythagoras

$$h^2 = d^2 - (x + c)^2 = b^2 - x^2$$
$$d^2 = b^2 + (x + c)^2 - x^2 = b^2 + (x + c + x)(x + c - x)$$
$$d^2 = b^2 + ac \quad \text{q.e.d.}$$

Für Fig. 3.17 liefert der Satz

$$d^2 = s^2 + Ss.$$

Andererseits ist nach (1)

$$d^2 = s^2 (4 - s^2).$$

Durch Gleichsetzen erhält man

(2) $S = 3s - s^3$.

Damit ergibt sich das Programm in Fig. 3.18. Zuerst wird der Bogen $2x$ in 3^n gleiche Teile geteilt. Die Sehne eines Teilbogens stimmt mit großer Genauigkeit mit dem Bogen überein. Daher setzen wir anfangs $s \leftarrow \frac{2x}{3^n}$. Durch die Zuweisung $s \leftarrow s\,(3-ss)$ geht man zur Sehne mit dem dreifachen Mittelpunktswinkel über. Nach n Schritten haben wir die Sehne des Bogens $2x$. Durch Halbieren dieser Sehne erhält man $\sin x$. Fig. 3.18 ist im Gegensatz zu 3.14 wurzelfrei und erfordert ein kleineres n. Schon für $n = 9$ ist der Fehler $\leq 10^{-10}$. Dies ist besser als $n = 14$ in Fig. 3.14, da $3^9 = 19\,683$ und $2^{14} = 16\,384$ ist. Das Programm ist mit einem Taschenrechner ohne Wurzeltaste ausführbar.

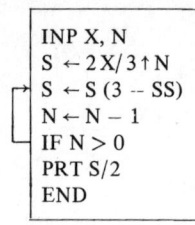

```
INP X, N
S ← 2X/3↑N
S ← S (3 -- SS)
N ← N - 1
IF N > 0
PRT S/2
END
```

Fig. 3.18

Aufgaben:

1. Teste das Programm in Fig. 3.18 durch Berechnung von $\sin \frac{\pi}{6} = 0.5$, $\sin \frac{\pi}{2} = 1$, $\sin \frac{\pi}{180} = 0.01745240644$ für $n = 1, 2, 3, \ldots$. Welcher Wert von n reicht für eine 10-stellige Genauigkeit aus?

2. Berechne mit dem Programm in Fig. 3.10 a) $\arcsin x$ für $x = \frac{1}{2}, \sqrt{\frac{3}{2}}, 1$
   b) $\arccos x$ für $x = \frac{1}{2}, \sqrt{\frac{3}{2}}, 1$ c) $\arctan x$ für $x = 1, \sqrt{3}, 10^{10}$.

3. Zeige, daß auf S. $\quad \dfrac{T_{n+1} - T_n}{T_n - T_{n-1}} \to \dfrac{1}{4}$ für $n \to \infty$.

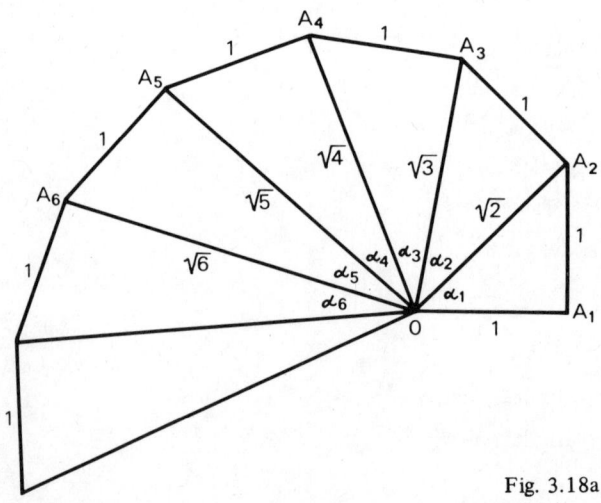

Fig. 3.18a

68

4. Der Streckenzug $A_1 A_2 A_3 A_4 \ldots$ in Fig. 3.18a heißt *Wurzelspirale*. Offenbar ist
$$\overline{OA_n} = \sqrt{n}\,, \quad \tan \alpha_n = \frac{1}{\sqrt{n}}\,, \quad \alpha_n = \arctan \frac{1}{\sqrt{n}}$$

a) Für welches n vollendet die Spirale ihre 1., 2., 3., $\ldots$, 10. Volldrehung?
b) Prüfe nach, daß $\overline{OA_n}$ nach jeder Umdrehung etwa um π wächst.

5. Alle Formeln in 3.2 und 3.3 kann man in die Sprache der Trigonometrie über-setzen. In Fig. 3.2 sei $\sphericalangle\, AMC = \alpha$.
a) Bestimme s_n, c_n, t_n, S_n, T_n.
b) Zeige, daß die Formeln (1) und (2) in 3.3 gleichwertig sind mit
$$\sin 2x = 2\sin x \cos x, \qquad \sin 3x = 3 \sin x - 4 \sin^3 x.$$

6. Wir suchen ein Kosinusprogramm, das auf der Verdoppelungsformel
$\cos 2x = 2\cos^2 x - 1$ beruht. Für kleine x $(x < \frac{1}{2^{16}})$ ist $\sin x \approx x$ und
$$\cos x = 1 - 2\sin^2 \frac{x}{2} \approx 1 - \frac{x^2}{2}.$$

Um Auslöschung durch Subtraktion zu vermeiden, setzen wir $C(x) = 1 - \cos x \approx \frac{x^2}{2}$.
a) Zeige, daß $C(2x) = 2C(x)(2 - C(x))$.

b) Setzt man $C \leftarrow \dfrac{x^2}{2 \cdot 4^n}$ und wendet n-mal die Verdoppelungsformel

$C \leftarrow 2C(2 - C)$ an, so erhält man $C(x)$ und damit auch $\cos x = 1 - C(x)$.
Berechne auf diese Weise $\cos(\frac{\pi}{3}) = 0.5$. Für welches n erhält man 10-stellige Genauigkeit?

7. Werden in Fig. 3.10 die Zeilen 4 und 5 durch IF $1 - C > 3 \cdot 10^{-5}$ bzw.
PRT $3S/(2 + C)$ ersetzt, so wird die Rechenarbeit halbiert. Prüfe dies nach durch Ausführung des Programms in Fig. 3.18b für $S = 2$, $C = 0$.

```
INP S, C
C ← √(1 + C)/2
S ← S/C
PRT 3S/(2 + C)
IF 1 − C > 3 · 10⁻⁵
END
```

Fig. 3.18b

(Zum Beweis muß man $\dfrac{3 S_n}{2 + c_n} = \dfrac{3 \cdot 2^n \sin \frac{\alpha}{2^n}}{2 + \cos \frac{\alpha}{2^n}}$ mit $\alpha = \arcsin x$ in eine Reihe entwickeln.)

3.4. Die Methode von Cusanus

Der mittelalterliche Philosoph Nicolaus Cusanus entdeckte um 1450 eine elegante Methode zur Berechnung von π. Archimedes betrachtete einen festen Kreis und Folgen ein- und umbeschriebener regelmäßiger $3 \cdot 2^n$-Ecke $(n = 1, 2, 3, \ldots)$. Cusanus dagegen betrachtet die Folge regelmäßiger 2^n-Ecke $(n = 2, 3, 4, \ldots)$ mit dem *festen Umfang 2*. Es seien h_n und r_n die Radien des In- und Umkreises des 2^n-Ecks in dieser Folge. Diese Kreise haben die Umfänge $2\pi h_n$ bzw. $2\pi r_n$. Der Umfang des 2^n-Ecks liegt dazwischen (Fig. 3.19), d. h.

$$2\pi h_n < 2 < 2\pi r_n$$

$$\frac{1}{r_n} < \pi < \frac{1}{h_n}.$$

Es sei $n = 2$, d. h. $2^n = 4$. Für das Quadrat mit dem Umfang 2 ist

$$r_2 = \frac{\sqrt{2}}{4}, \quad h_2 = \frac{1}{4}.$$

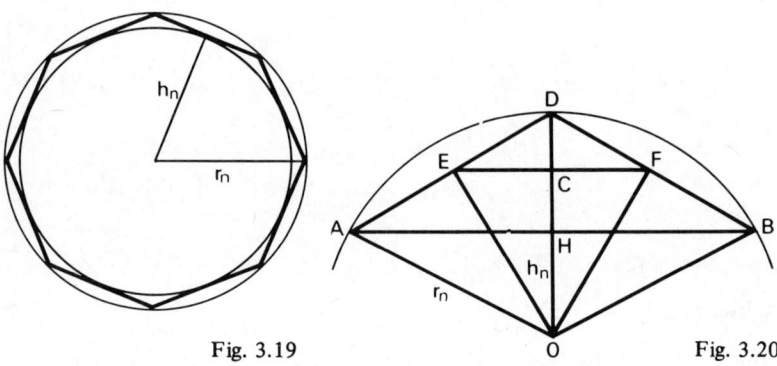

Fig. 3.19   Fig. 3.20

Der Fig. 3.20 kann man Rekursionsgleichungen für r_n und h_n entnehmen. AB ist die Seite des regulären 2^n-Ecks mit dem Umfang 2 und dem Mittelpunkt O. D ist der Mittelpunkt des Bogens AB, E und F sind Mitten der Seiten AD und BD im Dreieck ABD. Also ist $\overline{EF} = \frac{AB}{2}$. Deshalb ist EF die Seite des regulären 2^{n+1}-Ecks mit Umfang 2 und Mittelpunkt O. Also ist

$$\overline{OD} = r_n, \quad \overline{OH} = h_n, \quad \overline{OE} = r_{n+1}, \quad \overline{OC} = h_{n+1}.$$

Da C Mittelpunkt von DH ist, haben wir

$$h_{n+1} = \frac{r_n + h_n}{2}.$$

Im rechtwinkligen Dreieck ODE gilt nach dem Kathetensatz $\overline{OE}^2 = \overline{OC} \cdot \overline{OD}$, d. h.

$$r_{n+1}^2 = r_n h_{n+1}.$$

Damit haben wir

$$h_2 = \frac{1}{4}, \quad r_2 = \frac{\sqrt{2}}{4}, \quad h_{n+1} = \frac{r_n + h_n}{2}, \quad r_{n+1} = \sqrt{r_n h_{n+1}}$$

Es kommt uns sehr gelegen, daß die Formel für r_{n+1} den Wert h_{n+1} enthält, statt h_n. Dadurch können wir die Zuweisungen $h \leftarrow \frac{r+h}{2}$, $r \leftarrow \sqrt{rh}$ hintereinander ausführen. Das BASIC-Programm in Fig. 3.21 bedarf keines Kommentars.

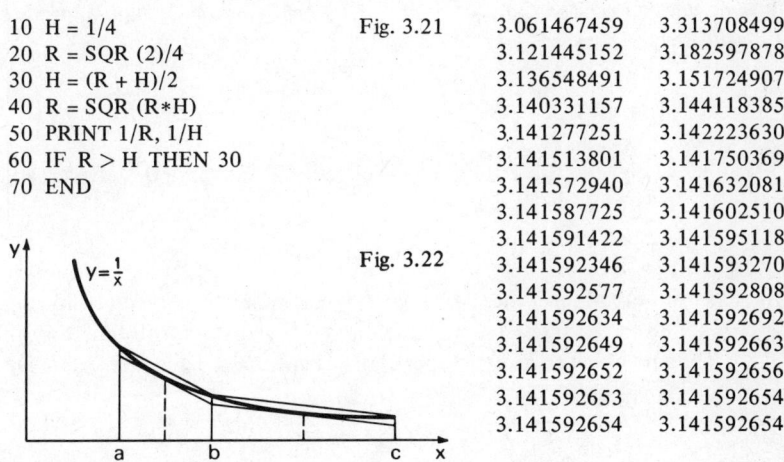

```
10 H = 1/4
20 R = SQR (2)/4
30 H = (R + H)/2
40 R = SQR (R*H)
50 PRINT 1/R, 1/H
60 IF R > H THEN 30
70 END
```

Fig. 3.21

3.061467459	3.313708499
3.121445152	3.182597878
3.136548491	3.151724907
3.140331157	3.144118385
3.141277251	3.142223630
3.141513801	3.141750369
3.141572940	3.141632081
3.141587725	3.141602510
3.141591422	3.141595118
3.141592346	3.141593270
3.141592577	3.141592808
3.141592634	3.141592692
3.141592649	3.141592663
3.141592652	3.141592656
3.141592653	3.141592654
3.141592654	3.141592654

Fig. 3.22

3.5. Die Quadratur der Hyperbel

a) Fig. 3.22 zeigt die Hyperbel $xy = 1$ und zwei Sehnentrapeze mit den Inhalten S_1 und S_2. Man rechnet leicht nach, daß

$$(1) \qquad S_1 = \frac{1}{2}\left(\frac{b}{a} - \frac{a}{b}\right) = \frac{1}{2}\left(x - \frac{1}{x}\right), \quad x = \frac{b}{a}.$$

S_1 hängt nur vom Quotienten $x = \frac{b}{a}$ ab. Daher ist $S_1 = S_2$, wenn $\frac{b}{a} = \frac{c}{b}$ oder $b^2 = ac$, d. h. $b = \sqrt{ac}$ ist.

Legt man an den Stellen $\frac{a+b}{2}$ und $\frac{b+c}{2}$ die Tangenten an die Hyperbel, so erhält man zwei Tangententrapeze mit den Inhalten T_1 und T_2. Eine kurze Rechnung liefert

$$(2) \qquad T_1 = 2\frac{b-a}{b+a} = 2\frac{\frac{b}{a}-1}{\frac{b}{a}+1} = 2\frac{x-1}{x+1}, \quad x = \frac{b}{a}.$$

Auch T_1 hängt nur von $x = \frac{b}{a}$ ab. Daher gilt im Falle $b = \sqrt{ac}$ neben $S_1 = S_2$ auch $T_1 = T_2$.

b) Für $x > 0$ definieren wir drei Funktionen s, c, t durch

(3) $\qquad s(x) = \frac{1}{2}(x - \frac{1}{x}), \quad c(x) = \frac{1}{2}(x + \frac{1}{x}), \quad t(x) = \frac{s(x)}{c(x)} = \frac{x^2 - 1}{x^2 + 1}$

Man rechnet leicht nach, daß

(4) $\qquad s(\sqrt{x}) = \frac{s(x)}{2c(\sqrt{x})}, \quad c(\sqrt{x}) = \sqrt{\frac{1 + c(x)}{2}}$.

Für $n = 0, 1, 2, 3, \ldots$ definieren wir die Zahlenfolge
$x_0 = x, \quad x_1 = \sqrt{x}, \quad x_2 = \sqrt{x_1} = \sqrt[4]{x}, \quad x_3 = \sqrt{x_2} = \sqrt[8]{x}, \quad x_4 = \sqrt{x_3} = \sqrt[16]{x}, \ldots,$
und wir setzen $s_n = s(x_n)$, $c_n = c(x_n)$, $t_n = t(x_n)$. Wegen $\sqrt{x_n} = x_{n+1}$ und (4) ist dann

(5) $\qquad s_{n+1} = \frac{s_n}{2c_{n+1}}, \quad c_{n+1} = \sqrt{\frac{1 + c_n}{2}}, \quad t_{n+1} = \frac{s_{n+1}}{c_{n+1}}$.

c) Fig. 3.23 zeigt nochmals die Hyperbel $xy = 1$. Für $x > 0$ definiert man den natürlichen Logarithmus durch

$\qquad \ln x = $ Inhalt des Hyperbeltrapezes von 1 bis x.

Um $\ln x$ zu berechnen gehen wir analog vor wie bei der Kreisberechnung. In Fig. 3.23 wird $\ln x$ durch 2^n flächengleiche Sehnentrapeze mit dem Inhalt S_n und 2^{n-1} ebenfalls flächengleiche Tangententrapeze mit dem Inhalt T_n angenähert. Die Flächengleichheit ist gesichert, da

$$x_n^i = \sqrt{x_n^{i-1} x_n^{i+1}} = \sqrt{x_n^{i-2} x_n^{i+2}}.$$

Damit hat man die Ungleichung $T_n < \ln x < S_n$. Nach (1) und (2) ist der Inhalt des ersten Sehnen- bzw. Tangententrapezes

$$\frac{1}{2}(x_n - \frac{1}{x_n}) = s_n, \qquad 2\frac{x_n^2 - 1}{x_n^2 + 1} = 2t_n.$$

Damit ist

(6) $\qquad S_n = 2^n s_n, \quad T_n = 2^{n-1} \cdot 2t_n = 2^n t_n.$

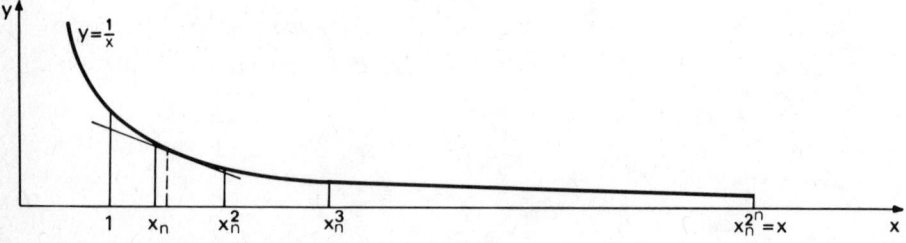

Fig. 3.23

Nach (5) und (6) ist

$$S_{n+1} = 2^{n+1} s_{n+1} = 2^{n+1} \frac{s_n}{2c_{n+1}} = \frac{S_n}{c_{n+1}}, \quad T_{n+1} = 2^{n+1} \frac{s_{n+1}}{c_{n+1}} = \frac{S_{n+1}}{c_{n+1}}.$$

Damit haben wir die Rekursionsgleichungen

(7)

$$S_0 = \frac{1}{2}(x - \frac{1}{x}), \quad c_0 = \frac{1}{2}(x + \frac{1}{x})$$

$$c_{n+1} = \sqrt{\frac{1+c_n}{2}}, \quad S_{n+1} = \frac{S_n}{c_{n+1}}, \quad T_{n+1} = \frac{S_{n+1}}{c_{n+1}}$$

Bis auf die Startwerte stimmt (7) mit (5) in 3.2 überein. Damit ist eine vollkommene Analogie zur Kreisberechnung hergestellt.

Beim Kreis konvergierte c_n steigend gegen 1. Wir werden zeigen, daß bei der Hyperbel c_n fallend gegen 1 konvergiert. In der Tat, für $x \neq 1$ ist auch

$$x_n = \sqrt{\sqrt{\dots \sqrt{x}}} \neq 1. \text{ Also ist}$$

$$c_n = \frac{1}{2}(x_n + \frac{1}{x_n}) = 1 + \frac{1}{2}(\sqrt{x_n} - \frac{1}{\sqrt{x_n}})^2 > 1.$$

Für $n \to \infty$ gilt $x_n \to 1$ und daher auch $c_n \to 1$. Die Folgen $c_n, S_n, T_n, S_n - T_n$ haben je den Konvergenzfaktor $\frac{1}{4}$. Der Beweis von Seite 65 kann ohne Änderung übernommen werden.

```
INP S, C
C ← √(1+C)/2
S ← S/C
IF | 1 - C | ≥ 10⁻¹⁰
PRT S
END
```

Fig. 3.24

| | Eingabe | | Ausgabe | Definitions- |
	S	C		bereich
	x	$\sqrt{1-x^2}$	arc sin x	$-1 \leqslant x \leqslant 1$
	$\sqrt{1-x^2}$	x	arc cos x	$-1 < x \leqslant 1$
	$\dfrac{x}{\sqrt{1+x^2}}$	$\dfrac{1}{\sqrt{1+x^2}}$	arc tan x	$-\infty < x < \infty$
	$\dfrac{1}{\sqrt{1+x^2}}$	$\dfrac{x}{\sqrt{1+x^2}}$	arc cot x	$-\infty < x < \infty$
	$\dfrac{1}{2}(x - \frac{1}{x})$	$\dfrac{1}{2}(x + \frac{1}{x})$	ln x	$x > 0$
	x	$\sqrt{1+x^2}$	ar sinh x	$-\infty < x < \infty$
	$\sqrt{x^2-1}$	x	ar cosh x	$x \geqslant 1$
	$\dfrac{x}{\sqrt{1-x^2}}$	$\dfrac{1}{\sqrt{1-x^2}}$	ar tanh x	$-1 < x < 1$
	$\dfrac{1}{\sqrt{1-x^2}}$	$\dfrac{x}{\sqrt{1-x^2}}$	ar coth x	$-1 < x < 1$

Fig. 3.25

Wir können das Programm in Fig. 3.10 auch zur Berechnung von ln x verwenden, wenn wir die Abbrechbedingung durch $|1 - C| < 10^{-10}$ ersetzen.

Wir fassen die bisherigen Ergebnisse wie folgt zusammen:

Das „Universalprogramm" in Fig. 3.24 berechnet die neun Funktionen in Tabelle 3.25 mit einem relativen Fehler $\leq 10^{-10}$.

Berechnet man arc cos x ganz nahe bei -1, dann wird das Ergebnis ungenau wegen Auslöschung durch Subtraktion.

Wir haben vier Ergebnisse in der Tabelle bewiesen. Die übrigen werden in den Aufgaben behandelt.

Eine wesentliche Verbesserung dieses Programms findet man in Aufgabe 11.

d) Die Funktion ln ist monoton wachsend. Ihre Umkehrung $\ln^{-1}$ = exp heißt *Exponentialfunktion*. Fig. 3.26 zeigt die Definition von ln und exp. Wenn das Hyperbeltrapez von 1 bis y den Inhalt x hat, so ist y = exp x. Um y aus x zu berechnen, ersetzen wir das Hyperbeltrapez von 1 bis y durch 2^n Tangententrapeze mit dem jeweiligen Inhalt $\frac{x}{2^n}$. In Fig. 3.27 reichen sie von 1 bis $y_n = y_1^{2^n}$. Die Tangententrapeze liegen unterhalb der Hyperbel. Daher ist $y_n >$ exp x. Der relative Fehler wird jedoch $< 10^{-10}$ sein für $n \geq 16$.

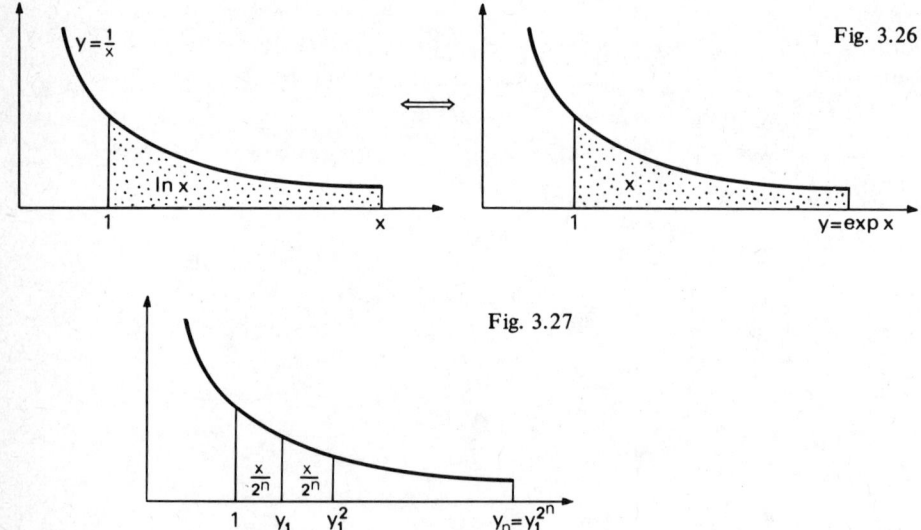

Fig. 3.26

Fig. 3.27

Nach (2) gilt für den Inhalt des ersten Tangententrapezes

$$2\frac{y_1 - 1}{y_1 + 1} = \frac{x}{2^n} \Rightarrow y_1 = \frac{1 + \frac{x}{2^{n+1}}}{1 - \frac{x}{2^{n+1}}} \Rightarrow y_n = y_1^{2^n} = \left(\frac{1 + \frac{x}{2^{n+1}}}{1 - \frac{x}{2^{n+1}}}\right)^{2^n} \approx \exp x.$$

74

D. h.

$$(8) \qquad \exp x \approx \left(\frac{1 + \dfrac{x}{2^{n+1}}}{1 - \dfrac{x}{2^{n+1}}} \right)^{2^n}$$

Der Rechner zeigt 10 Stellen an, aber er rechnet intern 12-stellig. Die 13. und alle weiteren Stellen rundet er weg. Dadurch ist die Grundzahl y_1 mit einem Fehler $\epsilon \leq 5 \cdot 10^{-12}$ behaftet. Was passiert, wenn man 16mal quadriert? Wegen

$$(1 + \epsilon)^{2^{16}} \approx 1 + 2^{16}\,\epsilon, \qquad 2^{16}\,\epsilon \leq 0.33 \cdot 10^{-6}$$

wirken die weggerundeten Dezimalen auf 5 bis 6 vorangehende Dezimalen. Daher ist die 6. Stelle hinter dem Komma nicht mehr gesichert. In der Tat ergibt sich

$$y_1^{2^{16}} = 2.718280760$$

anstatt des richtigen Ergebnisses $e = 2.718281828$. In 3.6 werden wir sehen, wie man diese Rundung vermeiden kann.

Die Exponentialfunktion wird in Kap. 4 ausführlich behandelt.

e) Wir konstruieren ein schnelles und rundungsfreies exp-Programm nach dem Vorbild des Sinusprogramms in Fig. 3.18. Dazu brauchen wir das Analogon zur dortigen Formel (2). Wir betrachten wieder Sehnentrapeze bei der Hyperbel $xy = 1$. Die Sehnentrapeze von 1 bis x bzw. 1 bis x^3 haben nach (1) die Inhalte

$$s = \tfrac{1}{2}\left(x - \tfrac{1}{x}\right)$$

$$S = \tfrac{1}{2}\left(x^3 - \tfrac{1}{x^3}\right) = \tfrac{1}{2}\left(x - \tfrac{1}{x}\right)\left(1 + x^2 + \tfrac{1}{x^2}\right) = s\left(3 + \left(x - \tfrac{1}{x}\right)^2\right) = s(3 + 4s^2)$$

$$S = s(3 + 4s^2)$$

Das Hyperbeltrapez von 1 bis $\exp x$ hat den Inhalt x. Wir approximieren es durch 3^n flächengleiche Sehnentrapeze mit dem Gesamtinhalt x. In Fig. 3.28 reichen sie von 1 bis $y_n = y_1 \uparrow 3^n$. Es ist $y_n < \exp x$, da die Sehnen oberhalb der Hyperbel verlaufen.

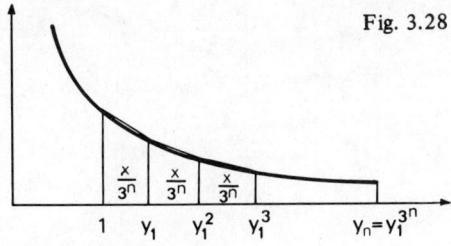

Fig. 3.28

Für große n wird jedoch $y_n \approx \exp x$ sein. Das Sehnentrapez von 1 bis y_1 hat den Inhalt $s = \dfrac{x}{3^n}$. Durch die Zuweisung $s \leftarrow s(3 + 4s^2)$ geht man über zum Inhalt des

Sehnentrapezes von 1 bis y_1^3. Nach n Zuweisungen haben wir den Inhalt des Sehnentrapezes von 1 bis y_n. Also gilt

$$\frac{1}{2}\left(y_n - \frac{1}{y_n}\right) = s^n \Rightarrow y_n = s + \sqrt{1 + s^2} \approx \exp x$$

Damit ergibt sich das Programm in Fig. 3.29. Dieses Programm wurde getestet, indem $e = \exp(1) = 2.718281828$ für die Eingabewerte $n = 1$ bis 10 berechnet wurde. Fig. 3.30 zeigt, daß $n = 10$ für eine 10-stellige Genauigkeit ausreicht.

```
INP X, N
S ← X/3↑N
S ← S (3 + 4SS)
N ← N - 1
IF N > 0
PRT S + √(1 + SS)
END
```

Fig. 3.29

n	e_n
1	2.670726281
2	2.712725190
3	2.717660819
4	2.718212782
5	2.718274156
6	2.718280976
7	2.718281733
8	2.718281818
9	2.718281827
10	2.718281828

Fig. 3.30

Aufgaben:

▶ 1. Fig. 3.31 zeigt einen „Universalalgorithmus", der alle Funktionen in Tabelle 3.32 berechnet. Man prüfe den Algorithmus durch Berechnung von $\ln 2 = 0.6931471806$, $\ln e = 1$, $2 \arcsin 1 = \pi$, $4 \arctan 1 = \pi$, $3 \arccos \frac{1}{2} = \pi$. Der Nachweis für die Richtigkeit des Algorithmus für ln und arc sin wird in Aufg. 2 und 3 skizziert. Die übrigen Behauptungen folgen dann fast ohne Rechnung. Eine wesentliche Verbesserung des Programms findet man in Aufg. 11.

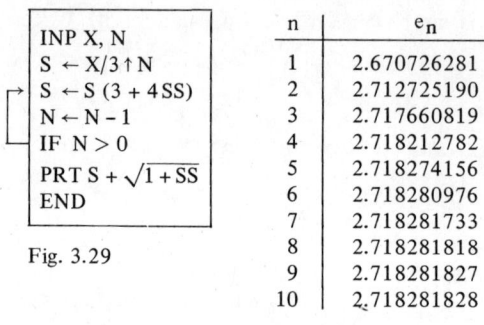

```
INP A, B, C
A ← (A + B)/2
B ← √AB
IF A ≠ B
PRT C/A
END
```

Fig. 3.31

A	Eingabe B	C	Ausgabe C/A	Definitions-bereich
$(1 + x)/2$	$\sqrt{x}$	$x - 1$	$\ln x$	$x > 0$
$\sqrt{1 - x^2}$	1	x	$\arcsin x$	$-1 \leqslant x \leqslant 1$
x	1	$\sqrt{1 - x^2}$	$\arccos x$	$-1 < x \leqslant 1$
1	$\sqrt{1 + x^2}$	x	$\arctan x$	$-\infty < x < \infty$
$\sqrt{1 + x^2}$	1	x	$\operatorname{ar\,sinh} x$	$-\infty < x < \infty$
x	1	$\sqrt{1 + x^2}$	$\operatorname{ar\,cosh} x$	$x \geqslant 1$
1	$\sqrt{1 - x^2}$	x	$\operatorname{ar\,tanh} x$	$-1 < x < 1$

Fig. 3.32

2. Es sei $a_1 = \frac{1 + x}{2}$, $b_1 = \sqrt{x}$, $a_{n+1} = \frac{a_n + b_n}{2}$, $b_{n+1} = \sqrt{a_{n+1} b_n}$. S_n und T_n sollen dieselbe Bedeutung wie in 3.5 haben.

a) Zeige, daß $a_1 = \dfrac{x-1}{T_1}$, $b_1 = \dfrac{x-1}{S_1}$.

b) Zeige mit Induktion, daß $a_n = \dfrac{x-1}{T_n}$, $b_n = \dfrac{x-1}{S_n}$ für alle n. Daher ist

$$\lim_{n \to \infty} a_n = \lim_{n \to \infty} b_n = \frac{x-1}{\ln x}.$$

3. In dieser Aufgabe verwenden wir die Bezeichnungen aus 3.2. Siehe auch Fig. 3.33. Es sei

$$a_0 = \sqrt{1-x^2}, \quad b_0 = 1, \quad a_{n+1} = \frac{a_n + b_n}{2}, \quad b_{n+1} = \sqrt{a_{n+1} b_n}$$

a) Zeige, daß $a_1 = c_1^2 = \dfrac{2x}{T_1}$, $b_1 = c_1 = \dfrac{2x}{S_1}$.

b) Zeige durch Induktion, daß $a_n = \dfrac{2x}{T_n}$, $b_n = \dfrac{2x}{S_n}$ für alle n und daher

$$\lim_{n \to \infty} a_n = \lim_{n \to \infty} b_n = \frac{x}{\arcsin x}.$$

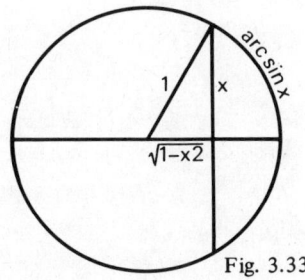

Fig. 3.33

4. Welchen Konvergenzfaktor hat der Algorithmus in Fig. 3.31?

5. Fig. 3.31 liefert für $\arccos x$ in der Nähe von $x = -1$ ungenaue Ergebnisse wegen Subtraktionsauslöschung. Prüfe dies nach.

6. Der Algorithmus in Fig. 3.34 liefert zur Eingabe x die Ausgabe $\ln(1+x)$.
   a) Prüfe dies nach durch Berechnung von $\ln 2$.
   b) Durch Vertauschung der Zeilen 5 und 6 soll die Folge der Näherungen ausgedruckt werden. Welches ist die Konvergenzgeschwindigkeit dieser Folge?

```
INP X
A ← 1
X ← X/(√(1 + X) + 1)
A ← 2A
IF X > 10^-10
PRT AX
END
```

Fig. 3.34

7. a) Es sei $s = \frac{1}{2}(x - \frac{1}{x})$, $c = \frac{1}{2}(x + \frac{1}{x})$, $S = s(x^2) = \frac{1}{2}(x^2 - \frac{1}{x^2})$. Zeige, daß

$$c^2 - s^2 = 1, \quad S = 2sc = 2s\sqrt{1+s^2}$$

b) Schreibe ein zu Fig. 3.29 analoges exp-Programm, das auf der Verdoppelungs-formel $S = 2s\sqrt{1+s^2}$ beruht und berechne die Zahl e.

8. a) Setze $G(x) = e^x - 1$ und zeige, daß $G(2x) = G(x)(2 + G(x))$.

b) Mit Hilfe der Verdoppelungsformel in a) soll ein exp-Programm konstruiert werden. Beachte, daß $G(\frac{x}{2^n}) \approx \frac{x}{2^n}$ für $n \geq 32$ mit einem relativen Fehler $\approx x \cdot 10^{-10}$. Berechne mit Hilfe des Programms die Zahl e.

9. Wir wollen die Definitionen einiger Funktionen in 3.25 und 3.32 nachholen. Mit $\exp x = e^x$ definiert man die sog. *Hyperbelfunktionen*

$$\sinh x = \frac{e^x - e^{-x}}{2}, \quad \cosh x = \frac{e^x + e^{-x}}{2}, \quad \tanh x = \frac{\sinh x}{\cosh x}, \quad \coth x = \frac{\cosh x}{\sinh x}$$

(lies: sinus hyperbolicus x usw.). Die Inversen dieser Funktionen sind die sog. *Area-Funktionen* (area sinus hyperbolicus usw.):

$$\operatorname{arsinh} x = \ln(x + \sqrt{x^2 + 1}), \ x \in \mathbb{R}, \quad \operatorname{arcosh} x = \ln(x + \sqrt{x^2 - 1}), \ x \geq 1$$

$$\operatorname{artanh} x = \frac{1}{2}\ln\frac{1+x}{1-x}, \ |x| < 1, \quad \operatorname{arcoth} x = \frac{1}{2}\ln\frac{x+1}{x-1}, \ |x| > 1$$

Zeige, daß Fig. 3.24 $\operatorname{arsinh} x$ ausgibt, wenn man $S = x$, $C = \sqrt{1+x^2}$ eingibt. *Hinweis*: Es sei $u = x + \sqrt{x^2 + 1}$. Zeige, daß

$$s(u) = \frac{1}{2}(u - \frac{1}{u}) = x, \qquad c(u) = \frac{1}{2}(u + \frac{1}{u}) = \sqrt{1+x^2}$$

10. Man kann die Formeln in 3.5 in die Sprache der Hyperbelfunktionen übertragen. Setzt man $x = e^t$, d. h. $t = \ln x$, so ist

$$s(x) = \frac{1}{2}(x - \frac{1}{x}) = \frac{e^t - e^{-t}}{2} = \sinh t = \sinh(\ln x),$$

$$c(x) = \frac{1}{2}(x + \frac{1}{x}) = \cosh t = \cosh(\ln x), \quad t(x) = \frac{s(x)}{c(x)} = \tanh t = \tanh(\ln x).$$

Berechne s_n, c_n, t_n, S_n, T_n in 3.5.

```
INP S, C
C ← √(1 + C)/2
S ← S/C
IF | 1 − C | > 3 · 10⁻⁵
PRT 3 S/(2 + C)
END
```

Fig. 3.35

```
INP A, B, C
A ← (A + B)/2
B ← √AB
IF | A − B | > 3 · 10⁻⁵
PRT 3 C/(2 B + A)
END
```

Fig. 3.36

▶ 11. Fig. 3.35 und 3.36 sind wesentliche Verbesserungen der Universalprogramme in Fig. 3.24 und 3.31. Prüfe dies nach durch Berechnung von $\ln 2 = 0.6931471806$, $\ln e = 1$, $\arcsin 1 = 1.570796327 = \frac{\pi}{2}$. Es ist zweckmäßig, die Zeilen 4 und 5 zu vertauschen, so daß die Folge der Näherungen gedruckt wird. Wie groß ist die Konvergenzgeschwindigkeit der Folge?

3.6. Konvergenzbeschleunigung. Das Romberg-Schema

Die Algorithmen in 3.1 - 3.5 haben den Konvergenzfaktor $\frac{1}{4}$. Dies hat Ch. Huygens (1654) zu einer Konvergenzbeschleunigung ausgenutzt. Als Beispiel betrachten wir nochmals den Algorithmus in Fig. 3.37. Er erzeugt eine gegen π konvergierende Folge $S_0, S_1, S_2, \ldots$. Dabei ist (Fig. 3.38)

$$S_0 = \overline{AE}, \quad S_1 = \overline{AC} + \overline{CE}, \quad S_2 = \overline{AB} + \overline{BC} + \overline{CD} + \overline{DE}, \ldots .$$

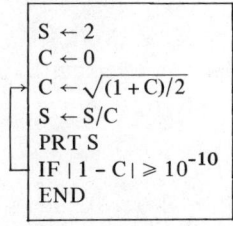

```
S ← 2
C ← 0
C ← √(1 + C)/2
S ← S/C
PRT S
IF | 1 − C | ⩾ 10⁻¹⁰
END
```

Fig. 3.37

Fig. 3.38

Der Konvergenzfaktor beträgt $\frac{1}{4}$. D. h.,

$$S_n \approx \pi + \frac{c}{4^n}, \quad S_{n+1} \approx \pi + \frac{c}{4^{n+1}}$$

Daraus folgt

$$S_n' = \frac{4 S_{n+1} - S_n}{3} \approx \pi .$$

Es ist daher zu erwarten, daß S_n' viel schneller konvergiert als S_n. Fig. 3.39 läßt vermuten, daß die Folge S_n' den Konvergenzfaktor $\frac{1}{16} = 0.0625$ hat. Man braucht nur 8 Iterationen anstatt 16, um 10-stellige Genauigkeit zu erzielen. Der Rechenaufwand wird praktisch halbiert.

```
S ← 2
C ← 0
S₁ ← S
C ← √(1 + C)/2
S ← S/C
PRT (4 S − S₁)/3
IF | 1 − C | ⩾ 10⁻⁵
END
```

Fig. 3.39

n	S_n'	$(S_{n+1}' - \pi)/(S_n' - \pi)$
0	3.104569500	0.0660
1	3.139147570	0.0634
2	3.141437717	0.0627
3	3.141582937	0.0626
4	3.141592046	0.0625
5	3.141592616	0.0624
6	3.141592651	
7	3.141592653	
8	3.141592654	

Kepler und Simpson haben die Folge S_n' verwendet, um die Fläche unter einer beliebigen Kurve zu berechnen (Simpson-Regel, siehe Kap. 4). Erst 1936 hat Karl Kommerell den Huygensschen Gedanken weitergeführt. Aus

$$S_n' \approx \pi + \frac{b}{16^n}, \qquad S_{n+1}' \approx \pi + \frac{b}{16^{n+1}}$$

folgt

$$S_n'' = \frac{16\,S_{n+1}' - S_n'}{15} \approx \pi.$$

Deshalb wird die Folge S_n'' noch viel schneller als S_n' konvergieren. Fig. 3.40 zeigt, daß sie den Konvergenzfaktor $\frac{1}{64}$ hat. Man braucht nur vier Iterationen für eine 10-stellige Genauigkeit. Analog konstruiert man

$$S_n''' = \frac{64\,S_{n+1}'' - S_n''}{63} \approx \pi$$

mit dem Konvergenzfaktor $\frac{1}{256}$, usw. Damit kann man das sogenannte *Romberg-Schema* aufstellen:

S_0				
	S_0'			3.141452775
S_1		S_0''		3.141590393
	S_1'		S_0'''	3.141592618
S_2		S_1''	$S_0^{(4)}$	3.141592653
	S_2'		S_1'''	3.141592654
S_3		S_2''		Fig. 3.40
	S_3'			
S_4				

Jede Spalte dieses Schemas konvergiert viermal schneller als die vorangehende. Das Schema läßt sich bequem mit einem Taschenrechner aufstellen. Dieses übersichtliche Schema hat Romberg 1955 eingeführt, um Flächen unter beliebigen Kurven zu bestimmen. Für π erhält man das nachfolgende Schema:

3.104569500			
	3.141452775		
3.139147570		3.141592578	
	3.141590393		3.141592654
3.141437717		3.141592653	
	3.141592618		
3.141582937			

Die obigen heuristischen Überlegungen sollen präzisiert werden. Dies erfordert mehr Kenntnisse. Man benötigt Trigonometrie und die Kenntnis der Reihenentwicklungen für sin und tan:

$$\sin x = x - \frac{x^3}{3!} + \frac{x^5}{5!} - \frac{x^7}{7!} + \dots, \qquad \tan x = x + \frac{x^3}{3} + \frac{2}{15}x^5 + \frac{17}{315}x^7 + \dots$$

Für die Länge des Sehnen- bzw. Tangentenzugs in Fig. 3.29 gilt

$$S_n = 2^n \cdot \sin \frac{\pi}{2^n} \ , \quad T_n = 2^n \cdot \tan \frac{\pi}{2^n} \ ,$$

$$S_n = \pi - \frac{\pi^3}{6 \cdot 4^n} + \frac{\pi^5}{5! \, 16^n} - \frac{\pi^7}{7! \, 64^n} + \frac{\pi^9}{9! \, 256^n} - \ldots \approx \pi - \frac{\pi^3}{6 \cdot 4^n}$$

$$T_n = \pi + \frac{\pi^3}{3 \cdot 4^n} + \frac{2}{15} \frac{\pi^5}{16^n} + \frac{17}{315} \frac{\pi^7}{64^n} + \ldots \qquad \approx \pi + \frac{\pi^3}{3 \cdot 4^n} .$$

Also ist $T_n - \pi \approx 2 \, (\pi - S_n)$. Daher ist

$$U_n = \frac{2}{3} S_n + \frac{1}{3} T_n = \pi + \frac{\pi^5}{20 \cdot 16^n} + \ldots$$

eine viel bessere Schätzung für π und hat den Konvergenzfaktor $\frac{1}{16}$. Für die Begründung des Romberg-Schemas benötigt man nur die Tatsache, daß

(1) $\qquad S_n = \pi + a_1 4^{-n} + a_2 4^{-2n} + a_3 4^{-3n} + \ldots$

Die Kenntnis der Koeffizienten a_i ist nicht erforderlich. Aus (1) folgt

$$S_n' = \frac{4 S_{n+1} - S_n}{3} = S_{n+1} + \frac{S_{n+1} - S_n}{3} = \pi + b_2 4^{-2n} + b_3 4^{-3n} + \ldots$$

$$S_n'' = \frac{16 S_{n+1}' - S_n'}{15} = S_{n+1}' + \frac{S_{n+1}' - S_n'}{15} = \pi + c_3 4^{-3n} + c_4 4^{-4n} + \ldots$$

$$S_n''' = \frac{64 S_{n+1}'' - S_n''}{63} = S_{n+1}'' + \frac{S_{n+1}'' - S_n''}{63} = \pi + d_4 4^{-4n} + d_5 4^{-5n} + \ldots$$

$$\vdots$$

$$S_n^{(m)} = \frac{4^m S_{n+1}^{(m-1)} - S_n^{(m-1)}}{4^m - 1} = S_{n+1}^{(m-1)} + \frac{S_{n+1}^{(m-1)} - S_n^{(m-1)}}{4^m - 1} =$$

$$= \pi + e_{m+1} 4^{-(m+1)n} + e_{m+2} 4^{-(m+2)n} + \ldots$$

Die Folgen $S_n, S_n', S_n'', \ldots$ haben offensichtlich die Konvergenzfaktoren $\frac{1}{4}, \frac{1}{16}, \frac{1}{64}, \ldots$.

Wir kehren jetzt zu (8) in 3.5 zurück. Für $\exp x$ hatten wir dort die Näherung

$$y_n(x) = \left(\frac{1 + \dfrac{x}{2^{n+1}}}{1 - \dfrac{x}{2^{n+1}}} \right)^{2^n} .$$

Man rechnet nach, daß $y_n(-x) = y_n(x)$. D. h., man kann in eine Reihe mit geraden Potenzen von $\frac{x}{2^{n+1}}$ entwickeln:

$$y_n(x) = \exp x + c_2 x^2 4^{-n} + c_3 x^4 4^{-2n} + \ldots$$

Setzt man $x = 1$, $y_n(1) = e_n$, $\exp(1) = e$, dann ist

$$e_n = e + c_2 4^{-n} + c_3 4^{-2n} + \dots$$

Mit $e_1 = (\frac{5}{3})^2$, $e_2 = (\frac{9}{7})^4$, $e_3 = (\frac{17}{15})^8$, $e_4 = (\frac{33}{31})^{16}$ erhalten wir das nachfolgende Romberg-Schema:

```
2.777777778
              2.717555957
2.732611412                 2.718284237
              2.718238719                 2.718281827
2.721831893                 2.718281865
              2.718279168
2.719167349
```

Der Näherungswert 2.718281827 hat den absoluten Fehler $\approx 10^{-10}$ und den relativen Fehler $< 0.5 \cdot 10^{-10}$.

Wir kehren zur ln-Berechnung nach (7) in 3.5 zurück. Hier setzen wir die Kenntnis der hyperbolischen Funktionen und ihrer Reihenentwicklungen voraus. Setzt man

$$x = \exp t, \text{ d. h. } t = \ln x,$$

so ergibt sich

$$c_0 = \cosh t, \quad S_0 = \sinh t, \quad c_n = \cosh \frac{t}{2^n}, \quad S_n = 2^n \sinh \frac{t}{2^n}, \quad T_n = 2^n \tanh \frac{t}{2^n},$$

$$S_n = \ln x - \frac{\ln^3 x}{3!} 4^{-n} + \frac{\ln^5 x}{5!} 4^{-2n} - \frac{\ln^7 x}{7!} 4^{-3n} + \dots$$

Wir setzen $x = 2$. Die erste Spalte des nachfolgenden Schemas enthält S_1, S_2, S_3, S_4.

```
0.7071067812
               0.6931262723
0.6966213995                  0.6931471843
               0.6931458773                 0.6931471806
0.6940147578                  0.6931471806
               0.6931470992
0.6933640138
```

Damit ist $\ln 2 = 0.6931471806$, wobei alle 10 Dezimalen richtig sind.

3.7. Gitterpunkte im Kreis (π durch Zählen)

Punkte mit ganzzahligen Koordinaten heißen *Gitterpunkte*. Wir betrachten alle Gitterpunkte der Ebene, welche die Relation

(1) $\qquad x^2 + y^2 \le n$

erfüllen. Dies sind alle Gitterpunkte in oder auf dem Kreis um den Ursprung mit dem Radius $\sqrt{n}$. Für ihre Anzahl $g(n)$ hat C. F. Gauss eine einfache Formel gefunden.

Er zerlegte diese Gitterpunkte in vier Teilmengen A, B, C, D. A enthält nur den Ursprung und B die Gitterpunkte auf den Achsen ohne den Ursprung. C enthält die Gitterpunkte außerhalb der Achsen und in oder auf dem einbeschriebenen Quadrat mit der Seite $2\sqrt{\frac{n}{2}}$. D enthält die übrigen Gitterpunkte. Für die Anzahlen der Gitterpunkte in diesen Mengen gilt

$$|A| = 1, \quad |B| = 4\,[\sqrt{n}\,], \quad |C| = 4\,[\sqrt{\tfrac{n}{2}}\,]^2, \quad |D| = 8 \sum_{i=[\sqrt{\frac{n}{2}}\,]+1}^{[\sqrt{n}\,]} [\sqrt{n-i^2}\,]$$

(Siehe Fig. 3.41). Daher ist

$$(2) \qquad g(n) = 1 + 4\,[\sqrt{n}\,] + 4\,[\sqrt{\tfrac{n}{2}}\,]^2 + 8 \sum_{i=[\sqrt{\frac{n}{2}}\,]+1}^{[\sqrt{n}\,]} [\sqrt{n-i^2}\,].$$

Der Kreis mit dem Radius $\sqrt{n}$ hat den Inhalt πn. Wegen $g(n) \approx \pi n$ ist

$$(3) \qquad \pi \approx \frac{g(n)}{n}$$

Trotz ihres abschreckenden Aussehens ist (2) eine geschickte Formel, sogar für Rechnungen mit der Hand. Von den auftretenden Wurzeln braucht man nur den ganzen Teil, der sich leicht schätzen läßt. Z. B.,

$$g(400) = 1 + 4 \cdot 20 + 4 \cdot 14^2 + 8 \cdot \sum_{i=15}^{20} [\sqrt{400-i^2}\,] = 1 + 80 + 784 + 8 \cdot (13 + 12 + 8 + 6) =$$
$$= 1257$$

$$\pi \approx \frac{g(400)}{400} = \frac{1257}{400} = 3{,}1425$$

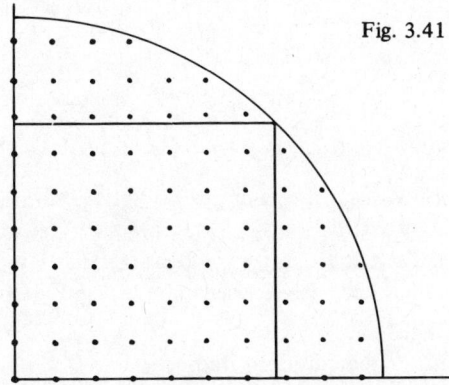

Fig. 3.41

Das Programm in Fig. 3.42 druckt die Tabelle 3.43. Für $n = 10^{10}$ erhält man die hervorragende Schätzung $\pi \approx 3{,}1415925457$. Leider kann man keine präzisen Angaben über den Fehler machen. Es sei

$$g(n) = \pi n + f(n)$$

wo $f(n)$ ein Fehlerglied ist, das wir abschätzen möchten. Gauss fand um 1800 folgende grobe Abschätzung:

```
10  FOR I = 1 TO 10
20      G = 0
30      N = 10↑I
40      A = INT (SQR (N/2))
50      B = INT (SQR (N))
60      FOR J = A + 1 TO B
70          G = G + INT (SQR (N – J * J))
80      NEXT J
90      G = 8 * G + 1 + 4 * B + 4 * A * A
100     PRINT N, G
110 NEXT I
120 END
```

Fig. 3.42

n	g (n)
10	37
100	317
1 000	3 149
10 000	31 417
100 000	314 197
1 000 000	3 141 549
10 000 000	31 416 025
100 000 000	314 159 053
1 000 000 000	3 141 592 409
10 000 000 000	31 415 925 457

Fig. 3.43

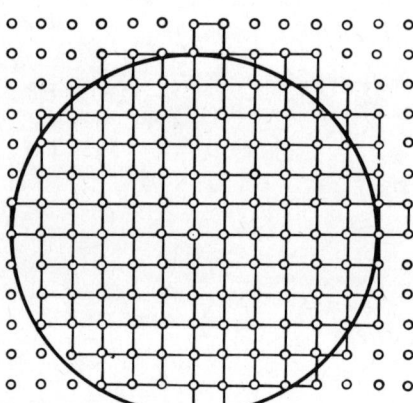

Fig. 3.44

Jedem Gitterpunkt in oder auf dem Kreis ordnete er das Einheitsquadrat „nordöstlich" vom Gitterpunkt zu. Der gesamte Inhalt dieser Quadrate ist $g(n)$. Er stimmt jedoch nicht genau mit dem Kreisinhalt überein. Einige Quadrate ragen aus dem Kreis heraus. Andererseits gibt es innerhalb des Kreises unbedeckte Flächenstücke (Fig. 3.44).

Jedoch liegen alle diese Quadrate im Kreis mit dem Radius $\sqrt{n} + \sqrt{2}$ und der Kreis mit dem Radius $\sqrt{n} - \sqrt{2}$ ist ganz von diesen Quadraten bedeckt. Also gilt

$$\pi (\sqrt{n} - \sqrt{2})^2 < g(n) < \pi (\sqrt{n} + \sqrt{2})^2.$$

Eine leichte Umformung liefert

(4) $|g(n) - \pi n| < 2\pi (\sqrt{2n} + 1).$

Dafür kann man etwas ungenauer schreiben

(4') $|g(n) - \pi n| < C_n \sqrt{n}$

wo C_n beschränkt ist. Die Abschätzungen (4) und (4') sind sehr grob. In Wirklichkeit ist der Fehler viel kleiner. Man weiß aber nur, daß

(5) $|g(n) - \pi n| < C_n n^\alpha$, $\frac{1}{4} < \alpha < \frac{13}{40}$, C_n beschränkt.

Außer (2) gibt es für $g(n)$ noch eine weitere interessante Formel, die wir ohne Beweis angeben:

(6) $g(n) = 1 + 4 ([n] - [\frac{n}{3}] + [\frac{n}{5}] - [\frac{n}{7}] + [\frac{n}{9}] - \ldots)$

Wir berechnen nach dieser Formel $g(10\,000)$.

$$g(10\,000) = 1 + 4 ([\frac{10\,000}{1}] - [\frac{10\,000}{3}] + \ldots - [\frac{10\,000}{9999}]).$$

Durch etwas Vorüberlegung kann man viel Rechenzeit einsparen. Es ist

$$[\frac{10\,000}{5001}] - \ldots - [\frac{10\,000}{9999}] = 1 - 1 + 1 - 1 + \ldots + 1 - 1 = 0,$$

$$[\frac{10\,000}{3337}] - \ldots - [\frac{10\,000}{4999}] = 2 - 2 + 2 - 2 + \ldots + 2 - 2 = 0,$$

$$[\frac{10\,000}{2501}] - \ldots - [\frac{10\,000}{3335}] = 3 - 3 + 3 - 3 + \ldots + 3 - 2 = 1.$$

Also ist

$$g(10\,000) = 1 + 4 ([\frac{10\,000}{1}] - [\frac{10\,000}{3}] + [\frac{10\,000}{5}] - [\frac{10\,000}{7}] + \ldots - [\frac{10\,000}{2499}] + 1).$$

Fig. 3.45 zeigt das entsprechende BASIC-Programm.

```
10  G = 0
20  FOR  I = 1  TO  2497  STEP 4
30      G = G + INT (10000/I) - INT (10000/ (I + 2) )
40  NEXT I
50  PRINT  4 * G + 5
60  END

31417
```

Fig. 3.45

3.8. Die Leibniz-Reihe für π

Leibniz zeigte, daß

$$(1) \qquad \frac{\pi}{4} = 1 - \frac{1}{3} + \frac{1}{5} - \frac{1}{7} + \frac{1}{9} - \cdots$$

Diese berühmte Reihe konvergiert sehr langsam. Daher ist sie besonders lehrreich. Denn man kann an ihr verschiedene Methoden der Konvergenzbeschleunigung erproben. Wir formen (1) auf zwei Arten um:

$$(2) \qquad \frac{\pi}{4} = (1 - \frac{1}{3}) + (\frac{1}{5} - \frac{1}{7}) + \cdots = \frac{2}{1 \cdot 3} + \frac{2}{5 \cdot 7} + \frac{2}{9 \cdot 11} + \cdots$$

$$(3) \qquad \frac{\pi}{4} = 1 - (\frac{1}{3} - \frac{1}{5}) - (\frac{1}{7} - \frac{1}{9}) - \cdots = 1 - \frac{2}{3 \cdot 5} - \frac{2}{7 \cdot 9} - \frac{2}{11 \cdot 13} - \cdots$$

Wir bilden noch das Mittel aus (2) und (3):

$$(4) \qquad \frac{\pi}{4} = \frac{1}{2} + \frac{4}{1 \cdot 3 \cdot 5} + \frac{4}{5 \cdot 7 \cdot 9} + \frac{4}{9 \cdot 11 \cdot 13} + \frac{4}{13 \cdot 15 \cdot 17} + \cdots$$

Aufgaben:

1. Addiere 1000 Glieder der Reihe (1) und bestimme so eine Näherung für π.
   Die Rechnung soll auf vier Arten durchgeführt werden:
   a) Addiere die Glieder nacheinander von links nach rechts.
   b) Addiere von links nach rechts, aber die positiven und negativen Glieder getrennt und bilde die Differenz der beiden Summen.
   c) Addiere die Glieder nacheinander von rechts nach links.
   d) Addiere von rechts nach links, aber die positiven und negativen Glieder getrennt und subtrahiere dann.

2. Bestimme eine Näherung für π durch Addition von 1000 Gliedern der Reihe
   a) (2)   b) (3)   c) (4).

3. F. Vieta fand 1593 den ersten geschlossenen Ausdruck für π:

$$\frac{2}{\pi} = \frac{\sqrt{2}}{2} \cdot \frac{\sqrt{2 + \sqrt{2}}}{2} \cdot \frac{\sqrt{2 + \sqrt{2 + \sqrt{2}}}}{2} \cdots$$

Schreibe ein Programm, das 20 Näherungen für π druckt.

4. John Wallis fand 1655 für π das unendliche Produkt

$$\frac{\pi}{2} = \frac{2}{1} \cdot \frac{2}{3} \cdot \frac{4}{3} \cdot \frac{4}{5} \cdot \frac{6}{5} \cdot \frac{6}{7} \cdot \frac{8}{7} \cdot \frac{8}{9} \cdots$$

Welche Näherung für π liefert das Produkt der ersten 1000 Faktoren?

5. Euler zeigte, daß

   a) $\dfrac{\pi^2}{6} = 1 + \dfrac{1}{2^2} + \dfrac{1}{3^2} + \dfrac{1}{4^2} + \cdots$ b) $\dfrac{\pi^4}{90} = 1 + \dfrac{1}{2^4} + \dfrac{1}{3^4} + \dfrac{1}{4^4} + \cdots$

Welche Näherung für π liefern die ersten 1000 Glieder dieser Reihen?

3.9. Monte-Carlo-Methode zur Bestimmung von π

Die Monte-Carlo-Methode besteht darin, eine Zahl durch das Ergebnis eines Zufalls-experiments zu schätzen. Dazu betrachten wir zwei Beispiele.

a) *π durch Zufallsregen*
Man läßt 1000 Regentropfen auf das Quadrat in Fig. 3.46 fallen und zählt die Anzahl r der Tropfen, die in das Innere des Viertelkreises fallen. Dann ist

$$\frac{r}{1000} \approx \frac{\pi}{4}, \quad \text{d. h.,} \quad \pi \approx \frac{r}{250}$$

Fig. 3.47 zeigt das Programm. Die Variable i zählt alle „Regentropfen" und r zählt die in den Viertelkreis fallenden Tropfen. Das Kernstück des Programms ist die Zeile 30. Wir wollen uns ihre Arbeitsweise überlegen. Zuerst wird ein Punkt $(x, y) = (\text{RND}, \text{RND})$ im Quadrat zufällig ausgewählt. Liegt der Punkt im Viertel-kreis, so ist $x^2 + y^2 < 1$, d. h. $[x^2 + y^2] = 0$ und wir haben $r \leftarrow r + 1 - 0$. D. h., der Tropfen wird gezählt. Liegt der Punkt nicht im Viertelkreis, so ist $1 \leq x^2 + y^2 < 2$, d. h., $[x^2 + y^2] = 1$ und wir haben $r \leftarrow r + 1 - 1$. D. h., der Tropfen wird nicht gezählt.
Das Programm liefert schlechte Schätzungen für π. Man kann zeigen, daß

$$\pi - 0{,}052 \leq \frac{r}{250} \leq \pi + 0{,}052 \quad \text{mit Wahrscheinlichkeit } 0{,}683$$

$$\pi - 0{,}104 \leq \frac{r}{250} \leq \pi + 0{,}104 \quad \text{mit Wahrscheinlichkeit } 0{,}955$$

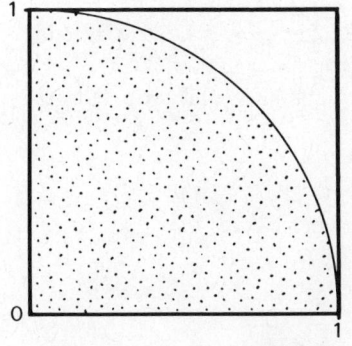

```
10  R = 0
20  FOR I = 1 TO 1000
30      R = R + 1 – INT (RND↑2 + RND↑2)
40  NEXT I
50  PRINT R/250
60  END
```

3.104

Fig. 3.46   Fig. 3.47

b) *Das Buffonsche Nadelproblem*
Ein Tisch ist durch Parallelen im Abstand 1 in Streifen eingeteilt. Auf den Tisch wird „zufällig" eine Nadel der Länge 1 geworfen. Wie groß ist die Wahrscheinlich-keit, daß die Nadel eine Parallele schneidet? Die Antwort lautet $\frac{2}{\pi}$. Eine Beweis-skizze findet man im Anhang. Werfen wir die Nadel oft, und werden in w Würfen s Schnittpunkte gezählt, dann ist

$$\frac{s}{w} \approx \frac{2}{\pi}, \quad \text{d. h.,} \quad \pi \approx \frac{2w}{s}$$

Wir schreiben ein Programm, das auf diese Weise eine Schätzung für π bestimmt.
Alle Streifen sind gleichwertig. Daher betrachten wir nur den Streifen, in den der
Nadelmittelpunkt fällt (Fig. 3.48). Auf die Abszisse des Mittelpunktes kommt es
nicht an. Man erhält einen Nadelwurf, indem man zuerst die Ordinate y zufällig
wählt durch y ← RND. Dann wählt man den Winkel a zufällig zwischen 0 und π
durch a ← π · RND. Setzt man b = 0,5 cos a, dann schneidet die Nadel genau dann
eine Parallele, wenn in Fig. 3.48 $[y_1] \neq [y_2]$ ist, wo $y_1 = y + b$ und $y_2 = y - b$.
Fig. 3.49 zeigt das Programm.

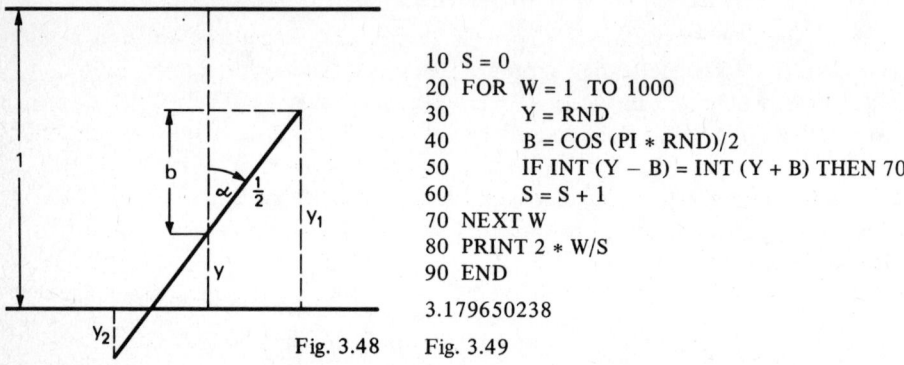

```
10 S = 0
20 FOR  W = 1  TO 1000
30        Y = RND
40        B = COS (PI * RND)/2
50        IF INT (Y − B) = INT (Y + B) THEN 70
60        S = S + 1
70 NEXT W
80 PRINT 2 * W/S
90 END
```

3.179650238

Fig. 3.48   Fig. 3.49

Anhang.
Wir werfen auf den Tisch zufällig ein Kurvenstück der Länge L und beliebiger Gestalt (Fig. 3.50). Uns interessiert die mittlere Anzahl f (L) der Schnittpunkte.
„Zufällig" werfen soll hier heißen, daß irgend zwei gleichlange und kurze Kurvenstücke mit derselben Wahrscheinlichkeit einen Schnittpunkt enthalten. Daraus
folgt, daß f (L) nicht von der Gestalt des Kurvenstücks abhängt und proportional
zu L ist:

$$f(L) = L \cdot f(1).$$

Wählt man eine Kreislinie mit dem Durchmesser 1 und der Länge L = π, so hat sie
stets zwei Schnittpunkte mit den Parallelen (Fig. 3.51). D. h.

$$f(\pi) = \pi \cdot f(1) = 2 \quad \Rightarrow \quad f(1) = \frac{2}{\pi}.$$

D. h., mit einer Nadel der Länge 1 erzielt man im Mittel $\frac{2}{\pi}$ Schnittpunkte je Wurf.
Dies ist zugleich die Wahrscheinlichkeit, daß die Nadel eine Parallele schneidet.
Einen ausführlichen Beweis findet man in [5].

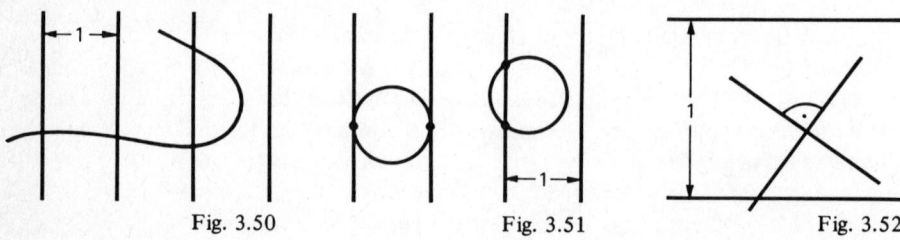

Fig. 3.50   Fig. 3.51   Fig. 3.52

Aufgaben:

▶ 1. Man erhält bessere Schätzungen für π, wenn man zwei Nadeln von der Länge 1 wirft, die wie in Fig. 3.52 senkrecht zueinander starr verbunden sind. Schreibe ein Programm, das 1000 Würfe dieses Kreuzes simuliert.

▶ 2. Auf ein Quadratgitter der Seite 1 wird eine Nadel der Länge 1 zufällig geworfen. In w Würfen werde s-mal mindestens ein Schnittpunkt erzielt. Man kann zeigen, daß $\hat{\pi} = \frac{3w}{s}$ eine gute Schätzung für π ist, und daß ein Wurf auf das Quadratgitter soviel wert ist wie 12.08 Würfe auf eine Streifenschar. Schreibe ein Programm, das 1000 Würfe auf ein Quadratgitter simuliert und π durch $\frac{3w}{s}$ schätzt.

▶ 3. Alle Punkte $(x_1, \ldots x_n)$ des n-dimensionalen Raumes mit der Eigenschaft $x_1^2 + \ldots x_n^2 < 1$ bilden das Innere der Kugel um 0 mit Radius 1. Durch Zufallswahl von 1000 Punkten soll der Inhalt dieser Kugel für $n = 3$ und $n = 4$ geschätzt werden.

c) Ein Spiel zwischen Kain und Abel

Der Zufallsgenerator ist eine wichtige Quelle unbekannter Daten. Die Untersuchung dieser Daten führt auf interessante und lehrreiche Programme. Als Beispiel betrachten wir folgendes Spiel:

Drei Strecken A, B, C werden zufällig aus (0, 1) ausgewählt. Wenn man aus ihnen ein Dreieck bilden kann, dann gewinnt Abel. Sonst gewinnt Kain. Das Spiel soll 1000mal wiederholt und auf Grund der Daten Abels Gewinnchancen geschätzt werden.

Drei Strecken A, B, C bilden ein Dreieck, wenn eine der folgenden Bedingungen gilt:

I $A + B > C$ und $A + C > B$ und $B + C > A$
II $A + B + C > 2 \, MAX \, (A, B, C)$
III $(A + B - C)(A + C - B)(B + C - A) > 0$
IV $SGN \, (A + B - C) + SGN \, (A + C - B) + SGN \, (B + C - A) = 3$

Die Strecken bilden kein Dreieck, wenn

V $A + B \leq C$ oder $A + C \leq B$ oder $B + C \leq A$.

Die Bedingungen I bzw. V lauten in BASIC

I   IF $A + B >$ C AND $A + C >$ B AND $B + C >$ A THEN ...
V   IF $A + B <= C$ OR $A + C <= B$ OR $B + C <= A$ THEN ...

In IV tritt die Standardfunktion SGN (signum) auf. Sie ist definiert durch

$$\text{sgn} \, (x) = \begin{cases} 1 & \text{für } x > 0 \\ 0 & \text{für } x = 0 \\ -1 & \text{für } x < 0. \end{cases}$$

Wir können jede der fünf Bedingungen als Grundlage eines Programms verwenden. Bei II ist jedoch zu beachten, daß MAX nicht zu den Standardfunktionen gehört. Unser Programm in Fig. 3.53 ist besonders durchsichtig und lehrreich. S zählt die Spiele, und D zählt die Dreiecke (= Abels Gewinne). Die ganze Arbeit wird von der Zeile 60 geleistet, die wir uns genau ansehen wollen. In BASIC wird jede Relation ausgewertet, und sie bekommt den Wert 1 oder 0, je nachdem sie wahr oder falsch ist. Haben wir ein Dreieck, dann hat jede der drei Klammern den Wert 1, und D wird um 1 erhöht. Haben wir kein Dreieck, dann haben zwei Klammern den Wert 1 und eine den Wert 0. D. h., D ändert sich nicht.

```
10  D = 0
20  FOR  S = 1  TO 1000
30       A = RND
40       B = RND
50       C = RND
60       D = D − 2 + (A + B > C) + (A + C > B) + (B + C > A)
70  NEXT S
80  PRINT D/1000
90  END
```

0.492

Fig. 3.53

Wir ändern das Spiel ab. Die Strecken A, B, C bilden ein stumpfwinkliges Dreieck, ein nicht stumpfwinkliges Dreieck, oder gar kein Dreieck. Im ersten Fall gewinnt Abel, im zweiten Fall gewinnt Kain, und der dritte Fall gilt als Unentschieden. Das Spiel soll 1000mal wiederholt, und die Gewinne von Abel und Kain, sowie die Unentschieden sollen gezählt werden.
Hier ist es zweckmäßig, die Strecken A, B, C so zu vertauschen, daß C die größte Seite ist. Dann haben wir ein Dreieck, falls $C < A + B$ ist. Ist diese Relation erfüllt, so gewinnt Abel oder Kain, je nachdem $C^2 > A^2 + B^2$ oder $C^2 \leq A^2 + B^2$ ist.
In Fig. 3.54 zählt I alle Spiele, D zählt die Dreiecke, S zählt die stumpfwinkligen Dreiecke (Abels Gewinne), $D - S$ sind Kains Gewinne und $I - D$ sind die Unentschieden. Dieses Programm ist in einer fortgeschrittenen BASIC-Version geschrieben. Sie besitzt den Vertauschungsbefehl „==", die WENN-DANN-SONST-Anweisung (Zeile 60), und sie erlaubt mehrere Zuweisungen in einer Zeile.

```
10   D = S = 0
20   FOR  I = 1  TO 1000
30        A = RND; B = RND; C = RND
40        IF A > B THEN A == B
50        IF B > C THEN B == C
60        IF C > = A + B THEN 80 ELSE D = D + 1
70        IF C*C > A*A + B*B THEN S = S + 1
80   NEXT I
90   PRINT S, D − S, I − D
100  END
```

287   204   509

Fig. 3.54

Aufgaben:

4. In jedem der beiden Quadrate in Fig. 3.55 wird ein Punkt zufällig ausgewählt. Ihre Entfernung sei D. Die mittlere Entfernung E (D) kann man nur mit großer Mühe berechnen. Daher wollen wir E (D) schätzen, indem wir den Versuch 1000mal wiederholen und das Mittel der Entfernungen bestimmen. Schreibe das entsprechende Programm. (Man kann zeigen, daß E (D) $\approx$ 1,08814 ist.)

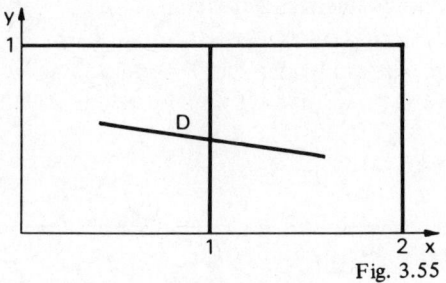
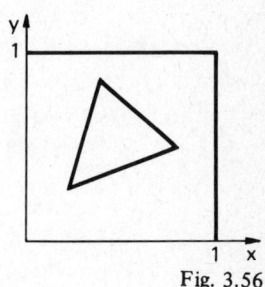

Fig. 3.55   Fig. 3.56

5. Im Einheitsquadrat (Fig. 3.56) werden zufällig drei Punkte gewählt. Es sei P die Wahrscheinlichkeit, daß sie ein stumpfwinkliges Dreieck bilden. Es soll P durch 1000malige Wiederholung des Versuchs geschätzt werden. (Mit großer Mühe kann man zeigen, daß P = $\frac{97}{150} + \frac{\pi}{40} \approx 0,725$ ist.)

6. Im Intervall (0, 1) werden zwei Punkte zufällig gewählt. Sie zerlegen das Intervall in drei Strecken A, B, C. Es sei P die Wahrscheinlichkeit, daß sie ein Dreieck bilden. Schätze P durch 1000 Wiederholungen des Versuchs.

4. Numerische Mathematik

4.1. Lösung einer Gleichung

Eine *Lösung* der Gleichung $f(x) = 0$ heißt auch *Nullstelle* von f. Wie findet man eine Nullstelle von f?

a) *Halbierungsmethode*
Wir beginnen mit einer einfachen und zuverlässigen Methode, die durch den Computer besonders attraktiv wurde. Die Funktion f sei im Intervall $I = [a, b]$ stetig, und es sei $f(a) f(b) < 0$. D. h., an den Intervallenden hat f verschiedene Vorzeichen (Fig. 4.1). Nach dem Zwischenwertsatz hat dann f mindestens eine Nullstelle in I.

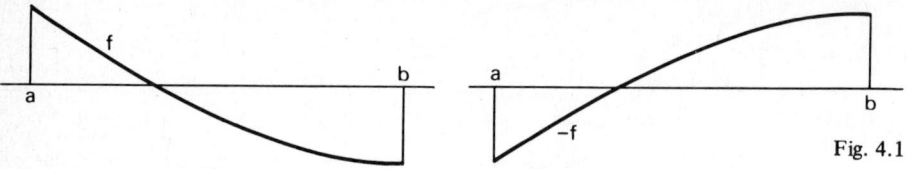

Fig. 4.1

I ist das anfängliche Intervall der Ungewißheit über die Lage einer Nullstelle. Wir beschreiben einen Algorithmus, der in jedem Schritt dieses Intervall der Ungewißheit halbiert, bis es schließlich kleiner ist als eine vorgeschriebene Fehlerschranke ϵ.

1. Setze $x \leftarrow \dfrac{a+b}{2}$.
2. Ist $f(x) = 0$, dann STOP mit x als Antwort.
3. Ist $f(a) f(x) > 0$, dann setze $a \leftarrow x$, sonst setze $b \leftarrow x$.
4. Ist $|a - b| > \epsilon$, dann gehe nach 1.
5. STOP mit $x = \dfrac{a+b}{2}$ als Antwort.

Nach n Schritten ist die Nullstelle mit einem Fehler $\leq \dfrac{b-a}{2^{n+1}}$ bestimmt.

Wir nehmen noch an, daß $f(a) < 0$ und $f(b) > 0$ ist. Dies kann man stets erreichen, indem man die Gleichung $f(x) = 0$ evtl. mit -1 multipliziert. Fig. 4.2 zeigt ein BASIC-Programm. Die IF-THEN-ELSE-Anweisung ist (1976) auf Tischrechnern nicht verfügbar. Der unwahrscheinliche Fall $f(x) = 0$ wird im Programm nicht berücksichtigt. Zeile 10 bedarf eines Kommentars. In BASIC gibt es über 10 Standardfunktionen wie SQR, INT, ABS, RND. Der Benutzer kann 26 weitere Funktionen definieren. Eine Definition wird eingeleitet durch DEF. Dann kommt FN, gefolgt von einem der Buchstaben A bis Z. Zeile 10 definiert eine Funktion, die im Programm mehrfach vorkommt und durch ihren Namen FNF aufgerufen werden kann. Will man dasselbe Programm mit einer anderen Funktion laufen lassen, dann braucht man nur die Zeile 10 neu zu tippen. In Fig. 4.2 werden die Gleichungen $x^2 - x - 1 = 0$, $x^3 - 2x - 5 = 0$, $x^2 - 4\cos x = 0$ gelöst, die alle eine Nullstelle in $[1,3]$ haben. *Warnung*! Der Computer bestimmt $f(x)$ nur näherungsweise. Liegt x nahe bei der Nullstelle, dann kann $f(x)$ so klein sein, daß der Näherungswert das entgegengesetzte Vorzeichen des exakten Wertes hat. Das Programm berücksichtigt dies nicht.

```
10  DEF  FNF (X) = X*X – X – 1
20  READ  A, B, E
30  X = (A + B)/2
40  IF  FNF (X) < 0  THEN  A = X  ELSE  B = X
50  IF  ABS (A – B) > E  THEN  30
60  PRINT  (A + B)/2
70  DATA  1, 3, 1 E – 10
80  END
     1.618033989
10  DEF FNF (X) = X*X*X – 2 * X – 5
     2.094551482
10  DEF FNF (X) = X*X – 4*COS (X)
     1.201538299
```

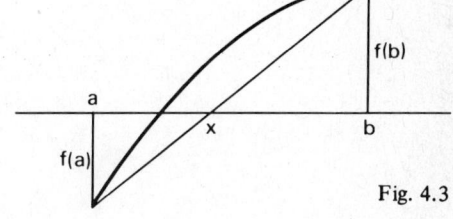

Fig. 4.2   Fig. 4.3

b) *Die regula falsi*

Es sei wieder $f(a) < 0$ und $f(b) > 0$. Wir legen die Sekante durch die Punkte
$(a, f(a))$ und $(b, f(b))$. Für ihren Schnittpunkt x mit der x-Achse gilt nach Fig. 4.3

$$\frac{x-a}{-f(a)} = \frac{b-x}{f(b)} \Rightarrow x = \frac{af(b) - bf(a)}{f(b) - f(a)}.$$

Wird im Halbierungsalgorithmus „$x \leftarrow \frac{a+b}{2}$“ durch „$x \leftarrow \frac{af(b) - bf(a)}{f(b) - f(a)}$“
ersetzt, so erhält man die *regula falsi*, die in der Regel etwas schneller ist (Fig. 4.4).
Die Konvergenzgeschwindigkeit ist nicht wesentlich höher als bei der Halbierungsmethode. Sie kann sogar viel langsamer sein, wie Fig. 4.5 zeigt.

```
 10  DEF  FNF (X) = X*X*X – 2*X – 5
 20  READ  A, B, E
 30  C = FNF (A)
 40  D = FNF (B)
 50  X = (A*D – B*C)/(D – C)
 60  IF FNF (X) < 0  THEN  A = X  ELSE  B = X
 70  IF ABS (A – B) > E  THEN 30
 80  PRINT (A*D – B*C)/(D – C)
 90  DATA 2, 3, 1 E – 10
100  END
      2.094551482
```

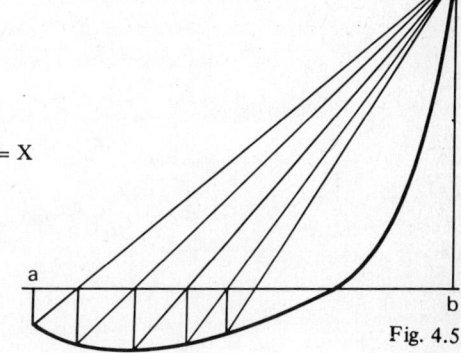

Fig. 4.4   Fig. 4.5

c) *Die Sekantenmethode*

Wir berechnen eine Folge von Näherungen an eine Nullstelle von f. Aus den beiden
letzten Näherungen a und b berechnen wir die nächste Näherung

$$x = \frac{af(b) - bf(a)}{f(b) - f(a)}$$

Die Bedeutung von x ist aus Fig. 4.6 ersichtlich. Die Methode ist viel schneller als die
regula falsi. Sie ist jedoch unsicherer, da x nicht in [a, b] liegen muß. Das Programm

93

in Fig. 4.7 berechnet die Nullstelle von $x^3 - 2x - 5$ in nur 5 Iterationen mit einem Fehler von 10^{-10}. Die regula falsi benötigt dazu 19 und die Halbierungsmethode 33 Iterationen.

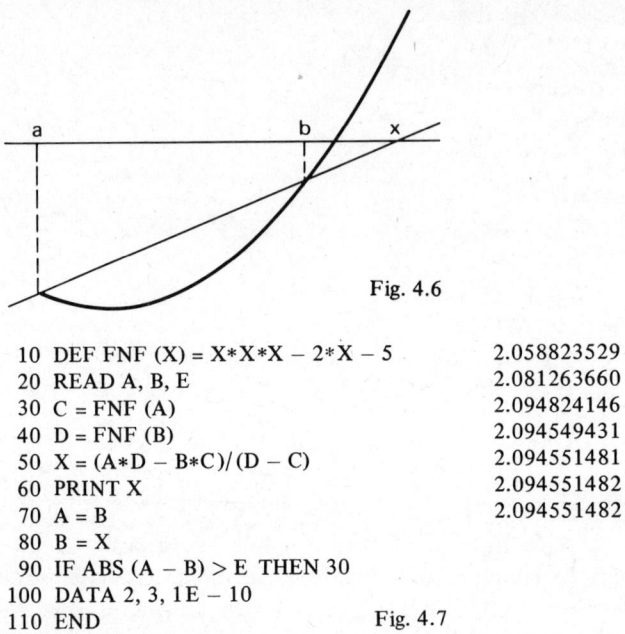

Fig. 4.6

10 DEF FNF (X) = X*X*X − 2*X − 5	2.058823529
20 READ A, B, E	2.081263660
30 C = FNF (A)	2.094824146
40 D = FNF (B)	2.094549431
50 X = (A*D − B*C)/(D − C)	2.094551481
60 PRINT X	2.094551482
70 A = B	2.094551482
80 B = X	
90 IF ABS (A − B) > E THEN 30	
100 DATA 2, 3, 1E − 10	
110 END	Fig. 4.7

d) *Das Newton-Raphson-Verfahren*

Ist a eine Näherung für die gesuchte Nullstelle, so legt man in (a, f (a)) die Tangente an den Graphen von f und wählt ihren Schnittpunkt x mit der x-Achse als neue Näherung (Fig. 4.8). Aus $f'(a) = \dfrac{f(a)}{a - x}$ folgt durch Auflösung nach x

$$x = a - \frac{f(a)}{f'(a)}$$

In der Regel konvergiert das Newton-Verfahren schneller als das Sekantenverfahren.

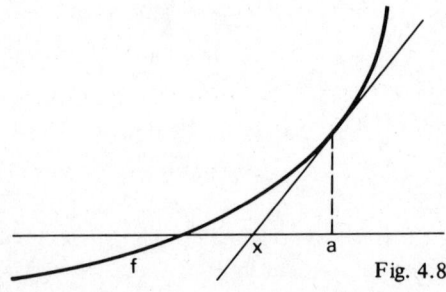

Fig. 4.8

94

Es kann jedoch auf viele Arten versagen, obwohl dies in der Praxis ganz selten vorkommt. In Fig. 4.9 sind die Nullstellen von

```
10  DEF FNF (X) = X*X*X − 2*X − 5
20  DEF FNG (X) = 3*X*X − 2
30  READ A, E
40  A = A − FNF (A)/FNG (A)
50  PRINT A
60  IF ABS (FNF (A) ) > E THEN 40
70  DATA 2, 1 E − 10
80  END
```

	10 DEF FNF (X) = X*X − X − 1	10 DEF FNF (X) = X*X − 4*COS (X)
	20 DEF FNG (X) = 2*X − 1	20 DEF FNG (X) = 2*X + 4*SIN (X)
2.100000000	1.666666667	1.258289035
2.094568121	1.619047619	1.202379122
2.094551482	1.618034448	1.201538498
2.094551482	1.618033989	1.201538299

Fig. 4.9

$x^3 − 2x − 5$, $x^2 − x − 1$, $x^2 − 4\cos x$ in $[1,3]$ bestimmt. Die superschnelle Konvergenz des Newton-Verfahrens wird in e) untersucht.

Bemerkung. In der Nähe einer Nullstelle können die Rundungsfehler bei der Berechnung von $f(x)$ größer sein als die Werte von f selbst, die ja klein sind. Ein zu kleines ϵ kann daher zu einer „ewigen Schleife" führen, wobei x um die Nullstelle herumspringt. Die von uns gewählte Fehlerschranke $\epsilon = 10^{-10}$ könnte für manche Rechner zu klein sein, so daß das Programm nicht stoppt.

Besser als $|A − B| < \epsilon$ ist die Abbruchbedingung $\frac{|A − B|}{|A| + |B|} < \epsilon$. Die erste macht den absoluten, die zweite den relativen Fehler $< \epsilon$. Angenommen wir testen $|A − B| < 10^{-6}$. Liegt die Nullstelle bei 10^{-4}, so wird sie mit dem relativen Fehler $\frac{10^{-6}}{10^{-4}} = 10^{-2}$ behaftet sein, und dies ist in der Regel ein zu großer Fehler. Liegt aber die Nullstelle bei 10^5, so verlangen wir einen relativen Fehler $\frac{10^{-6}}{10^5}$ oder 10^{-11}. Dies ist zu genau, und das Programm stoppt in der Regel nicht.

Aufgaben:

1. Überlege anhand von Skizzen wie a) das Sekantenverfahren b) das Newton-Verfahren versagen kann.

2. In Fig. 4.2 und 4.4 sollen PRINT-Anweisungen eingeschoben werden, so daß die ganze Folge der Näherungen gedruckt wird.

3. Bestimme die reelle Lösung von $x^3 − 3x − 4 = 0$ mit jeder der vier Methoden a) bis d). Berechne auch den exakten Wert

$$x = \sqrt[3]{2 + \sqrt{3}} + \sqrt[3]{2 − \sqrt{3}}$$

4. Die Nullstellen der nachfolgenden Funktionen sollen in den angegebenen Intervallen bestimmt werden:
   a) $y = x \ln x - 1, [1, 2]$ b) $y = x^3 - 10, [2, 3]$ c) $y = x^3 - x - 1, [1, 2]$
   d) $y = x^2 - \sin x, (0, 1)$ e) $y = x - \cos x, [0, 1]$ f) $y = x^5 + 5x + 1, [-1, 0]$

5. Wir beschreiben einen Algorithmus zur Bestimmung einer Nullstelle der stetigen Funktion f in $[a, b]$, wenn $f(a) < 0$ und $f(b) > 0$ ist:
   1. Starte bei $x = a$, setze $h = 1$ und wähle eine Fehlerschranke ϵ.
   2. Gehe nach rechts in h-Schritten bis $f(x) > 0$ wird.
   3. Nimm den letzten Schritt zurück und drucke x.
   4. Ersetze h durch $\frac{h}{10}$. Wenn $h \geq \epsilon$ ist, dann gehe nach 2. Sonst STOP.
   Übersetze den Algorithmus in BASIC und bestimme die positiven Lösungen der folgenden Gleichungen:
   a) $x^3 - 2x - 5 = 0$ b) $x^5 - 10 = 0$ c) $x^7 - x - 1 = 0$ d) $x - \cos x = 0$
   e) $x\,e^x - 1 = 0$

6. Bestimme mit dem Newton-Verfahren beide Lösungen der Gleichung $x e^{-x} = \frac{1}{4}$.

7. Die Gleichung $x^3 - 3x + 1 = 0$ hat drei reelle Lösungen. Bestimme sie mit dem Newton-Verfahren.

e) *Iteration*

Wir betrachten Gleichungen der Form

(1) $x = g(x)$,   g stetig.

Gleichungen der Form $f(x) = 0$ kann man auf die Form (1) bringen. Es sei z. B. $u(x) \neq 0$ für alle x. Dann gilt

$$f(x) = 0 \iff u(x) \cdot f(x) = 0 \iff x = x + u(x) \cdot f(x).$$

Damit haben wir die Gleichung $f(x) = 0$ auf die Form (1) gebracht mit

(2) $g(x) = x + u(x) \cdot f(x)$.

Die Lösungen von (1) nennt man *Fixpunkte* von g. Wir suchen einen Fixpunkt s von g. Starten wir mit einer Schätzung a für s und deuten (1) dynamisch als Zuweisung $x \leftarrow g(x)$, dann erhalten wir das Programm

(3)
```
x ← a
prt x
x ← g(x)
```

Dieses Programm druckt die Folge

(4) $x_0 = a$, $x_1 = g(x_0)$, $x_2 = g(x_1)$, $x_3 = g(x_2), \ldots$

Konvergiert die Folge x_n gegen einen Grenzwert s, dann ist s ein Fixpunkt von g.

Denn aus $x_{n+1} = g(x_n)$ folgt wegen der Stetigkeit von g

$$s = \lim_{n \to \infty} x_{n+1} = \lim_{n \to \infty} g(x_n) = g(\lim_{n \to \infty} x_n) = g(s)$$

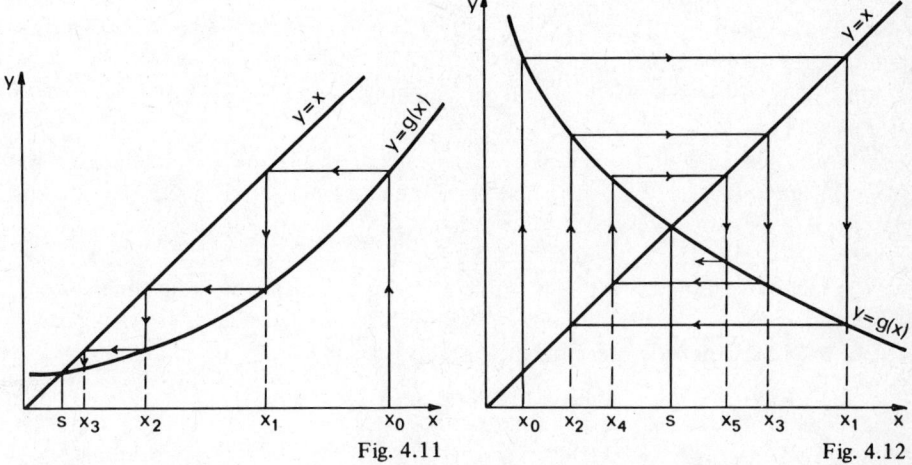

Fig. 4.11   Fig. 4.12

In Fig. 4.11 sind die Kurven $y = x$ und $y = g(x)$ gezeichnet. In ihrem Schnittpunkt $(s, g(s))$ ist $s = g(s)$. D. h., s ist Fixpunkt von g. Die Folge x_n läßt sich leicht konstruieren mit Hilfe des Treppendiagramms in Fig. 4.11. In dieser Figur konvergiert die Folge monoton gegen s. In Fig. 4.12 konvergiert x_n oszillierend gegen s. Dagegen haben wir in Fig. 4.13 und Fig. 4.14 monotone bzw. oszillierende Divergenz. Wenn x_n konvergiert, dann haben wir ein Verfahren zur Berechnung von s, bei dem die nächste Näherung aus der vorangehenden berechnet wird. Ein solches Verfahren heißt *Iteration*, g heißt *Iterationsfunktion* und x_n heißt *Iterationsfolge*.

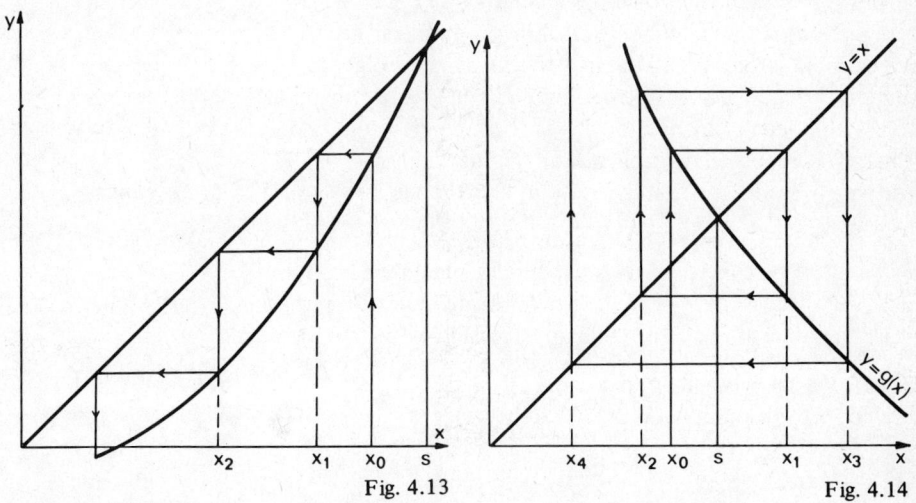

Fig. 4.13   Fig. 4.14

Wir geben zuerst eine Bedingung für die Existenz eines Fixpunktes an.

Hilfssatz. Es sei g eine stetige Abbildung von $I = [a, b]$ in sich. Dann gibt es ein s, so daß $s = g(s)$ ist.

Beweis. Wenn $x \in I$, dann ist auch $g(x) \in I$. Daher ist $g(a) \geq a$ und $g(b) \leq b$. Es sei $h(x) = g(x) - x$. Dann ist $h(a) \geq 0$ und $h(b) \leq 0$. Der Zwischenwertsatz garantiert die Existenz eines s mit $h(s) = 0$, d. h. $s = g(s)$ w.z.b.w.

Wir führen eine Eigenschaft von g ein, welche die Konvergenz der Folge x_n sicherstellt.

Definition. Es sei g eine Abbildung des Intervalls $I = [a, b]$ in sich. Dann heißt g eine *kontrahierende Abbildung*, wenn es eine Konstante L gibt, $0 < L < 1$, so daß

$$(5) \qquad | g(x) - g(y) | \leq L | x - y | \text{ für alle } x, y \in I.$$

Aus (5) folgt die Stetigkeit von g. Nach dem Hilfssatz besitzt eine kontrahierende Abbildung $g: I \to I$ mindestens einen Fixpunkt. Wir zeigen, daß er eindeutig ist. Es gebe zwei verschiedene Fixpunkte s_1 und s_2. Dann ist

$$s_1 = g(s_1), \quad s_2 = g(s_2), \quad s_1 - s_2 = g(s_1) - g(s_2)$$

Aus (5) folgt

$$| s_1 - s_2 | = | g(s_1) - g(s_2) | \leq L | s_1 - s_2 | < | s_1 - s_2 |,$$

und dies ist ein Widerspruch.

Wir zeigen jetzt, daß die Folge $x_{n+1} = g(x_n)$, $n = 0, 1, 2, \dots$ gegen den einzigen Fixpunkt s konvergiert, und zwar mindestens so schnell wie die geometrische Folge cL^n. Dies folgt aus

$$| x_n - s | = | g(x_{n-1}) - g(s) | \leq L | x_{n-1} - s | \leq L^n | x_0 - s |.$$

Die Bedingung (5) bedeutet geometrisch, daß bei der Kurve $y = g(x)$ alle Sekantensteigungen dem Betrage nach $\leq L$ sind, wobei $L < 1$ ist.

Der Fixpunkt s von g heißt *anziehend*, wenn es eine Umgebung $U = [s - a, s + a]$ von s gibt, so daß für alle Startwerte in U die Folge $x_{n+1} = g(x_n)$ gegen s konvergiert. Wenn dagegen für eine hinreichend kleine Umgebung $U = [s - b, s + b]$ von s und jeden Startwert $x_0 \neq s$, $x_0 \in U$ die Folge $x_{n+1} = g(x_n)$ aus U herausführt, so heißt s ein *abstoßender Fixpunkt*.

Wir haben das folgende Kriterium für anziehende bzw. abstoßende Fixpunkte:

Es sei $g: \mathbb{R} \to \mathbb{R}$ stetig differenzierbar und $s = g(s)$. Dann gilt

$| g'(s) | < 1 \Rightarrow$ s ist ein anziehender Fixpunkt.

$| g'(s) | > 1 \Rightarrow$ s ist ein abstoßender Fixpunkt.

$| g'(s) | = 1 \Rightarrow$ keine allgemeine Aussage ist möglich.

Beweis. Es sei a so klein, daß $| g'(x) | \leq L < 1$ auf $U = [s - a, s + a]$. Für $x \in U$ gilt dann nach dem Mittelwertsatz

$$| g(x) - g(s) | = | g(x) - s | = | g'(\xi)(x - s) | \leq L | x - s |,$$
ξ zwischen x und s.

D. h., g ist eine kontrahierende Abbildung von U in sich mit dem Fixpunkt s.
Es sei nun $|g'(s)| > 1$. Wähle b so, daß $|g'(x)| \geq \mu > 1$ ist auf $U = [s - b, s + b]$.
Für $x \in U$ liefert der Mittelwertsatz

$$| g(x) - s | = | g(x) - g(s) | = | g'(\xi)(x - s) | \geq \mu | x - s |.$$

D. h., g ist eine *expandierende Abbildung*, und die Folge x_n entfernt sich von s.
Wir wollen jetzt u (x) in (2) so wählen, daß $g(x) = x + u(x) f(x)$ in der Nähe des
Fixpunktes s möglichst stark kontrahiert. Dies ist sicher der Fall, wenn $g'(s) = 0$ ist.
Wegen $f(s) = 0$ ist $g'(s) = 1 + u(s) f'(s)$. Die Bedingung $g'(s) = 0$ läßt sich einfach
erfüllen, indem man setzt

$$u(x) = - \frac{1}{f'(x)}.$$

Damit erhalten wir die *Newtonsche Iterationsfunktion*

$$(6) \qquad g(x) = x - \frac{f(x)}{f'(x)}$$

zur Lösung der Gleichung $f(x) = 0$. Dieser Wahl von u (x) entspricht die Iterationsfolge

$$(7) \qquad x_{n+1} = x_n - \frac{f(x_n)}{f'(x_n)}.$$

Bemerkungen und Beispiele.
1. *Lineare und superlineare Konvergenz.* Es sei s ein anziehender Fixpunkt von g
und $x_{n+1} = g(x_n)$ mit x_0 aus dem Anziehungsgebiet von s. Wir nennen $e_n = x_n - s$
den n-ten Fehler. Nach dem Mittelwertsatz ist

$$e_{n+1} = x_{n+1} - s = g(x_n) - g(s) = g'(\xi)(x_n - s) = g'(\xi) e_n,$$
ξ zwischen x_n und s.

Für $n \to \infty$ erhält man

$$\frac{e_{n+1}}{e_n} \to g'(s), \quad |g'(s)| = q < 1.$$

Man sagt, die Folge x_n *konvergiere linear* gegen s mit dem *Konvergenzfaktor* q,
wenn

$$\lim_{n \to \infty} \frac{e_{n+1}}{e_n} = q, \quad 0 < |q| < 1.$$

Für große n sind dann die Fehler e_n annähernd Glieder einer geometrischen Folge
mit dem Quotienten q. Ist dagegen $g'(s) = 0$, dann gilt nach dem Taylor-Satz

$$e_{n+1} = x_{n+1} - s = g(x_n) - g(s) = \frac{1}{2} g''(\xi)(x_n - s)^2 = \frac{1}{2} g''(\xi) e_n^2$$

$$\frac{e_{n+1}}{e_n^2} \to \frac{1}{2} g''(s) \quad \text{für} \quad n \to \infty$$

Hier spricht man von *quadratischer Konvergenz*, die viel schneller ist als lineare

Konvergenz. Denn aus $|e_{n+1}| \leq |qe_n^2|$ folgt $|qe_{n+1}| \leq |qe_n|^2$. Wenn also $|qe_n| < 10^{-m}$ ist, dann ist $|qe_{n+1}| < 10^{-2m}$.

Beim Newton-Verfahren zur Bestimmung einer einfachen Nullstelle s von f verwendet man die Iterationsfunktion (6). Dabei ist $f(s) = 0$ und $f'(s) \neq 0$ (einfache Nullstelle). Folglich ist

$$g'(x) = \frac{f(x)\,f''(x)}{f'(x)^2}, \quad g'(s) = 0.$$

D. h., bei einer einfachen Nullstelle von f konvergiert das Newton-Verfahren quadratisch gegen s, wenn man hinreichend nahe bei s startet.

Man kann zeigen, daß das Sekantenverfahren ebenfalls superlinear konvergiert. Es gilt

$$\frac{e_{n+1}}{e_n^\varphi} \to q \quad \text{für} \quad n \to \infty, \quad \varphi = \frac{\sqrt{5}+1}{2} = 1,618\ldots$$

2. Ein Fixpunkt s von g ist auch Fixpunkt der inversen Funktion $h = g^{-1}$. Ist g expandierend, so ist h kontrahierend, da $h'(s) = \frac{1}{g'(s)}$ ist. Es sei z. B. die kleinste positive Lösung von

$$(8) \qquad x = \tan x$$

gesucht. Wegen $g'(x) = \tan' x = \frac{1}{\cos^2 x} > 1$ divergiert die Folge $x_{n+1} = \tan x_n$.

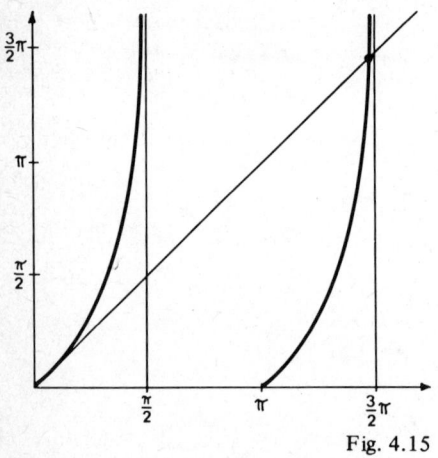
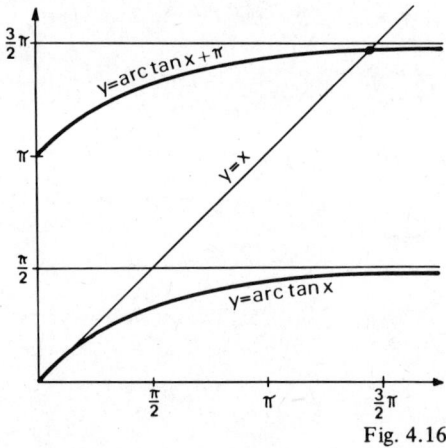

Fig. 4.15

Fig. 4.16

Wir spiegeln daher Fig. 4.15 an $y = x$ und erhalten Fig. 4.16. Anstatt (8) lösen wir

$$(9) \qquad x = \arctan x + \pi.$$

Wegen $h'(x) = (\arctan x + \pi)' = \frac{1}{(1+x^2)} < 1$ konvergiert

$$x_{n+1} = \arctan x_n + \pi, \quad x_0 = 4,5$$

gegen den gesuchten Fixpunkt s. Es ist $s \approx 4,5$ und $h'(s) < \frac{1}{20}$. D. h., in der Nähe von s gilt $e_{n+1} < \frac{e_n}{20}$. Ein Iterationsschritt reduziert den Fehler rund 20-mal (Fig. 4.17).

10 READ B, E		4.493720035
20 A = B		4.493424113
30 B = ATN (A) + PI		4.493410150
40 PRINT B		4.493409491
50 IF ABS (A − B) > E THEN 20		4.493409459
60 DATA 4.5, 1 E - 10		4.493409458
70 END	Fig. 4.17	4.493409458

3. *Konvergenzverhalten des Newton-Verfahrens bei einer mehrfachen Nullstelle.*
Es sei $f(x) = (x - a)^2$. Hier ist $x = a$ eine doppelte Nullstelle. Die Newtonsche Iterationsfunktion lautet

$$g(x) = x - \frac{f(x)}{f'(x)} = x - \frac{x - a}{2}.$$

Dazu gehört die Iterationsfolge

$$x_{n+1} = x_n - \frac{x_n - a}{2}$$

$$x_{n+1} - a = \frac{x_n - a}{2}.$$

Daraus folgt

$$x_n - a = \frac{x_0 - a}{2^n}.$$

Die Konvergenz ist linear mit dem Konvergenzfaktor $\frac{1}{2}$, d. h. nicht schneller, als bei der Halbierungsmethode (Fig. 4.18).

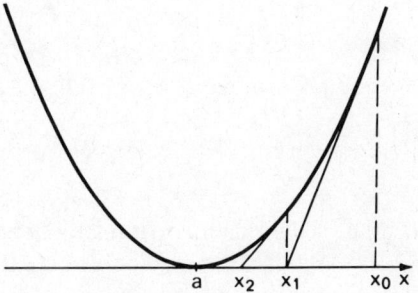

Fig. 4.18

Es sei jetzt $f(x) = (x - a)^m$. Hier ist $x = a$ eine m-fache Nullstelle. Das Newton-Verfahren liefert nach kurzer Rechnung

$$x_n - a = \left(\frac{m-1}{m}\right)^n (x_0 - a).$$

Die Konvergenz ist linear mit dem Faktor $q = \frac{m-1}{m}$. Für $m > 2$ ist die Konvergenz langsamer als bei der Halbierungsmethode.

4. Für $a > 0$ hat $f(x) = x^2 - a$ die positive Nullstelle $\sqrt{a}$. Die Newtonsche Iterationsfunktion (6) lautet

(10) $\qquad g(x) = \frac{1}{2}(x + \frac{a}{x})$.

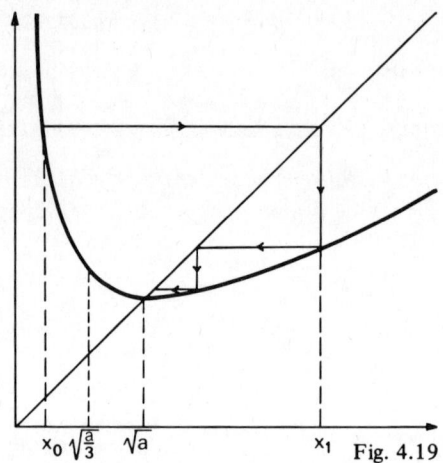

$$x_0 \quad \sqrt{\tfrac{a}{3}} \quad \sqrt{a} \qquad\qquad\qquad x_1 \qquad \text{Fig. 4.19}$$

Fig. 4.19 zeigt den Graphen dieser Funktion. Der Fixpunkt liegt bei $s = \sqrt{a}$. Dort ist $g'(s) = 0$. In $x = \sqrt{\frac{a}{3}}$ ist $g'(x) = -1$ und für $x > \sqrt{\frac{a}{3}}$ ist $|g'(x)| < 1$.

D. h., g ist kontrahierend für $x > \sqrt{\frac{a}{3}}$ und expandierend in $0 < x < \sqrt{\frac{a}{3}}$. In Fig. 4.19 wurde der Startwert x_0 im expandierenden Gebiet gewählt. Daher ist x_1 weiter von $\sqrt{a}$ entfernt als x_0. Aber x_1 liegt im kontrahierenden Intervall. Wir sehen also, daß

(11) $\qquad x_{n+1} = \frac{1}{2}(x_n + \frac{a}{x_n})$

für jeden positiven Startwert x_0 gegen $\sqrt{a}$ konvergiert. Ab x_1 fällt die Folge x_n monoton gegen $\sqrt{a}$.

Die Iterationsfolge (11) wird seit 4000 Jahren zur Berechnung der Quadratwurzel verwendet.

5. *Abbruchkriterien bei Iterationen.* In der Gleitkomma-Arithmetik des Computers ist die Gleichung $A = B$ nur selten genau erfüllt. Die Folge $x_{n+1} = f(x_n)$ konvergiere für $n \to \infty$. Es ist falsch, so lange zu rechnen, bis $x_{n+1} = x_n$ ist, da die Folge x_n durch Rundung periodisch sein könnte mit einer sehr langen Periode. Richtig ist es zu warten bis $|x_{n+1} - x_n| < \delta$ ist für ein passendes δ. Da wir jedoch von vornherein nichts über die Größenordnung von x_n wissen, ist es noch besser zu rechnen bis

$$|x_{n+1} - x_n| \le \epsilon \, x_n$$

erfüllt ist. Man kann ϵ leichter vernünftig wählen als δ.

Aufgaben:

8. In (11) sei $e_n = x_n - \sqrt{a}$ der n-te absolute Fehler.

   a) Zeige durch algebraische Umformung, daß $e_{n+1} = \dfrac{e_n^2}{2x_n}$ ist.

   b) Statt des absoluten Fehlers e_n führen wir den relativen Fehler $\epsilon_n = \dfrac{e_n}{\sqrt{a}}$ ein. Unter Beachtung, daß $x_n > \sqrt{a}$ ist für $n \geq 1$ soll gezeigt werden, daß

   $$\epsilon_{n+1} < \frac{\epsilon_n^2}{2}.$$

▶ 9. Für den Quadratwurzelalgorithmus (11) kann man x_n explizit berechnen. Zeige zunächst, daß

   $$\frac{x_{n+1} - \sqrt{a}}{x_{n+1} + \sqrt{a}} = \left(\frac{x_n - \sqrt{a}}{x_n + \sqrt{a}}\right)^2.$$

   Folgere daraus

   $$\frac{x_n - \sqrt{a}}{x_n + \sqrt{a}} = \left(\frac{x_0 - \sqrt{a}}{x_0 + \sqrt{a}}\right)^{2^n}, \qquad x_n = \sqrt{a}\ \frac{(x_0 + \sqrt{a})^{2^n} + (x_0 - \sqrt{a})^{2^n}}{(x_0 + \sqrt{a})^{2^n} - (x_0 - \sqrt{a})^{2^n}}$$

   Für $x_0 > 0$ ist $|x_0 + \sqrt{a}| > |x_0 - \sqrt{a}|$. Daher $x_n \to \sqrt{a}$.
   Für $x_0 < 0$ ist $|x_0 + \sqrt{a}| < |x_0 - \sqrt{a}|$. Daher $x_n \to -\sqrt{a}$.

10. Für $a > 0$ hat $f(x) = x^m - a$ die positive Nullstelle $\sqrt[m]{a}$. Zeige, daß

    $$(12) \qquad x_{n+1} = \frac{1}{m}\left((m-1)x_n + \frac{a}{x_n^{m-1}}\right), \qquad x_0 > 0 \text{ beliebig}$$

    gegen $\sqrt[m]{a}$ strebt. Berechne $\sqrt[3]{2}$, $\sqrt[10]{10}$, $\sqrt[5]{10}$ mit einem BASIC-Programm.

11. Zeige, daß $g(x) = \sqrt{1+x}$ kontrahierend ist für $0 < x < \infty$. Bestimme den Fixpunkt durch Iteration.

12. Zeige, daß $g(x) = 1 + \dfrac{1}{x}$ kontrahierend ist für $1 < x < \infty$. Bestimme den Fixpunkt durch Iteration.

13. Untersuche die Konvergenz der durch $2x_{n+1} = \sqrt{1+x_n}$ definierten Folge x_n für verschiedene Anfangswerte.

14. Es sei $x_1 = 3$ und $x_{n+1} = \dfrac{4x_n + 10}{4 + x_n}$. Zeige $x_n \to \sqrt{10}$ und $|x_n - \sqrt{10}| < (\frac{1}{7})^n$.

15. Es sei $x_1 = \sqrt{a}$, $x_{n+1} = \sqrt{a + x_n}$, $a > 0$. Gegen welchen Grenzwert s konvergiert x_n? Wie groß ist s für $a = m(m+1)$? Gib x_n explizit an.

16. Bestimme die Grenzwerte der Folgen

    a) $x_0 = 1$, $x_{n+1} = \dfrac{1}{1+x_n}$ \qquad b) $x_0 = 1$, $x_{n+1} = 1 + \dfrac{1}{1+x_n}$.

17. *Das arithmetisch-geometrische Mittel von Gauss.*

    Es sei $0 < a < b$. Wir definieren zwei Folgen a_n und b_n durch

    $$a_0 = a, \quad b_0 = b, \quad a_{n+1} = \sqrt{a_n b_n}, \quad b_{n+1} = \frac{a_n + b_n}{2}$$

a) Zeige, daß a_n monoton wächst, b_n monoton fällt und $a_n < b_n$.

b) Zeige, daß $b_{n+1} - a_{n+1} = \dfrac{(b_n - a_n)^2}{8 b_{n+2}}$.

c) Zeige, daß $\lim\limits_{n \to \infty} a_n = \lim\limits_{n \to \infty} b_n = g$.

d) Schreibe ein Programm, das die Folgen a_n und b_n mit den Startwerten $a_0 = \frac{1}{2}$, $b_0 = 1$ druckt. Beachte die superschnelle Konvergenz gegen den gemeinsamen Grenzwert g (quadratische Konvergenz).

e) Definiert man $a_0 = a$, $b_0 = b$, $a_{n+1} = \sqrt{a_n b_{n+1}}$, $b_{n+1} = \dfrac{a_n + b_n}{2}$, so erhält man ein ganz anderes Konvergenzverhalten. Zeige, daß $a_n^2 - b_n^2 = \dfrac{a_0^2 - b_0^2}{4^n}$,

$a_n - b_n = \dfrac{1}{4^n} \dfrac{a_0^2 - b_0^2}{2 a_{n+1}}$ (lineare Konvergenz). Bestimme $\lim\limits_{n \to \infty} a_n = \lim\limits_{n \to \infty} b_n = g$

für $a_0 = \frac{1}{2}$, $b_0 = 1$ (Siehe 3.4).

18. Zeige, daß die Folge $x_{n+1} = x_n (2 - a x_n)$, $a > 0$ für passende Anfangswerte x_0 quadratisch gegen $\frac{1}{a}$ konvergiert.

    Hinweis: Setze $x_n = \frac{1}{a} (1 - \epsilon_n)$.

▶ 19. *Exponentialtürme*. Fig. 4.19a zeigt ein Programm, das zur Eingabe A (A > 0, reell) eine unendliche Folge druckt. Durch Experimentieren mit dem Computer soll das maximale A (näherungsweise) bestimmt werden, für das die Folge noch konvergiert.

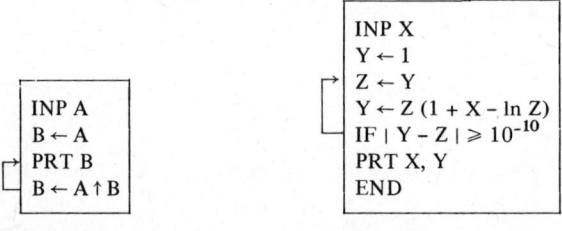

Fig. 4.19a   Fig. 4.19b

20. Berechne π als Lösung der Gleichung $\sin x = 0$ mit der Newton-Methode. Starte mit $x_0 = 3, 2, 4, 1.6, 4.5$.

▶ 21. *Die inverse Funktion mit dem Newton-Verfahren*. Mit dem Newton-Verfahren kann man zur monotonen Funktion f einen Algorithmus für die inverse Funktion f^{-1} konstruieren. Die Funktion $y = \ln x$ sei auf dem Rechner vorhanden. Wir suchen ein Programm, das zur Eingabe x die Lösung y der Gleichung $x = \ln y$ ausgibt. Zeige, daß Fig. 4.19b dies leistet. Durch Experimentieren mit verschiedenen Eingabewerten soll ermittelt werden, für welche x der Algorithmus $y = e^x$ ausgibt.

22. Es sei $a > 0$. Sowohl $f(x) = x^3 - a$ als auch $h(x) = x^2 - \frac{a}{x}$ haben die Nullstelle $\sqrt[3]{a}$. Stelle nach (7) zwei Iterationsfolgen auf, die gegen $\sqrt[3]{a}$ konvergieren. Prüfe für $a = 8$, $a = 2$, $a = 10$, daß h eine schneller konvergierende Folge liefert (kubische Konvergenz).

23. Man löse $x^{20} - 1 = 0$ mit dem Newton-Verfahren, ausgehend von dem Startwert $x_0 = \frac{1}{2}$. Beachte die ganz langsame anfängliche Konvergenz (mit dem Faktor $\frac{19}{20}$). Quadratische Konvergenz setzt erst ganz in der Nähe von $x = 1$ ein.

▶ 24. *Der Rechner wird auf die Probe gestellt.* Wir definieren eine Punktfolge (x_n, y_n) durch die Rekursion

$$x_0 = 1, \quad y_0 = 0, \quad x_{n+1} = \frac{3x_n - 4y_n}{5}, \quad y_{n+1} = \frac{4x_n + 3y_n}{5}$$

Wegen $x_{n+1}^2 + y_{n+1}^2 = x_n^2 + y_n^2 = x_0^2 + y_0^2 = 1$ liegen alle Punkte der Folge auf dem Kreis um 0 mit Radius 1. Schreibe ein Programm, das x_n und y_n mit Hilfe der Rekursion ausrechnet und $x_n^2 + y_n^2$ für $n = 10, 100, 1000, 10000$ druckt. Auf diese Weise können wir bequem die Anhäufung von Rundungsfehlern studieren.

4.2. Das Maximum einer unimodalen Funktion

Wir konstruieren ein interessantes Programm zur Bestimmung des Maximums einer Funktion. Dabei beschränken wir uns auf sog. *unimodale* Funktionen. F heißt unimodal auf $[a, b]$, wenn sie dort genau ein (lokales) Maximum hat. Fig. 4.20 zeigt vier unimodale Kurvenstücke. Eine unimodale Funktion braucht weder differenzierbar noch stetig zu sein.

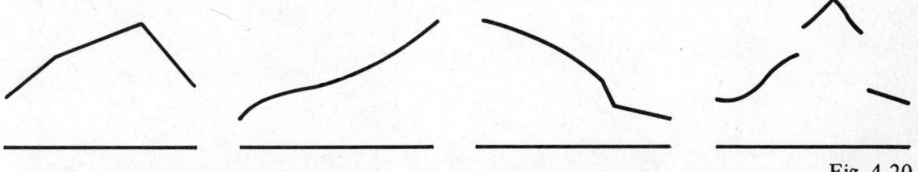

Fig. 4.20

Halbierungsmethode. Das Kernstück des Programms besteht in der Halbierung des Intervalls, in dem das Maximum liegt. Das Ausgangsintervall $[M - H, M + H]$ mit dem Mittelpunkt M wird in vier gleiche Teile eingeteilt (Fig. 4.21). Das Maximum liegt in einem der folgenden Intervalle der Länge H:

$$I_1 = [M - H, M], \quad I_2 = [M - \frac{H}{2}, \ M + \frac{H}{2}], \quad I_3 = [M, M + H]$$

Wenn $F(M - \frac{H}{2}) > F(M)$, dann liegt das Maximum in I_1.

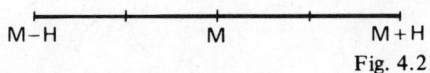

Fig. 4.21

Wenn $F(M + \frac{H}{2}) > F(M)$, dann liegt das Maximum in I_3.

Trifft keine der beiden Ungleichungen zu, dann liegt das Maximum in I_2 (Fig. 4.22).

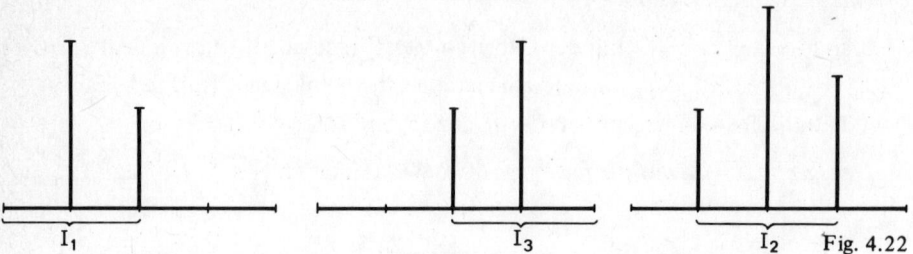

I_1 $\qquad$ I_3 $\qquad$ I_2 $\qquad$ Fig. 4.22

Das Programm in Fig. 4.23 ist kurz, elegant und lehrreich. Es wählt dasjenige der Intervalle I_1, I_2, I_3 aus, in dem das Maximum liegt, ersetzt M durch den Mittelpunkt des gewählten Intervalls und halbiert H. Das neue H wird mit dem zulässigen Fehler E verglichen. Wenn $H \leq E$ ist, so ist M die gesuchte Schätzung der Maximalstelle.

```
 10  READ M, H, E
 20  DEF FNF (X) = 4*X↑4/(1 + X↑6)
 30  A = FNF (M)
 40  IF FNF (M − H/2) > A THEN  M = M − H/2
 50  IF FNF (M + H/2) > A THEN  M = M + H/2
 60  H = H/2
 70  IF H > E THEN 30
 80  PRINT M, FNF (M)
 90  DATA 1, 1, 1E − 10
100  END

   1.122462048    2.116534736
```

Fig. 4.23

Die exakten Werte sind $M = \sqrt[6]{2} = 1.122467041$, $F(M) = \frac{4}{3}\sqrt[6]{16} = 2.116534736$.

Das Programm liefert den Maximalwert auf 10 Stellen richtig, während die Maximalstelle mit dem Fehler $5 \cdot 10^{-6}$ behaftet ist. So große Fehler sind nicht zu vermeiden. Wegen $F'(M) = 0$ haben wir in der Nähe von M

$$F(M + H) = F(M) + \frac{F''(\overline{M})H^2}{2}, \quad (\overline{M} \text{ zwischen } M \text{ und } M + H).$$

Eine Änderung von M um 10^{-6} bewirkt eine Änderung von $F(M)$ um $c \cdot 10^{-12}$ und wird vom Rechner in der Regel nicht wahrgenommen. Für den Computer ist $F(X)$ in $M - 10^{-6} < X < M + 10^{-6}$ eine Konstante mit dem Wert $F(M)$. *Daher sollte man in Fig. 4.23 unbedingt $E = 10^{-6}$ wählen und nicht 10^{-10}.*

Aufgaben:

▶ 1. Wir beschreiben eine einfache Methode zur Bestimmung des Maximums der Funktion f in [a, b]: Wir starten in a und gehen nach rechts in h-Schritten,bis f zum ersten Mal abnimmt. Dann reduzieren wir die Schrittlänge 10-fach, kehren um und schreiten nach links,bis f zum ersten Mal abnimmt. Dann kehren wir wieder um, reduzieren die Schrittlänge 10-fach usw. Dies wird so lange fortgesetzt, bis die Schrittlänge kleiner ist als eine vorgegebene Fehlerschranke ϵ.
Übersetze diese Beschreibung in BASIC und bestimme das Maximum von
$f(x) = 4x - \dfrac{x^4}{4}$ für $x > 0$. Vergleiche mit dem exakten Wert $x = \sqrt[3]{4}$ für die Maximalstelle.
Bemerkung: Will man nur eine Aufgabe lösen, dann kommt es auf die Rechenzeit nicht an. In einem solchen Fall wird man diese verschwenderische Methode der Halbierungsmethode vorziehen, da sie leichter zu programmieren ist. Noch besser ist die Methode in Aufgabe 5.

2. Modifiziere das Programm in Aufg. 1, so daß es ein Minimum-Programm wird. Bestimme für $x > 0$ die Minimalstellen von a) $f(x) = x^2 + \dfrac{8}{x}$ b) $f(x) = x^x$.

▶ 3. Wir beschreiben einen Maximum-Algorithmus, der mit dem in Aufg. 1 verwandt ist. Die Funktion f habe ein Maximum in [a, b].

      1. Starte in a, wähle eine Schrittlänge h und eine Fehlerschranke ϵ.
      2. Schreite nach rechts in h-Schritten,bis f abnimmt.
      3. Nimm den letzten Schritt zurück und drucke x.
      4. Setze $h \leftarrow \dfrac{h}{10}$. Wenn $h \geq \epsilon$, dann gehe nach 2. Sonst HALT.

Dieser Algorithmus enthält einen Fehler, wodurch er manchmal versagt. Erläutere den Fehler anhand eines Bildes und korrigiere ihn.

4. Bestimme das Maximum von a) $y = e^x \sin x$ in $[0, \pi]$ b) $y = xe^{-x}$ für $x > 0$.

▶ 5. Wir suchen das Maximum der unimodalen Funktion f im Intervall [a, b]. Wir setzen $h = b - a$ und geben uns eine Fehlerschranke ϵ vor. Ist $f(a + \dfrac{h}{3}) < f(b - \dfrac{h}{3})$, so kann man das linke Drittel des Intervalls ausschalten; sonst wird das rechte Drittel ausgeschaltet. Dieser Schritt wird wiederholt bis $h < \epsilon$ ist. Danach kann man $\dfrac{a+b}{2}$ als Maximalstelle nehmen. Schreibe dazu ein Programm.

4.3. Numerische Integration

4.3.1. Trapezregel, Mittelpunktsregel und Simpson-Regel

Das schraffierte Kurventrapez in Fig. 4.24 hat den Inhalt

(1) $I = \int\limits_{a}^{b} f(x)\, dx.$

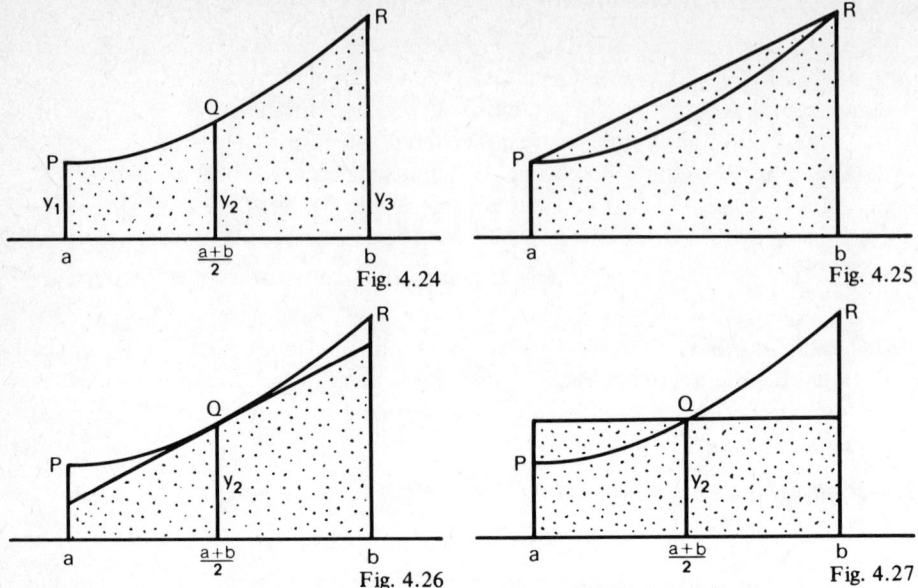

Fig. 4.24

Fig. 4.25

Fig. 4.26

Fig. 4.27

Oft ist eine Stammfunktion von f nicht bekannt oder nicht tabelliert. Dann wird man I mit dem Computer auswerten. Zur Abschätzung von I gibt es drei bekannte Verfahren. Man ersetzt f

a) durch die Sehne PR (Fig. 4.25);

b) durch die Tangente in Q (Fig. 4.26), oder — gleichwertig damit — durch die Waagerechte durch Q (Fig. 4.27);

c) durch eine quadratische Parabel $y = px^2 + qx + r$ durch P, Q, R.

Die drei Methoden heißen *Trapezregel, Mittelpunktsregel* und *Simpsonregel.*

Setzt man $h = b - a$, dann liefert die Trapezregel

(2) $$T = \frac{h}{2}(y_1 + y_3).$$

Die Mittelpunktsregel liefert

(3) $$M = hy_2.$$

Wie später gezeigt wird, liefert die Simpson-Regel

(4) $$S = \frac{h}{6}(y_1 + 4y_2 + y_3) = \frac{T + 2M}{3}.$$

Damit haben wir drei Schätzungen T, M, S für I. Der Fehler $|I - T|$ ist ungefähr doppelt so groß wie der Fehler $|I - M|$, und diese Fehler haben in der Regel entgegengesetzte Vorzeichen. Der Fehler $|I - S|$ wird in der Regel viel kleiner sein.

Wir beschreiben jetzt einen Iterationsschritt, der T, M, S durch bessere Schätzungen T_1, M_1, S_1 ersetzt. Wir halbieren jedes Teilintervall indem wir $h_1 = \frac{h}{2}$ setzen. Auf jedes Teilintervall wird jede der drei Regeln angewandt (Fig. 4.28). Man erhält so

108

$$T_1 = \frac{h}{2}\frac{y_1 + y_2}{2} + \frac{h}{2}\frac{y_2 + y_3}{2} = \frac{y_1 + y_3}{2}\frac{h}{2} + y_2\frac{h}{2} = \frac{T + M}{2},$$

$$M_1 = \frac{h}{2}y_4 + \frac{h}{2}y_5 = (y_4 + y_5)\,h_1.$$

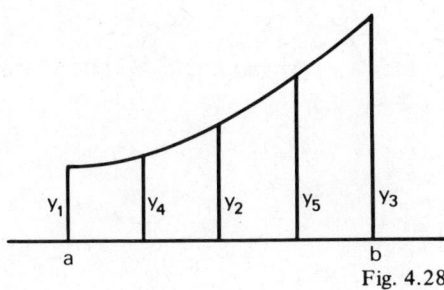

Fig. 4.28

```
FOR  X = A + H/2 TO B STEP H
M = M + FNF (X)
NEXT X
M = M*H
```

Fig. 4.29

Wir erhalten also M_1, indem wir die Ordinaten in den neu eingeführten Unterteilungen addieren und die Summe mit h_1 multiplizieren. Dies erreichen wir in BASIC durch die vier Zeilen in Fig. 4.29, wo H statt H_1 verwendet wird.
Sobald wir T_1 und M_1 haben, berechnen wir

$$S_1 = \frac{T_1 + 2M_1}{3}.$$

Das Programm in Fig. 4.30 wurde für $\int_0^1 \frac{4}{1 + x^2}\,dx = \pi$ geschrieben. Will man ein

anderes Integral auswerten, so braucht man nur die Zeilen 10 und 170 zu ändern.
10 definiert die Funktion f. 20 liest die Endpunkte A, B und den zulässigen Fehler E.
30 druckt die Tabellenüberschrift. In 50 vermißt man die Division durch 2. Dies wird in 60 und 70 nachgeholt. 70 bis 160 führen die Iteration durch. 160 wollen wir genauer erläutern. $|\,T - M\,|$ überschätzt in der Regel die absoluten Fehler $|\,I - T\,|$ und $|\,I - M\,|$, während $|\,S\,|$ annähernd gleich $|\,I\,|$ ist. D. h. $\frac{|\,T - M\,|}{|\,S\,|}$ ist eine Überschätzung des relativen Fehlers von M bzw. T. Wir brechen ab, wenn dieser Fehler $\leq 10^{-6}$ ist. Der relative Fehler von S wird noch viel kleiner sein (von der Größenordnung 10^{-12}).

Wenn ein Rechner zur Verfügung steht, dann ist das Programm in Fig. 4.30 für alle praktischen Zwecke ausreichend. Hat man nur einen Taschenrechner, so wird man ein besseres Verfahren vorziehen.

```
10 DEF FNF (X) = 4/(1 + X↑2)
20 READ A, B, E
30 PRINT „T", „M", „S"
40 H = B − A
50 T = (FNF (A) + FNF (B) )*H
60 M = 0
70      T = (T + M)/2
80      M = 0
90      FOR  X = A + H/2  TO  B  STEP  H
100         M = M + FNF (X)
110      NEXT X
120      M = M*H
130      S = (T + 2*M)/3
140      PRINT T, M, S
150      H = H/2
160 IF ABS (T − M)/ABS (S) > E THEN 70
170 DATA 0, 1, 1E − 6
180 END
```

T	M	S
3	3.2	3.333333333
3.1	3.162352941	3.141568627
3.131176471	3.146800518	3.141592502
3.138988494	3.142894730	3.141592651
3.140941612	3.141918174	3.141592654
3.141429893	3.141674034	3.141592654
3.141551963	3.141612999	3.141592654
3.141582481	3.141597740	3.141592654
3.141590110	3.141593925	3.141592654
3.141592018	3.141592971	3.141592654

Fig. 4.30

4.3.2. Das Romberg-Verfahren

Für das Integral I in (1) liefert die Trapezregel eine grobe Schätzung

$$T_0 = \frac{h}{2} (f(a) + f(b)).$$

Durch fortgesetzte Halbierung des Intervalls [a, b] und Anwendung der Trapezregel auf jedes Teilintervall erhält man die gegen I konvergierende Folge

(5) $T_0, T_1, T_2, T_3, \ldots$

Man kann zeigen, daß

(6) $T_n = I + a_1 4^{-n} + a_2 4^{-2n} + a_3 4^{-3n} + \ldots,$

wobei die a_i von n unabhängig sind. Für Kreis und Hyperbel haben wir dies in 3.6 bewiesen. Damit kann man wie in 3.6 das Romberg-Schema aufstellen:

T_0

$\quad T_0'$

$T_1 \quad T_0''$

$\quad T_1' \quad T_0'''$

$T_2 \quad T_1'' \quad T_0^{(4)}$

$\quad T_2' \quad T_1''' \quad \vdots$

$T_3 \quad T_2'' \quad \vdots$

$\quad T_3' \quad \vdots$

$T_4 \quad \vdots$

$\vdots$

$$T_n' = T_{n+1} + \frac{T_{n+1} - T_n}{3}$$

$$T_n'' = T_{n+1}' + \frac{T_{n+1}' - T_n'}{15}$$

$$T_n''' = T_{n+1}'' + \frac{T_{n+1}'' - T_n''}{63}$$

$$T_n^{(4)} = T_{n+1}''' + \frac{T_{n+1}''' - T_n'''}{255}$$

$$\vdots \qquad \vdots \qquad \vdots$$

Die erste Spalte hat den Konvergenzfaktor $\frac{1}{4}$. Jede folgende Spalte konvergiert viermal schneller als die vorangehende. Die Diagonale $T_0, T_0', T_0'', T_0''', \ldots$ konvergiert superschnell. Dieses sog. *Rombergverfahren* gehört zu den besten numerischen Integrationsverfahren.

Beispiel. Wir berechnen das Integral

$$I = \int\limits_0^1 \frac{\sin x}{x}\, dx$$

Es ist $T_0 = \frac{1 + \sin 1}{2}$, $M_0 = 2 \sin \frac{1}{2}$, $T_1 = \frac{T_0 + M_0}{2}$, $M_1 = 2 \sin \frac{1}{4} + \frac{2}{3} \sin \frac{3}{4}$,

$T_2 = \frac{T_1 + M_1}{2}$, $M_2 = 2 \sin \frac{1}{8} + \frac{2}{3} \sin \frac{3}{8} + \frac{2}{5} \sin \frac{5}{8} + \frac{2}{7} \sin \frac{7}{8}$, $T_3 = \frac{T_2 + M_2}{2}$.

Damit ergibt sich das folgende Rombergschema:

```
0.9207354924
                  0.9461458823
0.9397932848                      0.9460830041
                  0.9460869339                    0.9460830704
0.9445135217                      0.9460830694
                  0.9460833109
0.9456908636
```

Also ist $I \approx 0.9460830704$. Der richtige Wert ist $I = 0.94608307036\ldots$. Das Romberg-Schema sollte höchstens 7 Spalten haben, da sonst die Rundungsfehler zu groß werden. Für die Anzahl der Zeilen gibt es keine solche Beschränkung.

Aufgaben:

1. Bestimme mit dem Romberg-Verfahren

a) $\int\limits_0^2 x e^{-x}\, dx$ b) $\int\limits_1^2 \frac{e^x}{x}\, dx$ c) $\int\limits_0^1 e^{-x^2}\, dx$

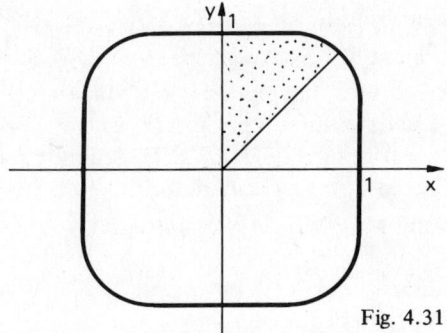

Fig. 4.31

2. Fig. 4.31 zeigt den „Superkreis" $x^4 + y^4 = 1$. Wir wollen seinen Inhalt I auf zwei Arten berechnen. Prüfe nach, daß

$$I = 4 \times \text{der erste Quadrant} = 4 \int_0^1 \sqrt[4]{1 - x^4} \, dx,$$

$$I = 8 \times \text{das schraffierte Achtel} = 8 \int_0^{\sqrt[4]{0.5}} \sqrt[4]{1 - x^4} \, dx - 2\sqrt{2} \text{ ist.}$$

Bestimme I auf beide Arten mit dem Programm in Fig. 4.30.

3. Es sei $\pi(n)$ die Anzahl der Primzahlen $\leq n$. Der Primzahlsatz lautet

$$\pi(n) \sim \int_2^n \frac{dx}{\ln x} .$$

Wir wollen das Integral rechts für $n = 10^9$ berechnen und das Ergebnis mit $\pi(10^9) = 50\,847\,534$ vergleichen. Fig. 4.32 zeigt die zu berechnende Fläche. Wendet man die Mittelpunktsregel mit $1, 2, 4, 8, \ldots, 2^{12}$ Tangententrapezen an, so ergeben sich die Näherungen in Tabelle 4.33.

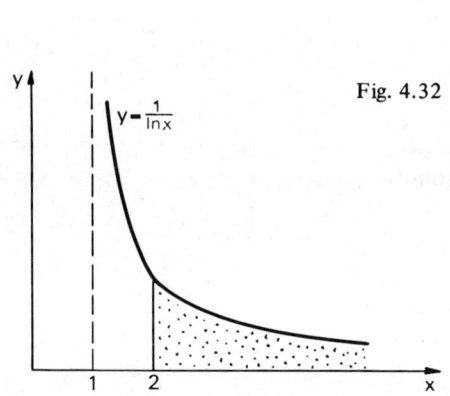

Fig. 4.32

n	M_n
0	49 924 816.48
1	50 324 328.92
2	50 558 006.71
3	50 689 175.19
4	50 761 465.98
5	50 801 043.43
6	50 822 688.75
7	50 834 547.40
8	50 841 065.33
9	50 844 662.74
10	50 846 657.95
11	50 847 770.69
12	50 848 395.14

Fig. 4.33

a) Schreibe ein Programm, das zur Eingabe $A = 2$, $B = 10^9$ diese Tabelle druckt.

b) Die Folge $M_0, \ldots, M_{12}$ hat nicht den Konvergenzfaktor $\frac{1}{4}$. Dies liegt an der enormen Intervallänge. Sogar bei $n = 12$ hat jedes der 2^{12} Trapeze die Höhe $\approx 250\,000$. Hier muß man die Fläche weiter unterteilen (z. B. von 2 bis 10^3, von 10^3 bis 10^7, und von 10^7 bis 10^9) und die Teilflächen getrennt berechnen. Dann beginnt der Konvergenzfaktor $\frac{1}{4}$ in Erscheinung zu treten. Durch Anwendung der Romberg-Integration auf M_{10}, M_{11}, M_{12} erhält man

$$\int_2^{10^9} \frac{dx}{\ln x} \approx 50\,849\,235.$$

Prüfe dies nach! (Sehnentrapeze liefern hier viel schlechtere Ergebnisse.)

4.3.3. Beweis der Simpson-Regel und der Hermite-Regel

a) In Fig. 4.34 suchen wir eine Formel

(1) $\qquad \int\limits_{0}^{h} f(x)\,dx = w_1 y_1 + w_2 y_2 + w_3 y_3,$

die für $f(x) = 1, x, x^2$ exakt ist. Setzt man für $f(x)$ der Reihe nach $1, x, x^2$ ein, so erhält man $w_1 + w_2 + w_3 = h$, $w_2 + 2w_3 = h$, $w_2 + 4w_3 = \frac{4}{3}h$, also $w_1 = w_3 = \frac{h}{6}$, $w_2 = \frac{4}{6}h$.
D. h.

(2) $\qquad S = \frac{h}{6}(y_1 + 4y_2 + y_3)$

ist exakt für $f(x) = 1, x, x^2$. Man rechnet nach, daß (2) auch für x^3 exakt ist. Wegen der Linearität der Integration ist sie auch für $f(x) = px^3 + qx^2 + rx + s$ exakt.

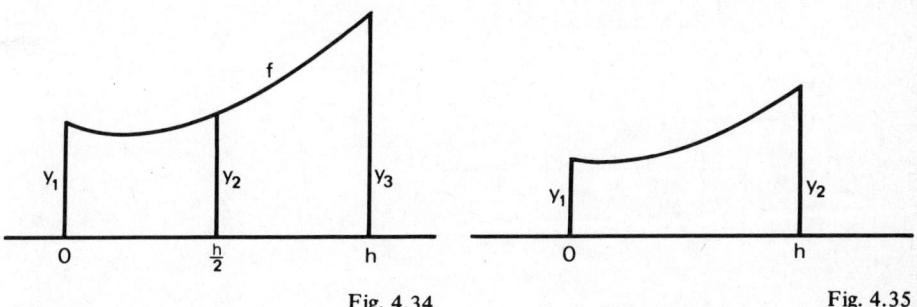

Fig. 4.34 $\qquad\qquad\qquad\qquad\qquad$ Fig. 4.35

b) In Fig. 4.35 suchen wir eine Formel

(3) $\qquad \int\limits_{0}^{h} f(x)\,dx = v_1 y_1 + v_2 y_2 + w_1 y_1' + w_2 y_2',$

die für $f(x) = 1, x, x^2, x^3$ exakt ist. Setzt man für $f(x)$ der Reihe nach $1, x, x^2, x^3$, so erhält man

$v_1 + v_2 = h$, $hv_2 + w_1 + w_2 = \frac{h^2}{2}$, $hv_2 + 2w_2 = \frac{h^2}{3}$, $hv_2 + 3w_2 = \frac{h^2}{4}$ mit den Lösungen

$$v_1 = v_2 = \frac{h}{2}, \qquad w_1 = -w_2 = \frac{h^2}{12}.$$

Damit haben wir die *Hermite-Regel*

(4) $\qquad \int\limits_{a}^{b} f(x)\,dx = \frac{h}{2}[f(a) + f(b)] + \frac{h^2}{12}[f'(a) - f'(b)],$

die für kubische Parabeln $f(x) = px^3 + qx^2 + rx + s$ exakt ist. Sie hat ungefähr dieselbe Qualität wie die Simpson-Regel und ist besonders empfehlenswert, wenn die Ableitung $f'(x)$ leicht zugänglich ist.

Aufgaben:

1. Es sei $T = \frac{h}{2}[f(a) + f(b)]$, $\quad V = \frac{h}{2}[f(a) + f(b)] + \frac{h^2}{12}[f'(a) - f'(b)]$

-a) Zeige: Die schraffierte Fläche in Fig. 4.36 hat den Inhalt

$$U = \frac{h}{2}[f(a) + f(b)] + \frac{h^2}{8}[f'(a) - f'(b)].$$

b) Zeige, daß $V = \frac{T + 2U}{3}$.

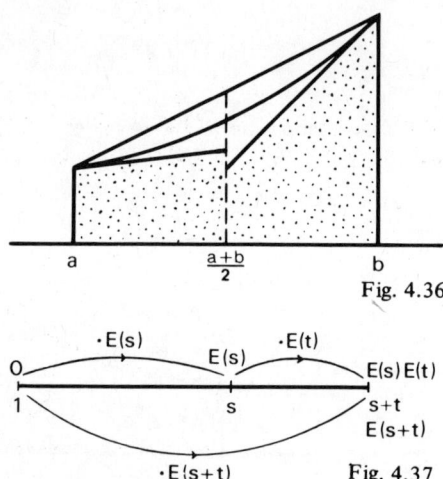

Fig. 4.36

Fig. 4.37

4.4. Differentialgleichungen

4.4.1. Wachstum, Zerfall und Schwingung

Wichtige Naturvorgänge führen in natürlicher Weise auf zwei einfache Differentialgleichungen, die numerisch sehr ergiebig sind.

a) Die Exponentialfunktion
Ein typischer Wachstumsprozeß ist das Wachstum einer Bakterienkolonie ohne Raum-
und Nahrungsmangel. Ein typischer Zerfallsprozeß ist der radioaktive Zerfall. Wir
starten zur Zeit $t = 0$ mit der Anfangsmasse 1. Zur Zeit t sei die Masse der Substanz
$E(t)$. Beide Prozesse laufen so ab, daß $E'(t)$ proportional ist zu $E(t)$. D. h.

(I) $\qquad E'(t) = a \cdot E(t), \quad E(0) = 1, \qquad \begin{array}{l} a > 0 \;\; \text{Wachstum} \\[2mm] a < 0 \;\; \text{Zerfall} \end{array}$

Dies ist eine Differentialgleichung für die unbekannte Funktion E, deren Lösung uns
weiter unten beschäftigen wird. Eine andere Überlegung liefert uns eine zweite Bedingung für E. Die Masse zur Zeit t ist proportional zur Anfangsmasse. D. h. man

114

erhält die Masse zur Zeit t, indem man die Anfangsmasse mit dem Wachstums- bzw. Zerfallsfaktor E (t) multipliziert. Fig. 4.37 zeigt, wie man die Masse zur Zeit s + t auf zwei Arten ausdrücken kann. An den Übergangspfeilen stehen die jeweiligen Multiplikationsfaktoren. Durch Gleichsetzen erhält man

(II) $\boxed{E\,(s+t) = E\,(s)\,E\,(t)}$

Wir zeigen, daß I und II gleichwertige Bedingungen sind. Zuerst zeigen wir I $\Rightarrow$ II. Dazu definieren wir die Funktion F durch

(1) $\qquad F\,(t) = E\,(h-t)\,E\,(t).$

Ableitung nach t liefert wegen I

$\qquad F'\,(t) = -\,aE\,(h-t)\,E\,(t) + E\,(h-t)\cdot a\cdot E\,(t) = 0.$

D.h., F ist unabhängig von t, oder

$\qquad F\,(t) = F\,(0) = E\,(h)$

oder

(2) $\qquad E\,(h-t)\,E\,(t) = E\,(h).$

Mit h = 0 folgt aus (2)

(3) $\qquad E\,(t)\,E\,(-t) = 1$

und h = s + t liefert

(4) $\qquad E\,(s+t) = E\,(s)\,E\,(t).$

Damit ist I $\Rightarrow$ II gezeigt. Aus (3) folgt, daß E (t) nirgends verschwindet und daher wegen E (0) = 1 immer positiv ist.
Wir zeigen jetzt II $\Rightarrow$ I. Aus II folgt durch Ableitung nach t

$\qquad E'\,(s+t) = E\,(s)\,E'\,(t),$

t = 0 liefert

$\qquad E'\,(s) = E'\,(0)\,E\,(s).$

Setzt man E' (0) = a, so ergibt sich

$\qquad E'\,(s) = aE\,(s).$

Mit t = 0 erhält man aus II E (0) = 1. Damit ist II $\Rightarrow$ I gezeigt.

Aus II folgt mit s = t

$\qquad E\,(2\,t) = E\,(t)^2.$

Durch Induktion folgt

(5) $E(nt) = E(t)^n.$

Ist $t = \frac{m}{n}$ rational, so ist $n \cdot t = m \cdot 1$ und (5) liefert

$$E(nt) = E(m \cdot 1) \Rightarrow E(t)^n = E(1)^m \Rightarrow E(t) = E(1)^{\frac{m}{n}}.$$

D. h.

(P) $\boxed{E(\frac{m}{n}) = a^{\frac{m}{n}}, \quad a = E(1) > 0}$

Die Differentialgleichung I kann man auf zwei Arten iterativ lösen.

1. *Die grobe Methode der Eulerpolygone.*

Wir setzen $t_k = \frac{kt}{n}$, $E(t_k) = y_k$.

$E'(t_k)$ wird angenähert durch den Differenzenquotienten

$$\frac{y_{k+1} - y_k}{t_{k+1} - t_k}.$$

Dies liefert (Fig. 4.38)

$$y_0 = 1, \quad y_{k+1} = (1 + \frac{at}{n}) y_k.$$

Daraus folgt

$$y_n = (1 + \frac{at}{n})^n.$$

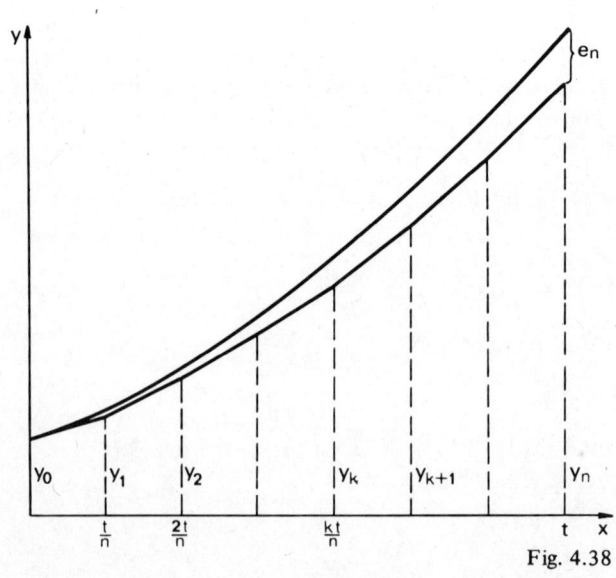

Fig. 4.38

Dies ist eine Näherung für $E(t)$. An der Stelle t beträgt der Fehler $e_n(t) = E(t) - y_n$. Man vermutet, daß $e_n(t) \to 0$ für $n \to \infty$, d. h.

(III)
$$E(t) = \lim_{n \to \infty} (1 + \tfrac{at}{n})^n$$

E heißt für $a = 1$ *Exponentialfunktion* und wird mit *exp* bezeichnet. D. h.

(E)
$$\exp(t) = \lim_{n \to \infty} (1 + \tfrac{t}{n})^n$$

2. *Picard-Iteration*
Die Differentialgleichung I ist gleichwertig mit der Integralgleichung

(IV)
$$E(t) = 1 + a \int_0^t E(x)\, dx$$

In der Tat, IV ergibt sich aus I durch Integration zwischen den Grenzen 0 und t. IV hat die Form

$$E = \Phi(E),$$

die zur Iteration $E_{n+1} = \Phi(E_n)$ einlädt. D. h.

$$E_{n+1}(t) = 1 + a \int_0^t E_n(x)\, dx.$$

Wir starten mit der 1. Näherung $E_0(t) = 1$ und erhalten der Reihe nach

$$E_0(t) = 1$$
$$E_1(t) = 1 + at$$
$$E_2(t) = 1 + at + \frac{a^2 t^2}{2!}$$

$\cdots \qquad \cdots \qquad \cdots$

$$E_n(t) = \sum_{i=0}^{n} \frac{(at)^i}{i!}$$

Wir vermuten daher, daß

(V)
$$E(t) = \lim_{n \to \infty} E_n(t) = \sum_{n \geqslant 0} \frac{(at)^n}{n!}$$

117

Insbesondere

(VI)
$$\exp(t) = \sum_{n \geq 0} \frac{t^n}{n!}$$

Die Zahl e ist definiert durch $\exp(1)$. Wir vermuten also

(VII)
$$e = \lim_{n \to \infty} \left(1 + \frac{1}{n}\right)^n = \sum_{n \geq 0} \frac{1}{n!}$$

und

(VIII)
$$e^{-1} = \frac{1}{e} = \lim_{n \to \infty} \left(1 - \frac{1}{n}\right)^n = \sum_{n \geq 0} \frac{(-1)^n}{n!}$$

In den nachfolgenden Aufgaben sollen e und e^{-1} mit Hilfe von VII und VIII berechnet werden.

Aufgaben:

1. Es sei $e_n = \sum_{i=0}^{n} \frac{1}{i!} = 1 + 1 + \frac{1}{2!} + \frac{1}{3!} + \ldots + \frac{1}{n!}$ (Beachte, daß $0! = 1! = 1$, $n! = 1 \cdot 2 \cdot 3 \cdot \ldots n$)

a) Schreibe ein Programm, das e_n für $n = 0, 1, 2, \ldots, 15$ druckt.

b) Schreibe ein Programm zur Berechnung von e_n, das auf der folgenden Umformung beruht

$$e_n = 1 + \frac{1}{1}\left(1 + \frac{1}{2}\left(1 + \frac{1}{3}\left(1 + \frac{1}{4}\left(1 + \ldots + \frac{1}{n-1}\left(1 + \frac{1}{n}\right)\ldots\right)\right)\right)\right).$$

c) Zeige durch passende Abschätzung mit einer geometrischen Reihe, daß

$$e - e_n = \frac{1}{(n+1)!} + \frac{1}{(n+2)!} + \ldots < \frac{n+2}{n+1}\,\frac{1}{(n+1)!}\,.$$

Schätze damit $e - e_{15}$ ab.

2. Es sei $c_n = \sum_{i=0}^{n} \frac{(-1)^i}{i!} = 1 - 1 + \frac{1}{2!} - \frac{1}{3!} + \frac{1}{4!} - \ldots + \frac{(-1)^n}{n!}\,.$

Schreibe ein Programm, das c_n für $n = 0, 1, 2, \ldots, 15$ druckt.

3. Es sei $a_n = \left(1 + \frac{1}{n}\right)^n$ und $b_n = \left(1 - \frac{1}{n}\right)^n$. Mit Hilfe des schnellen Potenzierungs-programms in Fig. 1.30 oder Fig. 2.5b sollen a_n und b_n für $n = 10, 10^2, \ldots, 10^{12}$ berechnet werden.

4. Es sei f eine vorgegebene Fehlerschranke. Schreibe ein Programm, das zur Eingabe x, f die Ausgabe $\exp(x)$ liefert. Verwende VI zur Berechnung von $\exp(x)$. Ist s die jetzige Summe und t das nächste Reihenglied, dann soll abgebrochen werden, wenn $\left|\frac{t}{s}\right| < f$ ist.

Die Funktion exp wurde definiert durch $\exp' = \exp$, $\exp(0) = 1$, und es wurde $\exp(1) = e$ gesetzt. Wegen (P) schreibt man

$$\exp x = e^x.$$

Aus $\exp' = \exp$ folgt

$$\int_a^b e^x dx = e^b - e^a.$$

Die Folgen e_n und c_n in Aufgabe 1 und 2 liefern ohne Mühe 10 richtige Dezimalen ihrer Grenzwerte

$$e = 2.71828\ 18284\ 59045\ldots, \quad e^{-1} = 0.36787\ 94411\ 71442\ldots$$

Wir betrachten jetzt weitere Folgen, die mit verschiedenen Geschwindigkeiten gegen e konvergieren, und wir untersuchen sie numerisch.

1. Beispiel:
Die Folgen a_n und b_n in Aufgabe 3 sind für eine genaue Berechnung von e bzw. e^{-1} nicht geeignet. Für große n gibt es eine katastrophale Auslöschung durch Rundung. Deshalb versuchen wir den Grenzwert e durch Extrapolation nach dem Romberg-Schema zu gewinnen. Leider entstehen a_n und b_n nicht durch Trapez- sondern durch Rechtecksapproximation. Das Kurventrapez in Fig. 4.39 hat den Inhalt

$$e^{\frac{1}{n}} - 1.$$

Das kleine und das große Rechteck haben die Inhalte

$$\frac{1}{n} \quad \text{und} \quad \frac{1}{n}\, e^{\frac{1}{n}}$$

Aus

$$\frac{1}{n} < e^{\frac{1}{n}} - 1 < \frac{1}{n}\, e^{\frac{1}{n}}$$

folgt nach kurzer Rechnung

$$(1 + \tfrac{1}{n})^n < e < (1 - \tfrac{1}{n})^{-n}.$$

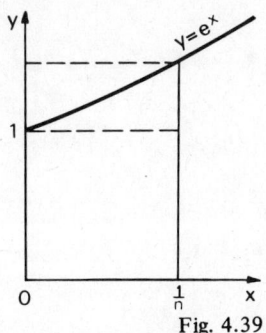

Fig. 4.39

Bei einer Verdoppelung von n wird der Fehler bei der Trapezapproximation rund viermal kleiner. Bei der Rechtecksapproximation wird der Fehler ungefähr halbiert, wie man sich anhand einer Figur überlegt. Wir setzen

$$A_n = a_{2n} = (1 + \frac{1}{2^n})^{2^n}$$

Man kann zeigen, daß

$$A_n = e + c_1 2^{-n} + c_2 2^{-2n} + c_3 2^{-3n} + \dots$$

Aus der Folge A_n mit dem Konvergenzfaktor $\frac{1}{2}$ konstruieren wir Folgen $A_n', A_n'', A_n''', \dots$ mit den Konvergenzfaktoren $\frac{1}{4}, \frac{1}{8}, \frac{1}{16}, \dots$:

$$A_n' = A_{n+1} + \frac{1}{2^1 - 1} (A_{n+1} - A_n) = e + c_1' 2^{-2n} + c_2' 2^{-3n} + \dots$$

$$A_n'' = A_{n+1}' + \frac{1}{2^2 - 1} (A_{n+1}' - A_n') = e + c_1'' 2^{-3n} + c_2'' 2^{-4n} + \dots$$

$$A_n''' = A_{n+1}'' + \frac{1}{2^3 - 1} (A_{n+1}'' - A_n'') = e + c_1''' 2^{-4n} + c_1''' 2^{-5n} + \dots$$

$$\vdots \qquad \vdots \qquad \vdots \qquad \vdots \qquad \vdots \qquad \vdots \qquad \vdots$$

Tabelle 4.40 zeigt den Erfolg der Extrapolation. Der beste Näherungswert 2.718281729 hat den absoluten Fehler 10^{-7}.

n	A_n	A_n'	A_n''	A_n'''
0	2.000 000 000			
1	2.250 000 000	2.500 000 000		
2	2.441 406 250	2.632 812 500	2.677 083 334	
3	2.565 784 514	2.690 162 778	2.709 279 538	2.713 878 995
4	2.637 928 499	2.710 072 483	2.716 709 051	2.717 770 411
5	2.676 990 128	2.716 051 757	2.718 044 849	2.718 235 677
6	2.697 344 955	2.717 699 782	2.718 249 124	2.718 278 306

$A_n^{(4)}$	$A_n^{(5)}$	$A_n^{(6)}$
2.718 029 838		
2.718 266 694	2.718 274 335	
2.718 281 148	2.718 281 614	2.718 281 729

Fig. 4.40

2. Beispiel:

Fig. 4.41 zeigt den Graphen von $y = e^x$ von 0 bis $\frac{1}{n}$.

Kurven-, Sehnen- bzw. Tangententrapez haben die Inhalte

$$e^{\frac{1}{n}} - e^0, \quad \frac{1}{2n} (1 + e^{\frac{1}{n}}), \quad \frac{1}{2n} (2 + \frac{1}{n}).$$

120

Daraus folgt nach kurzer Rechnung

$$1 + \frac{1}{n} + \frac{1}{2n^2} < e^{\frac{1}{n}} < 1 + \frac{1}{n - 0.5}.$$

(IX)
$$(1 + \frac{1}{n} + \frac{1}{2n^2})^n < e < (1 + \frac{1}{n - 0.5})^n$$

Aufgabe 5:
Schreibe ein Programm, das nach (IX) eine Intervallschachtelung für e druckt, und zwar für $n = 10, 10^2, 10^3, 10^4$. Es darf die Standardfunktion ↑ verwendet werden.

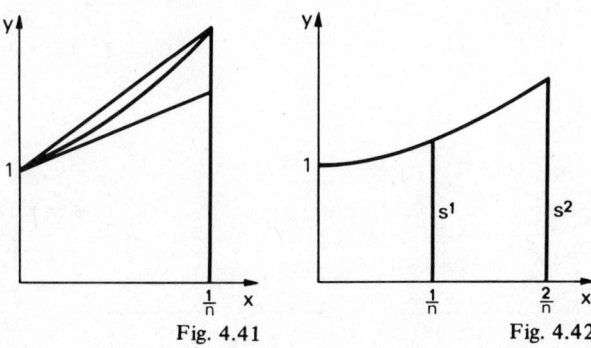

Fig. 4.41　　　　　　Fig. 4.42

3. Beispiel:
Fig. 4.42 zeigt den Graphen von exp von 0 bis $\frac{2}{n}$. Wir setzen $e^{\frac{1}{n}} = s$, d. h. $e^{\frac{2}{n}} = s^2$. Das Kurventrapez hat den Inhalt $s^2 - 1$. Die Simpson-Regel liefert dafür die Näherung

$$\frac{1}{3n} (1 + 4s + s^2)$$

Aus

$$s^2 - 1 \approx \frac{1}{3n} (1 + 4s + s^2)$$

ergibt sich

$$s \approx \frac{2 + \sqrt{9n^2 + 3}}{3n - 1}, \quad e = s^n \approx \left(\frac{2 + \sqrt{9n^2 + 3}}{3n - 1} \right)^n.$$

Wir dürfen also erwarten, daß die Folge

$$e_n = \left(\frac{2 + \sqrt{9n^2 + 3}}{3n - 1} \right)^n$$

sehr schnell gegen e konvergiert.

121

Aufgabe 6:

Drucke eine Tabelle von e_n für $n = 1, 2, 2^2, \ldots, 2^7$. Die Tabelle läßt sich auch bequem mit einem Taschenrechner herstellen.

4. Beispiel:

Fig. 4.43 zeigt den Graphen von exp von 0 bis $\frac{t}{n}$. Das Kurventrapez hat den Inhalt $e^{\frac{t}{n}} - 1$. Die Hermite-Regel liefert dafür den Näherungswert

$$V = \frac{h}{2}(y_0 + y_1) + \frac{h^2}{12}(y_0' - y_1')$$

Mit $h = \frac{t}{n}$, $y_0 = y_0' = 1$, $y_1 = y_1' = e^{\frac{t}{n}} = s$ und $s^n = e^t$ ergibt sich

$$s - 1 \approx \frac{t}{2n}(1 + s) - \frac{t^2}{12n^2}(s - 1), \quad s \approx \frac{1 + \frac{t}{2n} + \frac{t^2}{12n^2}}{1 - \frac{t}{2n} + \frac{t^2}{12n^2}}$$

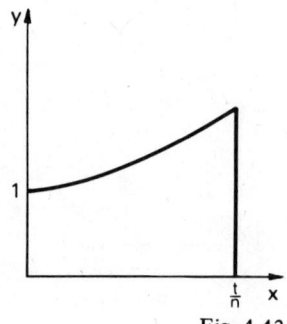

Fig. 4.43

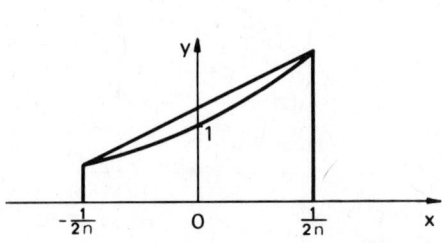

Fig. 4.44

$$(X) \qquad e^t \approx \left(\frac{1 + \frac{t}{2n} + \frac{t^2}{12n^2}}{1 - \frac{t}{2n} + \frac{t^2}{12n^2}} \right)^n .$$

Für $t = 1$ erhält man die sehr schnell gegen e konvergierende Folge

$$(XI) \qquad e_n = \left(\frac{1 + \frac{1}{2n} + \frac{1}{12n^2}}{1 - \frac{1}{2n} + \frac{1}{12n^2}} \right)^n .$$

Aufgaben:

7. Drucke eine Tabelle von e_n für $n = 1, 2, 2^2, \ldots, 2^7$.

8. Berechne mit Hilfe von (X) $\sqrt{e}$ und vergleiche mit dem genauen Wert.

9. Gib auf Grund von (X) eine Folge c_n an, die schnell gegen e^{-1} konvergiert. Schätze e^{-1} durch Berechnung von c_n für $n = 1000$.

10. Fig. 4.44 zeigt den Graphen von exp von $-\frac{1}{2n}$ bis $\frac{1}{2n}$.

a) Welchen Inhalt hat das Kurventrapez?

b) Welche Näherung liefert dafür die Trapezregel?

c) Zeige durch Gleichsetzen der beiden Inhalte, daß

$$a_n = f(n) = \left(\frac{1 + \frac{1}{2n}}{1 - \frac{1}{2n}} \right)^n$$

eine gegen e konvergierende Zahlenfolge ist.

d) Zeige, daß $f(n) = f(-n)$ ist.

Bemerkung. Die Folge $f(n)$ ist uns bereits in 3.6 begegnet. Dort haben wir ihren Grenzwert mit dem Romberg-Schema ermittelt.

b) *Sinus und Kosinus*

Ein Teilchen mit der Masse 1 bewege sich entlang der y-Achse (Fig. 4.45). Der Zustand des Teilchens ist durch seinen Ort $y(t)$ und seine Geschwindigkeit $y'(t) = x(t)$ bestimmt. Das Teilchen starte zur Zeit $t = 0$ im Ursprung mit der Geschwindigkeit 1. D. h., $y(0) = 0$, $y'(0) = x(0) = 1$. Wirkt auf das Teilchen die Kraft $-y(t)$, dann gilt $y''(t) = x'(t) = -y(t)$, und seine Bewegung heißt *harmonische Schwingung*. Sie wird beschrieben durch das folgende System von Differentialgleichungen:

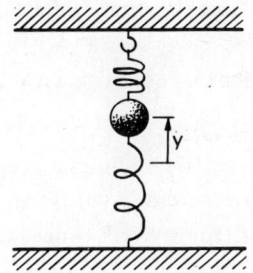

Fig. 4.45

(A)
$$\begin{aligned} x'(t) &= -y(t), & x(0) &= 1 \\ y'(t) &= x(t), & y(0) &= 0 \end{aligned}$$

Durch Integration von 0 bis t erhält man das dazu gleichwertige System von Integralgleichungen

(B)
$$\begin{aligned} x(t) &= 1 - \int_0^t y(u)\, du \\ y(t) &= \int_0^t x(u)\, du \end{aligned}$$

123

Wir wenden auf (B) das nachfolgende Iterationsprogramm an

(C)

$$
\begin{array}{l}
x\,(t) \leftarrow 1 \\[4pt]
y\,(t) \leftarrow \int_0^t x\,(u)\,du \\[8pt]
x\,(t) \leftarrow 1 - \int_0^t y\,(u)\,du \\[8pt]
prt\ x\,(t),\ y\,(t)
\end{array}
$$

Es liefert die beiden bekannten Reihen für den Kosinus und Sinus

(D)

$$
\begin{aligned}
x\,(t) &= 1 - \frac{t^2}{2!} + \frac{t^4}{4!} - \frac{t^6}{6!} + \ldots \\[6pt]
y\,(t) &= t - \frac{t^3}{3!} + \frac{t^5}{5!} - \frac{t^7}{7!} + \ldots
\end{aligned}
$$

Aufgaben:

11. Schreibe ein Programm, das zur Eingabe x die Ausgabe sin x liefert. Wegen sin $(x + 2\pi)$ = sin x soll die Eingabe modulo 2π reduziert werden durch $x \leftarrow x - 2\pi\,[\frac{x}{2\pi}]$. Der i-te Term t der Sinusreihe (D) ergibt sich aus dem vorangehenden Term durch die Zuweisung $t \leftarrow -\frac{tx^2}{2i(2i+1)}$. Bei jedem neuen Term wird getestet, ob $|t| < 10^{-12}$ ist. Wenn ja, so wird die Rechnung beendet. Andernfalls wird der neue Term zur Summe addiert, und es wird $i \leftarrow i + 1$ gesetzt. Das Programm kann auch cos x berechnen auf Grund der Formel sin $(x + \frac{\pi}{2})$ = cos x Um cos x zu bekommen, muß man $x + \frac{\pi}{2}$ eingeben.

12. Es ist noch günstiger, wenn man in der vorangehenden Aufgabe die Eingabe x durch Verschieben um ein Vielfaches von 2π in das Intervall $-\pi < x \leq \pi$ bringt. Prüfe nach, daß die Zuweisung $x \leftarrow x + 2\pi\,[\frac{\pi - x}{2\pi}]$ dies leistet.

4.4.2. Numerische Integration von Differentialgleichungen

Als Vorbereitung auf den allgemeinen Fall gehen wir nochmals auf die zwei Beispiele in 4.4.1. ein.

1. Beispiel:
Wir suchen eine Funktion y (x) mit der Eigenschaft

(1) $y'\,(x) = y\,(x)$
(2) $y\,(x_0) = y_0.$

Von dem bekannten Punkt (x_0, y_0) gehen wir einen kleinen Schritt h weiter nach x_1 (Fig. 4.46) und versuchen $y(x_1) = y_1$ näherungsweise zu berechnen. Dazu integrieren wir (1) von x_0 bis x_1. Die linke Seite ergibt $y_1 - y_0$. D. h.,

$$(3) \qquad y_1 - y_0 = \int_{x_0}^{x_1} y(x)\, dx.$$

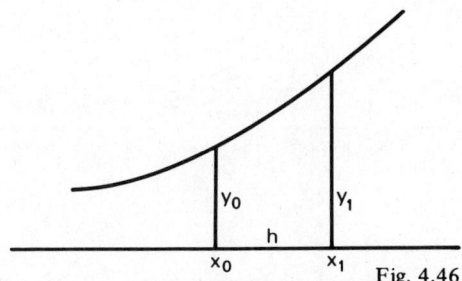

Fig. 4.46

a) Wir bestimmen die rechte Seite näherungsweise mit der Trapezregel

$$(4) \qquad y_1 = y_0 + \frac{h}{2}(y_0 + y_1)$$

oder

$$(5) \qquad y_1 = \frac{2+h}{2-h}\, y_0.$$

Die beiden letzten Gleichungen gelten nur näherungsweise. Der Näherungswert ist umso genauer, je kleiner h ist. Dieselbe Beziehung (5) gilt auch zwischen y_n und y_{n+1}, wo $y_n = y(x_n)$ und $x_n = x_0 + nh$ ist. D. h.,

$$(6) \qquad y_{n+1} = \frac{2+h}{2-h}\, y_n.$$

Um eine Vorstellung von der Genauigkeit der Näherung zu bekommen, starten wir mit $x_0 = 0$, $y_0 = 1$, $h = 0,1$ und berechnen nach (6) Tabelle 4.47

x	0.0	0.1	0.2	0.3	0.4	0.5	0.6	0.7	0.8	0.9	1.0
y	1.0000	1.1053	1.2216	1.3502	1.4923	1.6494	1.8230	2.0149	2.2270	2.4615	2.7206
e^x	1.0000	1.1052	1.2214	1.3499	1.4918	1.6487	1.8221	2.0138	2.2255	2.4596	2.7183

Fig. 4.47

Die dritte Zeile zeigt zum Vergleich die exakte Lösung $y = e^x$.

b) Wesentlich bessere Näherungen liefert die Hermite-Regel. Wegen $y_0' = y_0$, $y_1' = y_1$ ist

$$y_1 - y_0 = \int_{x_0}^{x_1} y(x)\, dx = \frac{h}{2}(y_0 + y_1) + \frac{h^2}{12}(y_0 - y_1).$$

Auflösung nach y_1 ergibt

$$y_1 = \frac{12 + 6h + h^2}{12 - 6h + h^2} \cdot y_0 \quad \text{bzw.} \quad y_{n+1} = \frac{12 + 6h + h^2}{12 - 6h + h^2} \cdot y_n.$$

Setzt man wieder $x_0 = 0$, $y_0 = 1$, $h = 0.1$, so erhält man Tabelle 4.48. Abweichungen von der exakten Lösung treten erst in der 7. Dezimalen auf. Aus Gründen der Übersichtlichkeit wurde nur jeder zweite berechnete y-Wert in die Tabelle aufgenommen.

x	0	0.2	0.4	0.6	0.8	1.0
y	1	1.221402724	1.491824615	1.822118648	2.225540681	2.718281451
e^x	1	1.221402758	1.491824698	1.822118800	2.225540928	2.718281828

Fig. 4.48

2. *Beispiel:*
Die Funktionen $\sin x$ und $\cos x$ kann man definieren durch

$$s' = c, \quad c' = -s, \quad s(0) = 0, \quad c(0) = 1$$

Die Trapezregel liefert folgenden Zusammenhang zwischen zwei um einen Schritt h entfernten Werten:

$$s_{n+1} = s_n + \int_{x_n}^{x_{n+1}} c(x)\,dx = s_n + \frac{h}{2}(c_n + c_{n+1})$$

$$c_{n+1} = c_n - \int_{x_n}^{x_{n+1}} s(x)\,dx = c_n - \frac{h}{2}(s_n + s_{n+1})$$

Durch Auflösung nach s_{n+1} und c_{n+1} erhält man die Rekursionen

(7)
$$\boxed{\begin{array}{l} s_0 = 0, \qquad\qquad\qquad c_0 = 1 \\[2mm] s_{n+1} = \dfrac{(4 - h^2)\,s_n + 4hc_n}{4 + h^2}, \quad c_{n+1} = \dfrac{(4 - h^2)\,c_n - 4hs_n}{4 + h^2} \end{array}}$$

Wir setzen $h = \frac{\pi}{6n}$ und $n = 10, 50, 100, 500$ und berechnen nach (7) die Werte s_n und c_n. In Tabelle 4.49 sind zum Vergleich auch die exakten Werte $\sin \frac{\pi}{6} = 0.5$ und $\cos \frac{\pi}{6} = \frac{\sqrt{3}}{2} = 0.86602\,54038$ angegeben.

n	s_n	c_n
10	0.499896443	0.866085185
50	0.499995856	0.866027796
100	0.499998964	0.866026002
500	0.499999959	0.866025428
1000	0.499999988	0.866025408

$\sin \dfrac{\pi}{6} = 0.500000000, \quad \cos \dfrac{\pi}{6} = 0.866025404$

Fig. 4.49

Aufgaben:

1. Schreibe Programme, welche die Tabellen 4.47 bis 4.49 drucken.

2. a) Prüfe nach, daß in Tabelle 4.49 die extrapolierten Werte

$s'_{100} = s_{100} + \dfrac{s_{100} - s_{50}}{3}$ und $c'_{100} = c_{100} + \dfrac{c_{100} - c_{50}}{3}$ die Grenzwerte $\dfrac{1}{2}$ und

$\dfrac{\sqrt{3}}{2}$ auf 10 Dezimalen exakt liefern.

b) Berechne s_{20} und c_{20} und prüfe nach, wie genau $s'_{20} = s_{20} + \dfrac{s_{20} - s_{10}}{3}$ und

$c'_{20} = c_{20} + \dfrac{c_{20} - c_{10}}{3}$ die Grenzwerte $\dfrac{1}{2}$ bzw. $\dfrac{\sqrt{3}}{2}$ liefern.

Nach diesen Vorbereitungen betrachten wir das folgende *Anfangswertproblem*:

> Bestimme die Funktion y, die
>
> (8) $y' = f(x, y)$
>
> und die *Anfangsbedingung*
>
> (9) $y(x_0) = y_0$
>
> erfüllt.

Wir starten in (x_0, y_0) und bewegen uns in der Ebene unter Beachtung der Verkehrsregelung (8), die für jeden Punkt die Bewegungsrichtung genau vorschreibt (Fig. 4.50).

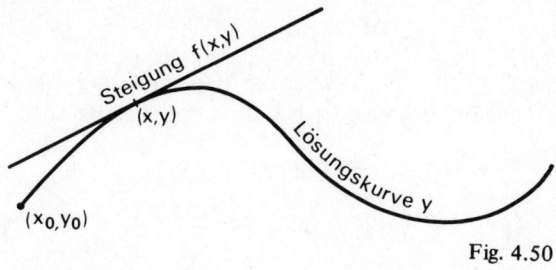

Fig. 4.50

127

Aber $y' = f(x, y)$ verlangt eine stetige Kursänderung, die wir nicht genau einhalten können. Daher begnügen wir uns mit einer der folgenden Näherungsmethoden:

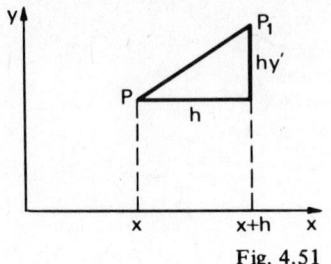

Fig. 4.51

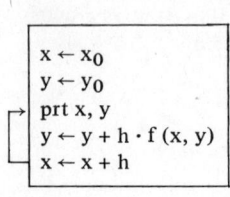

Fig. 4.52

1. Die Methode der Euler-Polygone

Angenommen wir sind jetzt in $P(x, y)$. Wir gehen einen kleinen Schritt längs der Geraden mit der Steigung $y' = f(x, y)$ zum nächsten Punkt $P_1 = (x + h, y + hy')$ (Fig. 4.51). Danach wird $P \leftarrow P_1$ gesetzt, und der Schritt wird wiederholt. Auf diese Weise approximieren wir die Lösung durch einen Polygonzug. Fig. 4.52 zeigt das Programm. Wie wir in den Aufgaben sehen werden, ist der Fehler proportional zu h.

2. Die Trapezmethode

Wir wollen die grobe Euler-Methode verfeinern. Angenommen wir sind jetzt in (x_n, y_n). Wir wollen den nächsten Punkt (x_{n+1}, y_{n+1}) bestimmen, wo $x_{n+1} = x_n + h$ ist. Integration von $y' = f(x, y)$ von x_n bis x_{n+1} liefert

$$(10) \qquad y_{n+1} = y_n + \int_{x_n}^{x_{n+1}} f(x, y)\, dx.$$

Das Integral wird näherungsweise mit der Trapezregel ausgewertet

$$(11) \qquad y_{n+1} = y_n + \frac{h}{2}\left(f(x_n, y_n) + f(x_{n+1}, y_{n+1})\right).$$

In den Beispielen 1 und 2 haben wir diese Gleichung nach y_{n+1} aufgelöst. Dies geht bequem, wenn $f(x, y)$ linear in y ist. In der Regel ist eine Auflösung nicht möglich. Daher schätzen wir y_{n+1} grob durch

$$(12) \qquad \hat{y}_{n+1} = y_n + hy_n' = y_n + hf(x_n, y_n).$$

Dieser Wert heißt *Prädiktor*, weil er einen Wert für y_{n+1} voraussagt. Wird $\hat{y}_{n+1}$ rechts in (11) für y_{n+1} eingesetzt, so ergibt sich der bessere Näherungswert

$$(13) \qquad y_{n+1} = y_n + \frac{h}{2}\left(f(x_n, y_n) + f(x_{n+1}, \hat{y}_{n+1})\right).$$

Dies ist der *Korrektor*, da er die Näherung $\hat{y}_{n+1}$ korrigiert. Fig. 4.53 zeigt das Programm.

3. Die Mittelpunktsmethode

Das Integral in (10) wird mit der Mittelpunktsregel angenähert. Man erhält

$$(14) \qquad y_{n+1} = y_n + hf\left(x_n + \frac{h}{2}, y_m\right)$$

wo $y_m = y\left(x_n + \frac{h}{2}\right)$ unbekannt ist und grob geschätzt wird durch

$$y_m = y_n + \frac{h}{2} y_n' = y_n + \frac{h}{2} f(x_n, y_n).$$

Damit erhält man für y_{n+1} die Näherung

$$(15) \qquad y_{n+1} = y_n + hf\left(x_n + \frac{h}{2}, \; y_n + \frac{h}{2} f(x_n, y_n)\right).$$

Fig. 4.54 zeigt das Programm.

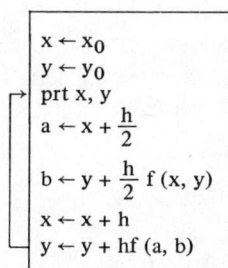

Fig. 4.53   Fig. 4.54

Aufgabe:

3. Wir wenden die drei Methoden auf $y' = \frac{x}{y}$, $y(0) = 1$ an.

    a) Es sei $h = 0.1$. Drucke die Punkte (x, y) von $x = 0$ bis $x = 1$ nach jedem der Programme in Fig. 4.52 - 4.54 und vergleiche mit der exakten Lösung $y = \sqrt{1 + x^2}$.
    b) Löse die Aufgabe a) für die Schrittlänge $h = 0.01$. Die Punkte (x, y) sollen nur gedruckt werden, wenn $10x = [10x]$, d. h. für $x = 0, 0.1, 0.2, \ldots, 1.0$.
    c) Setzt man $h \leftarrow \frac{h}{10}$, so wird bei der Euler-Methode der Fehler rund 10mal kleiner, bei den beiden anderen Methoden etwa 100mal kleiner. Prüfe dies nach anhand der Daten aus a) und b).

4.4.3. Simulation dynamischer Prozesse

Der Computer ist ein Simulator von Prozessen, von deterministischen und stochastischen Prozessen. Dies ist die wichtigste Anwendung des Computers. Wir besprechen vier Beispiele deterministischer dynamischer Prozesse.

1. Beispiel. Verfolgungsprobleme

Verfolgungsprobleme wurden zuerst von Leonardo da Vinci studiert. Es sind ideale Computer-Probleme. Rechnerisch sind sie hoffnungslos. Aber sie lassen sich durch ganz einfache Programme beschreiben. Man benötigt nur den Satz des Pythagoras und Ähnlichkeit, oder noch besser, etwas Vektorrechnung. Daneben kann man sie graphisch lösen, wobei keinerlei Vorkenntnisse erforderlich sind. Die einfachste Version lautet wie folgt:

a) Ein Hase läuft nach Norden. Ein Fuchs verfolgt ihn, indem er stets in Richtung des Hasen läuft. Zeichne die Verfolgungskurve.

Anfangs sei der Hase in $O(0, 0)$ und der Fuchs in $F_0(x_0, y_0)$. Der Fuchs verwendet folgenden Algorithmus:

1. Peile die jetzige Stellung des Hasen an.
2. Laufe in dieser Richtung um die Strecke q.
   (Der Hase legt in derselben Zeit die Strecke p zurück).
3. Gehe nach 1.

Der Fuchs kann seine Laufrichtung nicht stetig ändern, da er sich in Sprüngen fortbewegt. Das kleinstmögliche q ist für ihn eine Sprunglänge. Der Verfolgungsprozeß ist also diskret und kann vom Computer leicht simuliert werden. Am interessantesten ist der Fall $p = q$. Diesen Spezialfall zeigt Fig. 4.55. Die Konstruktion dürfte ohne Erläuterung verständlich sein. Die Zahlen geben an, wann sich Fuchs und Hase in den markierten Punkten befinden.

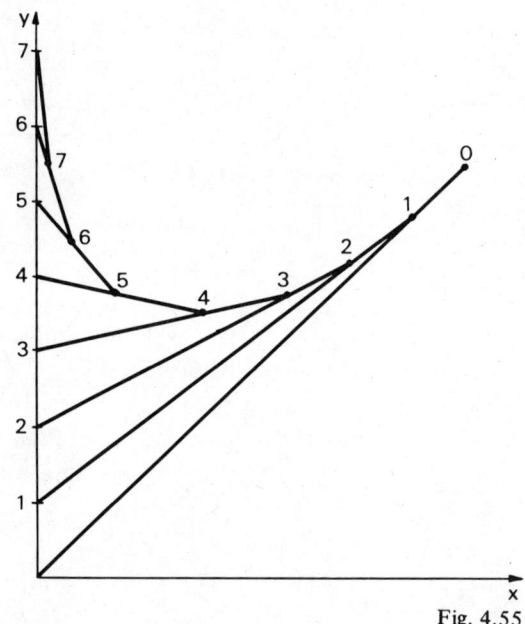

Fig. 4.55

Es seien $\vec{F} = \binom{x}{y}$ und $\vec{H} = \binom{0}{z}$ die jetzigen Ortsvektoren von Fuchs und Hase. Dann ist $\vec{FH} = \binom{-x}{z-y}$ und $d = |\vec{FH}| = \sqrt{x^2 + (y-z)^2}$. Die neuen Positionen nach einem Sprung erhält man durch die Zuweisungen

$$\vec{F} \leftarrow \vec{F} + \frac{q}{d}\vec{FH}, \quad \vec{H} \leftarrow \vec{H} + p\binom{0}{1} \quad \text{(Siehe Fig. 4.56).}$$

130

Fig. 4.57 zeigt das Programm in Koordinaten. Wählt man p und q hinreichend klein, so erhält man nahezu glatte Verfolgungskurven.

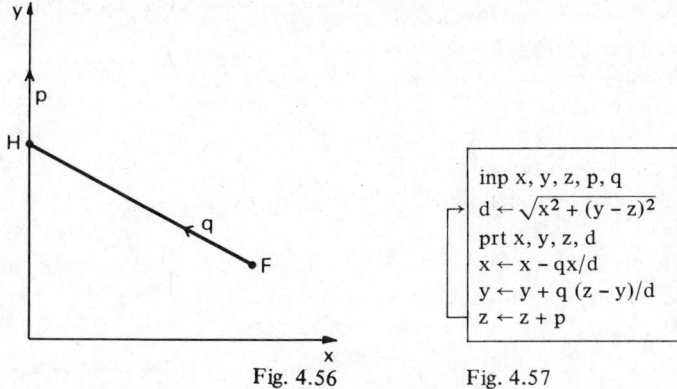

Fig. 4.56   Fig. 4.57

b) *Orthogonale Flucht.* Der Fuchs F läuft stets in Richtung des Hasen H. Der Hase weicht aus, indem er stets senkrecht zur Geraden FH läuft. Die Ortsvektoren von F und H seien jetzt

$$\vec{F} = \binom{x}{y} \text{ und } \vec{H} = \binom{u}{v} \text{ und nach einem Sprung } \vec{F}_1 = \binom{x_1}{y_1} \text{ und } \vec{H}_1 = \binom{u_1}{v_1}.$$

Setzt man $d = |\overrightarrow{FH}|$ und beachtet, daß bei einer Drehung um den Ursprung um $+90°$ der Vektor $\vec{A} = \binom{a}{b}$ in $\vec{A}^{\perp} = \binom{-b}{a}$ übergeht, so liefert Fig. 4.58

$$\overrightarrow{FH} = \binom{u-x}{v-y}, \quad \overrightarrow{FF_1} = \frac{q}{d}\binom{u-x}{v-y}, \quad \overrightarrow{HH_1} = \frac{p}{d}\binom{-v+y}{u-x}$$

$$\vec{F}_1 = \vec{F} + \frac{q}{d}\binom{u-x}{v-y}, \quad \vec{H}_1 = \vec{H} + \frac{p}{d}\binom{-v+y}{u-x}$$

Fig. 4.59 zeigt das Programm.

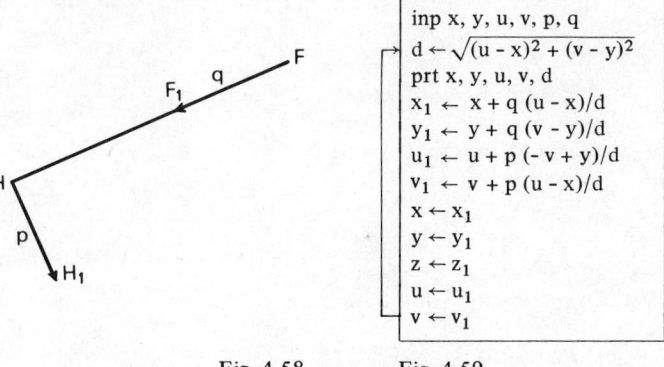

Fig. 4.58   Fig. 4.59

131

c) Das Problem a) läßt sich radikal vereinfachen. Wir betrachten die Bahn des Fuchses in einem beweglichen Koordinatensystem, in dem der Hase in O ruht. Der Fuchs hat zwei Geschwindigkeiten: in Richtung O und in negativer y-Richtung je vom Betrag p = q. Die resultierende Geschwindigkeit halbiert den Winkel zwischen „Brennstrahl" $F_0 O$ und „Leitstrahl" $F_0 L$ (Fig. 4.60). Daraus folgt, daß der Fuchs im Fall p = q auf einer Parabel mit Brennpunkt O und Leitgerade l läuft.

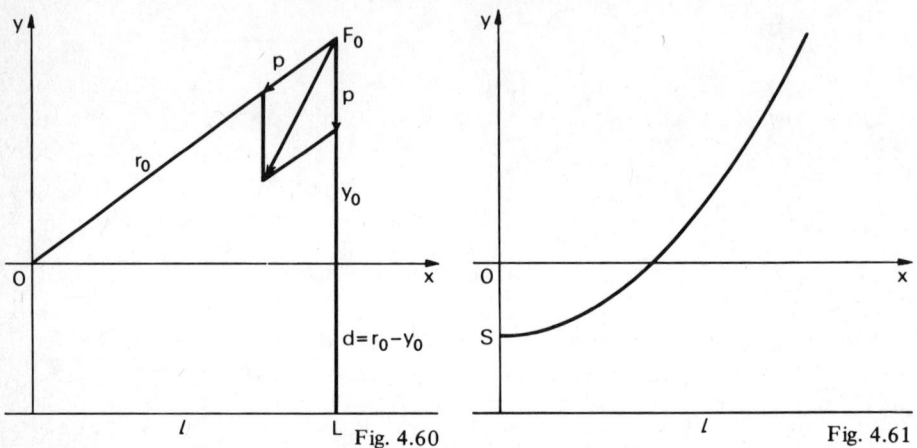

Fig. 4.60   Fig. 4.61

Man kann die Bahngleichung leicht ohne Vorkenntnisse herleiten. Anfangs hat der Fuchs von O und l denselben Abstand $r_0 = \sqrt{x_0^2 + y_0^2}$. Da er sich O und l gleichschnell nähert, bleibt die Relation $\overline{FO} = \overline{FL}$ erhalten, d. h.

$$x^2 + y^2 = (y + d)^2, \quad d = r_0 - y_0.$$

Daraus folgt für die Bahngleichung des Fuchses

$$y = \frac{x^2}{2d} - \frac{d}{2}.$$

Bei der Annäherung an die y-Achse strebt die Geschwindigkeit des Fuchses gegen 0. Er braucht unendlich lange Zeit, um den Parabelscheitel S in Fig. 4.61 zu erreichen. In S kommt er zur Ruhe. D. h., die Entfernung zwischen Fuchs und Hase strebt gegen

$$\overline{OS} = \frac{d}{2} = \frac{r_0 - y_0}{2} = \frac{\sqrt{x_0^2 + y_0^2} - y_0}{2},$$

wo (x_0, y_0) die Startposition des Fuchses ist. Fig. 4.62 zeigt ein Programm für die Bahnkurve im bewegten Koordinatensystem. Es ist für den allgemeinen Fall $p \neq q$ geschrieben.

```
inp x, y, p, q
d ← √x² + y²
prt x, y, d
x ← x - qx/d
y ← y - qy/d - p
```

Fig. 4.62

Aufgaben:

1. a) Ergänze das Programm in Fig. 4.57 und übersetze es in BASIC. Verwende anfangs $x = 40$, $y = 30$, $z = 0$, $p = q = 1$. Die Position von Fuchs und Hase soll nur nach $10, 20, \ldots, 160$ Sprüngen gedruckt werden.
   b) Ändere das Programm so, daß nur die Distanz d nach $100, 200, \ldots, 1000$ Sprüngen gedruckt wird. Vergleiche mit der Grenzentfernung $d_\infty = 10$.
   c) Wähle $p = q = 2$ und drucke d nach $50, 100, \ldots, 500$ Sprüngen. Vergleiche mit b).

2. a) Analog zu Fig. 4.55 sollen die Bahnen von Fuchs und Hase für die orthogonale Flucht und $u = v = 0$, $x = 10$, $y = 0$, $p = q = 1$ gezeichnet werden.
   b) Schreibe zu Fig. 4.59 ein BASIC-Programm, das die PRT-Anweisung nur nach $100, 200, \ldots, 2000$ Sprüngen ausführt. Gib $u = v = 0$, $x = 10$, $y = 0$, $p = q = 0.01$ ein und vergleiche mit der groben Näherung in a).

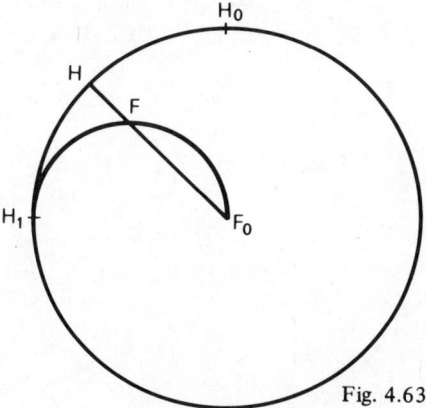

Fig. 4.63

3. Fig. 4.63 zeigt einen kreisförmigen Zaun mit Radius 1. Ein Hase startet in H_0 und läuft längs des Zaunes gegen den Uhrzeiger. Ein Fuchs startet in F_0 und läuft stets in Richtung des Hasen.
   a) Konstruiere und berechne die Bahn des Fuchses für $p = q$.
   [b)] Der Fuchs ändert seine Strategie. Er läuft so, daß er sich stets auf F_0H befindet. Zeige, daß er den Hasen in H_1 einholt, wo $\sphericalangle\ H_0F_0H_1 = 90°$ ist.

2. Beispiel: Planetenbewegung

Die Analysis ist ein Werkzeug zur Untersuchung von Prozessen. Der Zustand eines Prozesses wird durch einen Vektor $\vec{X}(t)$ beschrieben. Die Menge aller möglichen Zustände nennt man *Zustandsraum* oder *Phasenraum*. Man kann $\vec{X}(t)$ als Ortsvektor eines Teilchens deuten, das sich im Phasenraum bewegt (Fig. 4.64). Durch physikalische Betrachtungen kann man die Geschwindigkeit $\vec{X}'(t) = \vec{v}(t)$ des Teilchens angeben. *Dies ist das lokale Gesetz der Evolution des Prozesses.* Aus dem lokalen Gesetz können wir die Vergangenheit rekonstruieren und die zukünftige Entwicklung voraussagen. Dies geschieht durch Integration des lokalen Gesetzes, d. h. einer Differentialgleichung. Mit Hilfe des Rechners ist es möglich,das lokale Gesetz der Evolution direkt zu simulieren. Damit kommen wir fast ohne Analysiskenntnisse aus. Dies soll am Beispiel der Planetenbewegung gezeigt werden.

Es sei h ein kurzer Zeitabschnitt. Wir betrachten einen schweren Zentralkörper in O mit der Masse M und einen leichten Satelliten mit der Masse m, dessen Zustand zur Zeit t durch den Ortsvektor $\vec{R} = \binom{x}{y}$ und die Geschwindigkeit $\vec{v} = \binom{p}{q}$ gegeben ist. Zur Zeit t + h sei der Zustand des Satelliten durch $\vec{R}_1 = \binom{x_1}{y_1}$ und $\vec{v}_1 = \binom{p_1}{q_1}$ gegeben. Auf den Satelliten wirkt die Schwerkraft

$$\vec{F} = -\frac{GmM}{r^3}\,\vec{R}, \quad r = |\vec{R}|, \quad G - \text{Gravitationskonstante.}$$

Sie erteilt ihm die Beschleunigung

$$\vec{b} = \frac{\vec{v}_1 - \vec{v}}{h}.$$

Das dynamische Grundgesetz $\vec{F} = m\vec{b}$ liefert nach kurzer Rechnung

$$\vec{v}_1 = \vec{v} - \frac{ah\vec{R}}{r^3}, \quad a = GM.$$

Ferner ist

$$\vec{R}_1 = \vec{R} + \vec{v}h.$$

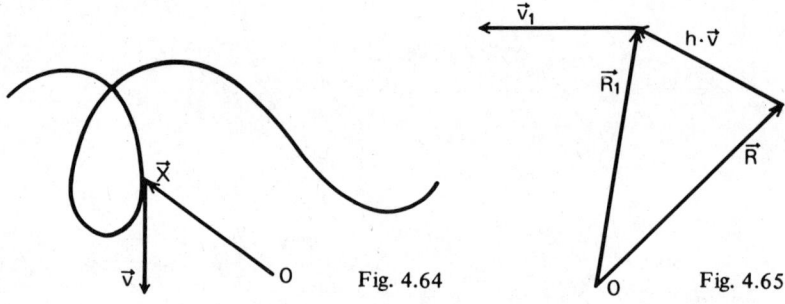

Fig. 4.64   Fig. 4.65

Das Kernstück des Programms, das die Bewegung des Satelliten simuliert, besteht aus den folgenden vier Zeilen:

$$\vec{R}_1 \leftarrow \vec{R} + h\vec{v} \quad \text{(Ortskorrektur)}$$

$$\vec{v}_1 \leftarrow \vec{v} - \frac{ah\vec{R}}{r^3} \quad \text{(Geschwindigkeitskorrektur)}$$

$$\vec{R} \leftarrow \vec{R}_1 \qquad \text{(Umspeicherung. Der alte Zustand wird durch den neuen Zustand ersetzt.)}$$

$$\vec{v} \leftarrow \vec{v}_1$$

Fig. 4.66 zeigt das Programm. Es verfolgt die Satellitenbahn t Zeiteinheiten lang. Lage und Geschwindigkeit des Satelliten, sowie seine Entfernung werden alle n Zeiteinheiten gedruckt.

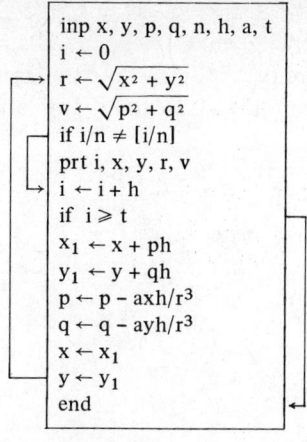

```
inp x, y, p, q, n, h, a, t
i ← 0
r ← √(x² + y²)
v ← √(p² + q²)
if i/n ≠ [i/n]
prt i, x, y, r, v
i ← i + h
if  i ⩾ t
x₁ ← x + ph
y₁ ← y + qh
p ← p - axh/r³
q ← q - ayh/r³
x ← x₁
y ← y₁
end
```

Fig. 4.66

Wir legen den Ursprung in den Erdmittelpunkt. Im Punkt x = 0, y = 6371 km der Erdoberfläche starten wir Raketen waagerecht mit den Geschwindigkeiten

p = 8, 10, 10.5, 10.7, 11.2, 12.5 $\frac{km}{s}$. Für die Erde ist a = GM = 398200 $\frac{km^3}{s}$.

In Fig. 4.67 wurde h = 5s, n = 600 gewählt. Für p = 8 erhält man eine Kreisbahn, für 8 < p < 11.2 Ellipsen, für p = 11.2 eine Parabel und für p > 11.2 Hyperbeln.

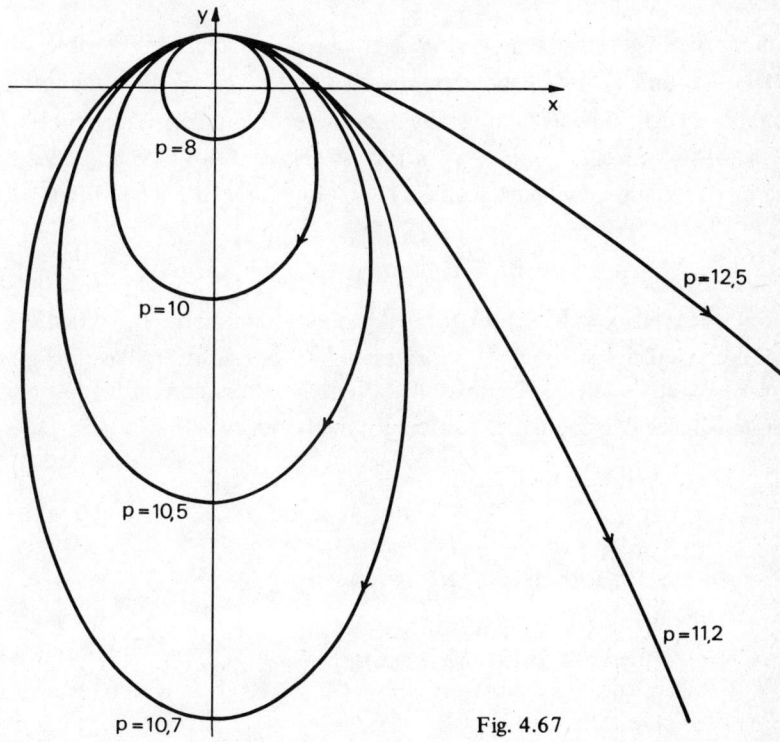

Fig. 4.67

3. Beispiel: Ein Gerücht geht durch die Stadt

In einer Stadt mit $n + 1$ Bewohnern streut jemand ein Gerücht aus, das von Mund zu Mund weitergeht. Jeder, der das Gerücht gehört hat, erzählt es so lange weiter, bis er auf jemanden trifft, der das Gerücht schon kennt. Dann hört er sofort auf, das Gerücht weiter zu erzählen.

Wir zerlegen die Bewohner in drei Teilmengen X, Y, Z mit je x, y, z Elementen.

X enthält alle, die das Gerücht noch nicht gehört haben (Anfällige).

Y enthält alle, die das Gerücht aktiv verbreiten (Anstecker).

Z enthält alle, die das Gerücht nicht mehr verbreiten und es sogar bremsen (Bremser).

Anfangs ist $x = n$, $y = 1$, $z = 0$ und es gilt stets

$$x + y + z = n + 1.$$

Wir müssen drei Arten von Übergängen betrachten:

$$\text{„Infektionen“} \qquad (x, y, z) \leftarrow (x - 1, \; y + 1, z)$$

$$\text{„Immunisierungen“} \quad \begin{cases} (x, y, z) \leftarrow (x, \; y - 1, z + 1) \\ (x, y, z) \leftarrow (x, \; y - 2, z + 2) \end{cases}$$

Während eines kurzen Zeitabschnitts h möge x in x_1 und y in y_1 übergehen. Infektionen erfolgen durch XY-Begegnungen. Die Anzahl der möglichen XY-Paare ist xy. Die Änderung von x ist proportional zu xy. D. h.

$$x_1 = x - pxy.$$

Immunisierungen erfolgen durch YZ- und YY-Begegnungen. Es gibt yz-Paare der ersten Art und $\frac{y(y-1)}{2}$ Paare der zweiten Art. Da bei YY-Begegnungen gleich zwei Personen nach Z übergehen, ist die Anzahl der Immunisierungen proportional zu $yz + \frac{2y(y-1)}{2}$. Wegen $x + y + z = n + 1$ ist dies $y(n - x)$. D. h., im Zeitabschnitt h nimmt y zu um pxy (Zufluß von X) und ab um $py(n - x)$ (Abfluß nach Z). Daher ist

$$y_1 = y - py(n - 2x).$$

Von $x = n$ bis $x = \frac{n}{2}$ nimmt y zu. Ab $x = \frac{n}{2}$ nimmt y ab. Sobald $y < 1$ ist, wird das Gerücht gestoppt. Uns interessiert der zugehörige x-Wert. Er gibt die Anzahl der Personen an, die das Gerücht nie hören. Das Programm in Fig. 4.68 druckt den Anteil $\frac{x}{n}$ der Personen, die das Gerücht nie hören.

```
10 INPUT N, P
20 X = N
30 Y = 1
40 X1 = X − P ∗ X ∗ Y
50 Y = Y − P ∗ Y ∗ (N − 2 ∗ X)
60 X = X1
70 IF Y > = 1 THEN 40
80 PRINT X/N
90 END
```

Fig. 4.68

Aufgabe:
4. Man lasse das Programm ablaufen für
a) $n = 100$, $p = 10^{-4}$
b) $n = 1000$, $p = 10^{-4}$
c) $n = 100$, $p = 10^{-3}$
d) $n = 10$, $p = 10^{-3}$.
Das Ergebnis ist eine Überraschung.

4. Beispiel: Fressen und Gefressen werden. Der Kampf ums Dasein
Auf einer Insel gibt es beliebig viel Gras. Ferner Hasen, die Gras fressen und Füchse, die Hasen fressen. Zur Zeit t gebe es $x(t)$ Tonnen Hasen und $y(t)$ Tonnen Füchse. Der Zustand der Insel ist durch den Punkt $\vec{P}(t) = (x(t), y(t))$ im Phasenraum bestimmt. Auf Grund biologischer Überlegungen erhält man für $\vec{P}'(t)$

$$\frac{dx}{dt} = ax - bxy$$

(1) $$\frac{dy}{dt} = -cy + dxy.$$

Begründung: Wären keine Füchse da $(y = 0)$, so würden sich die Hasen mit der Geschwindigkeit $\frac{dx}{dt} = ax$ vermehren. Wären die Füchse allein da $(x = 0)$, so würden sie mit der Geschwindigkeit $\frac{dy}{dt} = -cy$ aussterben. Sind Füchse und Hasen vorhanden, dann ist die Anzahl der Begegnungen der beiden Arten proportional zu xy. Die Anzahl der je Zeiteinheit erlegten Hasen ist ebenfalls proportional zu xy. Die erlegten Hasen dienen als Nahrung für die Füchse. Dies erklärt die Glieder $-bxy$ und dxy in (1).
Wir zeichnen die Bahn von P für verschiedene Anfangswerte mit der primitiven Euler-Methode. Dabei setzen wir $a = b = 2$ und $c = d = 1$. In Fig. 4.69 ist h ein kleiner Zeitabschnitt. Das Programm verfolgt die Bahn von P für die Zeit von 0 bis t. Zeit und Ort werden zur Zeit $0, n, 2n, 3n, \ldots$ gedruckt.

```
inp x, y, h, t, n
i ← 0
if i/n ≠ [i/n]
prt i, x, y
i ← i + h
x₁ ← x + 2xh (1 - y)
y ← y + yh (x - 1)
x ← x₁
if i ≤ t
end
```

Fig. 4.69

Wir setzen $h = 0.02$, $t = 6$, $n = 0.2$ und starten zur Zeit 0 im Punkt
I) $x = y = 0.25$ II) $x = y = 0.5$ III) $x = y = 0.75$.

Fig. 4.70 zeigt die entstehenden Kurven. Wir haben eine periodische Populations-schwankung, ohne daß eine Art ausstirbt. Die Periodenlänge ist fast unabhängig vom Startpunkt. Für die Kurven I, II, III beträgt sie rund 5.7, 4.8 bzw. 4.5. Die Lage des Punktes P auf den Kurven wurde zur Zeit 0, 1, 2, 3, 4, 5 und bei I auch zur Zeit 6 angegeben. Die Kurven schließen sich nicht genau, da die Euler-Methode zu grob ist. Bei II sieht man, daß der Punkt 5 nicht auf der Kurve liegt.

Der Punkt G (1, 1) ist eine Gleichgewichtslage. Starten wir in G, dann bleiben x und y konstant. Man kann zeigen, daß in der Nähe von G die Kurven nahezu Ellipsen sind, die von P in der Zeit $\pi \sqrt{2} \approx 4.443$ durchlaufen werden (siehe [6]).

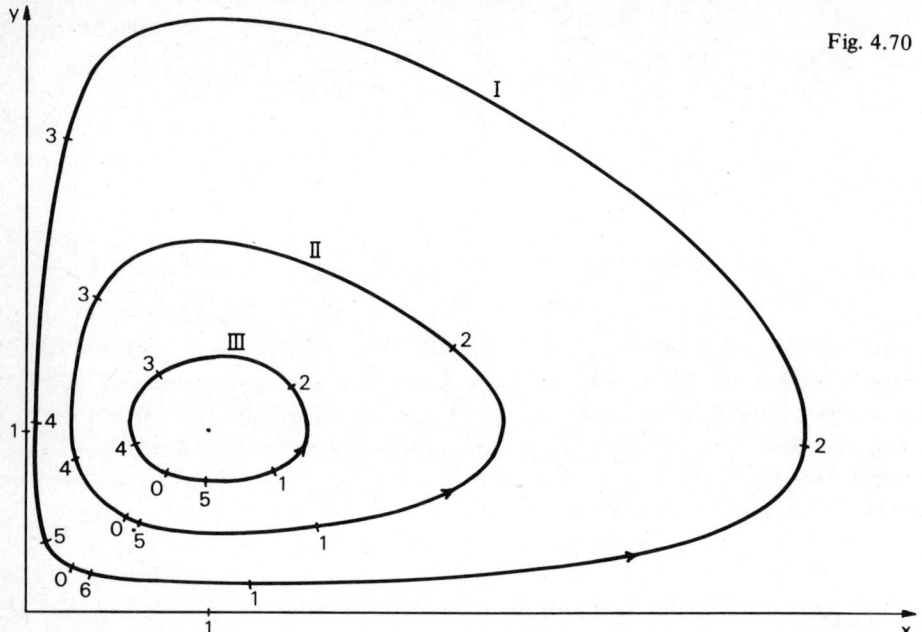

Fig. 4.70

Aufgaben:

5. In (1) sei a = b = 2, c = d = 1. Aus $y' = \dfrac{\dfrac{dy}{dt}}{\dfrac{dx}{dt}}$ folgt

$$(2) \qquad y' = f(x, y) = \frac{2x\,(1 - y)}{y\,(x - 1)}.$$

Bestimme die Kurven I bis III durch Integration von (2) mit der
a) Trapezmethode (Fig. 4.53) b) Mittelpunktsmethode (Fig. 4.54).

6. *Ein einfacher Kreisalgorithmus* (für Leser mit Plotter). Durch

$$x_{n+1} = x_n - a y_n$$
$$y_{n+1} = y_n + a x_{n+1} \qquad |a| \le 2$$

138

erhält man Punktfolgen, die stabile Kurven bilden. Für $|a| < 0.02$ sind die Kurven fast Kreise. Sonst runde Ellipsen, die für $a > 0$ ($a < 0$) symmetrisch zu $y = x$ ($y = -x$) sind. Mit größer werdendem a gehen sie in Vielecke über, die Ellipsen einbeschrieben sind. Zeichne die Kurven für

a) $x = y = 30$, $a = 0.02$, 0.1, 0.2, 0.5, 1, 1.5, 1.6, 2.

b) $x = y = 20$, $a = -0.02$, -0.1, -0.5, -1, -1.5, -1.6, -2.

c) Wähle $a = 2\sin\frac{360°}{k}$ und $k = 4, 5, 6, 7, 8, 9, 10, 11, 12, \ldots$. Was fällt auf?

7. *Sonnenwind* (Für Leser mit Plotter). Die US Echo-Satelliten sind sehr leichte riesige Ballone von 30 - 40 m Durchmesser. Ihre Bewegung wird durch „Sonnenwind" stark gestört; d. i. eine konstante Beschleunigung s, von der wir annehmen, daß sie in positiver x-Richtung wirkt. Zeile 11 in Fig. 4.66 muß $p \leftarrow p + (s - \frac{ax}{r^3})h$ lauten. Experimentiere mit verschiedenen s-Werten und beobachte die phantastischen Bahnkurven.

4.5. Die harmonische Reihe

Die Folge

$$H_n = 1 + \frac{1}{2} + \frac{1}{3} + \ldots + \frac{1}{n}, \quad n = 1, 2, 3, \ldots$$

heißt *harmonische Reihe*. Sie ist wichtig, weil sie in zahlreichen Anwendungen auftritt. Man kann leicht zeigen, daß H_n divergiert. Aber die Folge wächst ungewöhnlich langsam, wie wir bald sehen werden. Die Berechnung der Folgenglieder kann sogar für einen Computer zeitraubend sein. Um $H_{1000000}$ zu berechnen, muß man einen Tischrechner eine Nacht lang arbeiten lassen. Wir setzen uns zum Ziel eine gute Näherungsformel für H_n zu *entdecken*, und zwar durch *numerisches Experimentieren* mit dem Computer oder mit dem Taschenrechner.

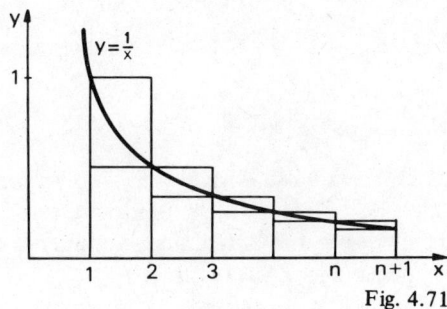

Fig. 4.71

Fig. 4.71 entnehmen wir

Inhalt der Obertreppe von 1 bis $n + 1 = H_n$
Inhalt der Untertreppe von 1 bis $n = H_n - 1$
Fläche unter der Kurve von 1 bis $n + 1 = \ln(n + 1)$
Fläche unter der Kurve von 1 bis $n = \ln n$.

Daher ist

$$H_n > \ln(n+1) > \ln n \quad \text{und} \quad H_n - 1 < \ln n$$

oder

$$\ln n < H_n < \ln n + 1.$$

Wir betrachten die Folge

$$c_n = H_n - \ln n.$$

Es ist $c_n > 0$. Wir zeigen, daß c_n monoton fällt. In der Tat ist (Fig. 4.72)

$$c_{n+1} - c_n = H_{n+1} - H_n - (\ln(n+1) - \ln n) = \frac{1}{n+1} - \ln\left(1 + \frac{1}{n}\right) = \text{Inhalt des}$$

Rechtecks ABCD − Inhalt des Kurventrapezes ABCE < 0.

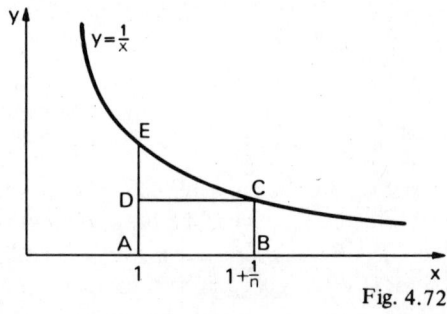

Fig. 4.72

Die monoton fallende beschränkte Folge c_n besitzt einen Grenzwert

$$\gamma = \lim_{n \to \infty} c_n = \lim_{n \to \infty} (H_n - \ln n).$$

Der Grenzwert γ heißt *Eulersche Konstante*.
Wir machen den Ansatz

(1) $\qquad c_n = H_n - \ln n = \gamma + \frac{a}{n} + \frac{b}{n^2} + \frac{c}{n^3} + \frac{d}{n^4} \ldots$

und prüfen experimentell, ob dieser Ansatz haltbar ist. Wenn ja, so versuchen wir die Koeffizienten a und b zu ermitteln. Ist die Hypothese (1) richtig, so können wir genau wie auf Seite 120 die Fehlerglieder 1. und 2. Ordnung eliminieren und erhalten so wesentlich schneller konvergierende Folgen. Aus (1) folgt

(2) $\qquad c'_{2n} = c_{2n} + \frac{1}{2^1 - 1}(c_{2n} - c_n) = \gamma + \frac{b'}{n^2} + \frac{c'}{n^3} + \frac{d'}{n^4} + \ldots$

(3) $\qquad c''_{2n} = c'_{2n} + \frac{1}{2^2 - 1}(c'_{2n} - c'_n) = \gamma + \frac{c''}{n^3} + \frac{d''}{n^4} + \ldots$

Wir berechnen die Folge $c_1, c_2, c_4, c_8, \ldots, c_{128}$, aus der sich nach (2) und (3) leicht die Folgen $c'_2, c'_4, c'_8, \ldots, c'_{128}$ und $c''_4, c''_8, \ldots, c''_{128}$ ergeben.

140

Tabelle 4.73 zeigt das Ergebnis.

n	c_n	c_n'	c_n''	c_n'''
1	1.0000000000			
2	0.8068528194	0.6137056389		
4	0.6970389722	0.5872251250	0.5783982870	
8	0.6384156012	0.5797922302	0.5773145985	0.5772423526
16	0.6081402710	0.5778649407	0.5772225109	0.5772163718
32	0.5927592926	0.5773783143	0.5772161054	0.5772156784
64	0.5850078203	0.5772563480	0.5772156926	0.5772156651
128	0.5811168286	0.5772258369	0.5772156665	0.5772156648

Fig. 4.73

Wenn (1) zutrifft, dann ist $\hat{\gamma} = c_{128}'' = 0.57721\ 56665$ eine sehr gute Schätzung für γ. Man rechnet nach, daß $c_{64} - \hat{\gamma} \approx 0.0078$, $c_{128} - \hat{\gamma} \approx 0.0039$. Bei einer Verdoppelung von n wird also $| c_n - \hat{\gamma} |$ annähernd halbiert. Dies deutet auf die Existenz des Fehlergliedes $\frac{a}{n}$ in (1). Ferner ist $c_{64}' - \hat{\gamma} = 0.0000406815$, $c_{128}' - \hat{\gamma} = 0.0000101704$. Bei einer Verdoppelung von n wird also $| c_n' - \hat{\gamma} |$ fast genau durch 4 geteilt. Dies bestätigt die Existenz des Fehlergliedes $\frac{b}{n^2}$ in (1) bzw. $\frac{b'}{n^2}$ in (2). Ferner ist

$c_{16}'' - \hat{\gamma} = 6.844 \cdot 10^{-6}$, $c_{32}'' - \hat{\gamma} = 4.389 \cdot 10^{-7}$, $c_{64}'' - \hat{\gamma} = 2.61 \cdot 10^{-8}$.

Bei einer Verdoppelung von n wird der Fehler $| c_n'' - \hat{\gamma} |$ nicht durch 8, sondern durch 16 geteilt. D. h., in (1), (2), (3) fehlt ein Glied 3. Ordnung. Dagegen existiert ein Glied 4. Ordnung. Wir können dieses Fehlerglied 4. Ordnung eliminieren durch

$$c_{2n}''' = c_{2n}'' + \frac{1}{2^4 - 1} (c_{2n}'' - c_n'')$$

und erhalten so die letzte Spalte von Tabelle 4.73. Daher ist $c_{128}''' = 0.57721\ 56648$ ein vorzüglicher Näherungswert für γ. Der exakte Wert ist $\gamma = 0.57721\ 56649\ 01532\ldots$.

Wir berechnen jetzt a und b. Aus

$$\frac{a}{64} + \frac{b}{64^2} \approx c_{64} - \gamma = 0.0077921554$$

$$\frac{a}{128} + \frac{b}{128^2} \approx c_{128} - \gamma = 0.0039011637$$

folgt $b = -0.083329024 \approx -0.083333\ldots = -\frac{1}{12}$ und $a = \frac{1}{2}$.
Damit haben wir

$$H_n = \ln n + \gamma + \frac{1}{2n} - \frac{1}{12n^2} + \frac{d}{n^4} + \ldots$$

Man rechnet nach, daß d sehr klein sein muß, etwas kleiner als $\frac{1}{100}$.
D. h., für $n \geq 100$ ist $| \frac{d}{n^4} | < 10^{-10}$, und wir können die Näherung

$$H_n \approx \ln n + \gamma + \frac{1}{2n} - \frac{1}{12n^2}, \quad \gamma = 0.57721\ 56649$$

verwenden. Für $n = 128$ liefert sie

$$H_{128} \approx \ln 128 + \gamma + \frac{1}{256} - \frac{1}{12 \cdot 128^2} = 5.433147093.$$

Alle Ziffern dieser Näherung sind richtig.

Aufgaben:

1. Es sei $s_n = 1 + \frac{1}{4} + \frac{1}{9} + \ldots + \frac{1}{n^2}$. Wir wollen $s = \lim\limits_{n \to \infty} s_n$ möglichst genau berechnen. Wir machen den Ansatz

$$s_n = s + \frac{a}{n} + \frac{b}{n^2} + \frac{c}{n^3} + \frac{d}{n^4} + \ldots$$

Behandle diese Folge wie die Folge c_n in (1) und bestimme so s. Vergleiche mit dem exakten Wert $\frac{\pi^2}{6}$.

2. Es sei $s_n = \frac{1}{1 \cdot 2} + \frac{1}{3 \cdot 4} + \frac{1}{5 \cdot 6} + \ldots + \frac{1}{(2n-1)\,2n}$. Bestimme $s = \lim\limits_{n \to \infty} s_n$ durch Berechnung eines zu Fig. 4.73 analogen Schemas. Vergleiche mit dem exakten Wert $\ln 2$.

4.6. Die Berechnung von e auf 250 Stellen

Es sei $e_n = 1 + \frac{1}{1!} + \frac{1}{2!} + \ldots + \frac{1}{n!}$. Nach 4.4.1, Aufgabe 1 ist $f_n = e - e_n < \frac{n+2}{n+1}\,\frac{1}{(n+1)!}$. Für $n = 144$ ist $f_n < 10^{-251.9}$. Zur Berechnung von e_n verwenden wir Fig. 69 (S. 209), wobei wir $e \leftarrow 1 + \frac{e}{n}$ in $e \leftarrow \frac{e}{n}$; $e \leftarrow e + 1$ aufspalten. Damit erhält man für e_n das folgende Programm:

    1. Setze $e \leftarrow 1$.
    2. Solange $n > 0$ ist, setze $e \leftarrow \frac{e}{n}$; $e \leftarrow 1 + e$; $n \leftarrow n - 1$.

Wir rechnen im System mit der Basis $B = 10^5$. Die einzelnen „Ziffern" speichern wir in $X(0), X(1), \ldots, X(51)$. Anfangs ist $n = 144$. Also

$$\frac{1}{144} = 0.00694 \underbrace{44444}_{} \underbrace{44444}_{} \ldots \underbrace{44444}_{} \ldots$$
$$\downarrow \quad \downarrow \quad\quad \downarrow \quad\quad \downarrow \quad\quad\quad \downarrow$$
$$X(0)\ X(1)\quad X(2)\quad X(3)\quad\quad X(51)$$

Danach wird $X(0) = X(0) + 1$ gesetzt, und wir haben $1.00694\ 44444 \ldots 444444$. Jetzt wird durch 143 geteilt, und zwar so wie wir es im 10-System machen, nur tritt an die Stelle von 10 die Zahl $B = 10^5$. D. h., beim i-ten Schritt wird $X(I)$ durch 143 geteilt, der Quotient Q kommt nach $X(I)$, und der Rest R wird mit B multipliziert und zu $X(I + 1)$ addiert, usw. bis $n = 0$ ist. Danach muß man Übertragungen vornehmen. D. h., $X(I)$ wird mod B reduziert und $U = [\frac{X(I)}{B}]$ zu $X(I - 1)$ addiert. Die letzte Ziffer $X(51)$ muß zusätzlich gerundet werden, d. h. $U = [\frac{X(51)}{B} + 0.5]$.

Das Programm in Fig. 4.74 führt diesen Plan aus.

```
10  DIM X (52)
20  FOR I = 0 TO 52  X (I) = 0
30  B = 1E + 5;  X (0) = 1
40  FOR N = 144 TO 1 STEP  − 1
50      FOR I = 0 TO 51
60          Q = INT (X (I)/N);  R = X (I) − Q ∗ N
70          X (I) = Q;  X (I + 1) = X (I + 1) + B ∗ R
80      NEXT I
90      X (0) = X (0) + 1
100 NEXT N
110 X (50) = X (50) + INT (X (51)/B + 0.5)
120 FOR I = 50 TO 1 STEP  − 1
130     U = INT (X (I)/B);  X (I) = X (I) − B ∗ U;  X (I − 1) = X (I − 1) + U
140 NEXT I
150 FOR I = 0 TO 50 PRINT  X (I);
160 END
```

2 71828	18284	59045	23536	2874	71352	66249	77572	47093	69995
95749	66967	62772	40766	30353	54759	45713	82178	52516	64274
27466	39193	20030	59921	81741	35966	29043	57290	3342	95260
59563	7381	32328	62794	34907	63233	82988	7531	95251	1901
15738	34187	93070	21540	89149	93488	41675	9244	76146	6681

Fig. 4.74

Die Ziffernblöcke sind „Ziffern" im System mit der Basis 10^5. Deuten wir das Ergebnis als eine Zahl des 10-Systems, dann müssen alle vierstelligen Blöcke vorne durch eine Null auf fünf Stellen ergänzt werden. Für die letzte Ziffer 1 können wir keine Garantie abgeben, da wir in Zeile 110 aufgerundet haben. In der Tat, die 250. und 251. Dezimalen lauten 08. Sie wurden korrekt auf 10 aufgerundet.
Auf diese Weise haben D. Gillies und D. Wheeler die Zahl e auf eine Million Dezimalen berechnet (1964). Sie verwendeten die Basis $B = 10^{10}$.

Aufgaben:
1. Berechne die Zahl e auf a) 500 b) 1000 Dezimalen.

▶ 2. 1971 hat J. Dutka $\sqrt{2}$ auf 1 000 000 Dezimalen berechnet. Die ersten 100 Dezimalen lauten:
1.41421 35623 73095 04880 16887 24209 69807 85696 71875 37694
  80731 76679 73799 07324 78462 10703 88503 87534 32764 15727
Prüfe dies nach durch Quadrieren.
Hinweis: Fasse die Ziffernblöcke als Ziffern des Systems mit der Basis $B = 10^5$ auf, speichere die Ziffern in X (0) bis X (20) und multipliziere so wie man zwei mehrstellige Zahlen schriftlich multipliziert.

5. Kombinatorik und Wahrscheinlichkeit

5.1. Programme für das Pascal-Dreieck

Die Anzahl der s-Teilmengen einer n-Menge wird mit $\binom{n}{s}$ bezeichnet (lies: *n über s*). Man nennt $b(n, s) = \binom{n}{s}$ *Binomialkoeffizient* oder *Pascalzahl*.

Aus der Definition folgt leicht:

I $\qquad \binom{n}{0} = \binom{n}{n} = 1$

II $\qquad \binom{n}{s} = \binom{n}{n-s}$

III $\qquad \binom{n}{s} = \binom{n-1}{s-1} + \binom{n-1}{s}$

IV $\qquad \binom{n}{s} = \frac{n}{s} \binom{n-1}{s-1}$

Die Rekursion IV liefert

V $\qquad \binom{n}{s} = \frac{n}{s} \cdot \frac{n-1}{s-1} \cdot \frac{n-2}{s-2} \cdot \ldots \cdot \frac{n-s+1}{1}.$

In der n-ten Zeile und s-ten Spalte der Tabelle 5.1 steht die Pascalzahl $\binom{n}{s}$. Diese Tabelle heißt *Pascal-Dreieck* oder *Pascal-Matrix*. Wir konstruieren drei Programme, welche dieses Zahlendreieck drucken.

n \ s	0	1	2	3	4	5	6	7	8 ...
0	1								
1	1	1							
2	1	2	1						
3	1	3	3	1					
4	1	4	6	4	1				
5	1	5	10	10	5	1			
6	1	6	15	20	15	6	1		
7	1	7	21	35	35	21	7	1	
8	1	8	28	56	70	56	28	8	1

Fig. 5.1. Pascal-Dreieck

a) Wir kehren im Nenner von V die Reihenfolge der Faktoren um:

$$\binom{n}{s} = 1 \cdot \frac{n}{1} \cdot \frac{n-1}{2} \cdot \frac{n-2}{3} \cdot \ldots \cdot \frac{n-s+1}{s}$$

Wird dieses Produkt von links nach rechts ausgewertet, so durchlaufen die Teilprodukte die Folge $\binom{n}{0}$, $\binom{n}{1}$, $\binom{n}{2}$, ..., $\binom{n}{s}$. Damit ergeben sich die vier Programme in Fig. 5.2 bis 5.5. Das erste druckt $\binom{n}{s}$. Das zweite druckt die Folge $\binom{n}{0}$, $\binom{n}{1}$, ..., $\binom{n}{s}$. Das dritte druckt die n-te Zeile des Pascal-Dreiecks. Das vierte druckt die Zeilen 0 bis M des Pascal-Dreiecks.

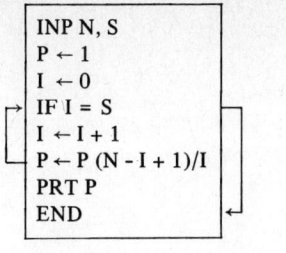

Fig. 5.2

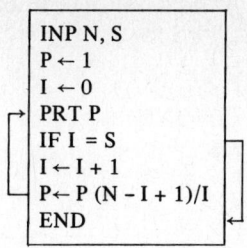

Fig. 5.3

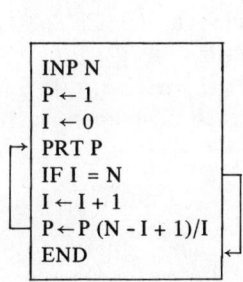

Fig. 5.4

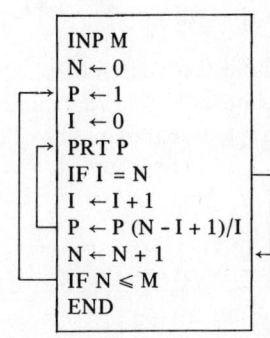

Fig. 5.5

b) Mit Hilfe von I und III läßt sich das Pascal-Dreieck durch Addition erzeugen.
I liefert die Randelemente. Die inneren Elemente werden additiv nach III berechnet.
Fig. 5.6 zeigt das entsprechende BASIC-Programm. Die Zeilen 10 - 70 berechnen
die Pascal-Matrix, und die Zeilen 80 - 130 drucken sie.

```
10  DIM B (15, 15)
20  FOR N = 0 TO 12
30      B (N, 0) = B (N, N) = 1
40      FOR S = 1 TO N - 1
50          B (N, S) = B (N - 1, S - 1) + B (N - 1, S)
60      NEXT S
70  NEXT N
80  FOR N = 0 TO 12
90      FOR S = 0 TO N
100         PRINT B (N, S);
110     NEXT S
120     PRINT
130 NEXT N
140 END
```

Fig. 5.6

```
               1
              1 1
             1 2 1
            1 3 3 1
           1 4 6 4 1
          1 5 10 10 5 1
         1 6 15 20 15 6 1
        1 7 21 35 35 21 7 1
       1 8 28 56 70 56 28 8 1
      1 9 36 84 126 126 84 36 9 1
     1 10 45 120 210 252 210 120 45 10 1
    1 11 55 165 330 462 462 330 165 55 11 1
   1 12 66 220 495 792 924 792 495 220 66 12 1
```
zu Fig. 5.6

c) Manche Tischrechner erlauben keine doppelt indizierten Variablen. Daher schreiben wir noch ein interessantes Programm, das nur die Zellen $R(0)$, $R(1)$, $R(2)$, ... verwendet. Wir betrachten irgend eine Zeile des Pascal-Dreiecks, z. B. die fünfte: 1, 5, 10, 10, 5, 1. Die nächste, d. h. sechste Zeile erhält man durch nachfolgende Rechnung:

```
      1  5  10  10   5  1
  +      1   5  10  10  5  1
  ─────────────────────────
      1  6  15  20  15  6  1
```

Fig. 5.7 zeigt ein Programm, das auf dieser Eigenschaft beruht. Zur Eingabe N druckt es die Zeilen 0 bis N des Pascal-Dreiecks.

```
10  DIM R (20)
20  INPUT N
30  FOR  J = 0 TO N
40       A = 0
50       B = 1
60       FOR  I = 0 TO J
70            R (I) = A + B
80            PRINT R (I);
90            A = B
100           B = R (I + 1)
110      NEXT I
120      PRINT
130 NEXT J
140 END
```

```
           1
          1 1
         1 2 1
        1 3 3 1
       1 4 6 4 1
      1 5 10 10 5 1
     1 6 15 20 15 6 1
    1 7 21 35 35 21 7 1
   1 8 28 56 70 56 28 8 1
  1 9 36 84 126 126 84 36 9 1
 1 10 45 120 210 252 210 120 45 10 1
1 11 55 165 330 462 462 330 165 55 11 1
1 12 66 220 495 792 924 792 495 220 66 12 1
```

Fig. 5.7

Aufgaben:

1. Übersetze Fig. 5.2 bis 5.5 in BASIC und führe sie aus.

2. a) Schreibe Fig. 5.7 so um, daß sie zur Eingabe m das Pascal-Dreieck modulo m druckt.

   b) Es sei $m = 2$. Welche Reihen enthalten lauter Einsen? Welche Reihen enthalten lauter Nullen, außer den beiden Einsen am Rand?

5.2. Frequenzzählungen

1. Beispiel: Ein Würfelproblem

Ein Würfel wird 4mal gerollt. Der Ausfall ist ein 4-Tupel (X, Y, Z, U). Es gibt $6^4 = 1296$ mögliche Ausfälle, die wir nach der Augensumme $S = X + Y + Z + U$ klassifizieren. Wie oft kommt die Augensumme $4, 5, \ldots, 24$ vor?

```
10  DIM N (25)
20  FOR I = 4 TO 24
30      N (I) = 0
40  NEXT I
50  FOR X = 1 TO 6
60      FOR Y = 1 TO 6
70          FOR Z = 1 TO 6
80              FOR U = 1 TO 6
90                  S = X + Y + Z + U
100                 N (S) = N (S) + 1
110             NEXT U
120         NEXT Z
130     NEXT Y
140 NEXT X
150 FOR I = 4 TO 24
160     PRINT N (I);
170 NEXT I
180 END
```

	X	Y	Z	U
a)	1	1	1	1
b)	1	1	1	6
c)	1	1	6	6
d)	1	6	6	6
e)	6	6	6	6

Fig. 5.9

1 4 10 20 35 56 80 104 125 140 146 140 125 104 80 56 35 20 10 4 1

Fig. 5.8

Das Programm in Fig. 5.8 löst die Aufgabe. Wir kommentieren es:
10 reserviert Plätze, von denen wir N (4) bis N (24) benötigen. In N (S) wird die Häufigkeit der Augensumme S gezählt. 20 - 40 setzt die Frequenzzähler auf 0.
150 - 170 druckt die Inhalte der Frequenzzähler, nachdem jeder der 1296 Fälle im richtigen Zähler registriert wurde. 50 - 140 ist das Kernstück des Programms. Es besteht aus vier ineinandergeschachtelten Schleifen und es arbeitet wie der Kilometerzähler eines Autos, nur mit den Ziffern 1 bis 6 statt 0 bis 9. Anfangs wird $X = Y = Z = U = 1$ gesetzt, und wir haben die Stellung a) in Fig. 5.9. Die innerste Schleife dreht U von 1 bis 6. Jedesmal wenn $U = 6$ ist, rückt Z um 1 vor, und U wird auf 1 zurückgesetzt. Nach 36 Schritten haben wir die Stellung c). Jetzt rückt Y um 1 vor, und Z, U werden auf 1 zurückgesetzt. In der Stellung d) fällt der Computer aus der dritten Schleife heraus, und X rückt um 1 vor, usw. Nach 1296 Schritten ist die Stellung e) erreicht, der Computer verläßt die äußerste Schleife und beginnt zu drucken.

2. Beispiel: Die Geldwechselaufgabe

Auf wieviel Arten läßt sich eine DM-Münze in Kleingeld umwechseln?
Das Wechselgeld bestehe aus X, Y, Z, U, V Stücken vom Pf-Wert 1, 2, 5, 10, 50.
Dann gilt

$$X + 2Y + 5Z + 10U + 50V = 100.$$

Wir suchen die Anzahl W der Lösungen dieser Gleichung in nichtnegativen ganzen Zahlen. Das Programm in Fig. 5.10 bestimmt W. Wir werden es nicht kommentieren. Der Leser möge sich seine Arbeitsweise selbst überlegen.

```
10  FOR  V = 0 TO 2
20        FOR U = 0 TO 10 − 5 * V
30            FOR Z = 0 TO 20 − 10 * V − 2 * U
40                FOR  Y = 0 TO 50 − 25 * V − 5 * U
50                    FOR  X = 0 TO 100 − 50 * V − 10 * U − 5 * Z − 2 * Y
60                        IF X + 2 * Y + 5 * Z + 10 * U + 50 * V < > 100 THEN 80
70                            W = W + 1
80                        NEXT X
90                    NEXT Y
100               NEXT Z
110           NEXT U
120 NEXT V
130 PRINT „EINE DM-MÜNZE KANN MAN AUF“ W „ARTEN WECHSELN“
140 END
```

EINE DM-MÜNZE KANN MAN AUF 2498 ARTEN WECHSELN

Fig. 5.10

Aufgaben:

1. In den USA gibt es Münzen zu 1, 5, 10, 25, 50 Cents. Auf wie viele Arten kann man einen Dollarschein in Kleingeld wechseln?
   Hinweis: Die Aufgabe vereinfacht sich wesentlich, wenn man beachtet, daß die Anzahl der 1 Cent-Münzen durch 5 teilbar sein muß.

2. In der Schweiz gibt es Münzen zu 1, 2, 5, 10, 20, 50 Rappen. Auf wie viele Arten kann man einen Schweizer Franken in Kleingeld wechseln?

3. Ein Würfel wird 6mal geworfen. Wie oft kommt die Augensumme 21 unter den 6^6 möglichen Ausfällen vor? Mit anderen Worten: Wie viele Lösungen hat die Gleichung $X + Y + Z + U + V + W = 21$, wo jede Variable die Werte 1, 2, . . . , 6 annehmen darf?

5.3. Permutationen

a) *Permutationen als Anordnungen*
Wir nehmen drei verschiedene Objekte und nennen sie 1, 2, 3. Eine *Anordnung* dieser Objekte in einer Reihe heißt eine *Permutation* der Objekte. Es gibt sechs Permutationen von 1, 2, 3:

$$123, 132, 213, 231, 312, 321$$

Bekanntlich gibt es $1 \cdot 2 \cdot 3 \cdot \ldots \cdot n = n!$ (lies n *Fakultät*) Permutationen von n Objekten. Dabei wird $0! = 1$ gesetzt. Wir werden in Aufgabe 1 drei Näherungsformeln für n! prüfen. Aber zuvor müssen wir eine neue Bezeichnung einführen. Oft will man eine komplizierte Funktion f durch eine einfachere Funktion g für große n abschätzen. Wenn

$$\frac{f(n)}{g(n)} \to 1 \quad \text{für} \quad n \to \infty,$$

dann schreibt man

$f(n) \sim g(n)$ (lies: $f(n)$ *asymptotisch gleich* $g(n)$).

Die folgenden Näherungsformeln werden wir nicht beweisen:

(1) $\quad n! \sim \sqrt{2\pi n}\ (\frac{n}{e})^n$ (James Stirling 1730)

(2) $\quad n! \sim \sqrt{2\pi n}\ (\frac{n}{e})^n\ (1 + \frac{1}{12n})$

(3) $\quad n! \sim \sqrt{2\pi n}\ (\frac{n}{e})^n\ (1 + \frac{1}{12n} + \frac{1}{288n^2})$

b) *Erzeugung einer Zufallspermutation*

Wir wollen den Computer anweisen, die Elemente der Menge $\{1, 2, \ldots, n\}$ in zufälliger Anordnung zu drucken, so daß alle n! Permutationen gleichwahrscheinlich sind. Dies ist ein wichtiges, interessantes und nichttriviales Problem. Wir geben eine elegante Lösung.

Zuerst werden die Zahlen 1 bis n in den Zellen L(1) bis L(n) gespeichert. Man lost dann eine der Zahlen 1 bis n zufällig aus und nennt sie k. Dann wird L(k) mit L(n) vertauscht und n wird um 1 vermindert. Die letzte Zahl auf der Liste L steht jetzt auf ihrem endgültigen Platz. Dieser Schritt wird wiederholt bis n = 1 wird (Fig. 5.11).

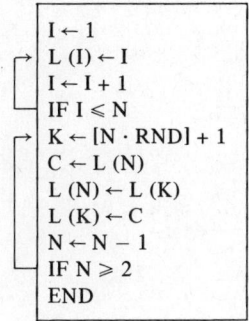

```
   I ← 1
┌→ L (I) ← I
│  I ← I + 1
└─ IF I ≤ N
┌→ K ← [N · RND] + 1
│  C ← L (N)
│  L (N) ← L (K)
│  L (K) ← C
│  N ← N – 1
└─ IF N ≥ 2
   END
```

Fig. 5.11

Das Programm in Fig. 5.12. druckt m Permutationen der Menge $\{1, 2, \ldots, n\}$.

```
10  READ N, M
20  DIM L (N)
30  FOR J = 1 TO M
40      FOR I = 1 TO N
50          L (I) = I
60      NEXT I
70      FOR I = N TO 2 STEP – 1
80          K = INT (I * RND) + 1
90          C = L (I)
100         L (I) = L (K)
110         L (K) = C
120     NEXT I
130     FOR I = 1 TO N
140         PRINT R (I);
150     NEXT I
160     PRINT
170 NEXT J
180 DATA 10, 10
190 END
```

9	8	1	3	10	7	5	4	6	2
4	1	6	9	10	7	8	3	5	2
10	4	8	1	7	6	5	3	9	2
10	9	5	1	3	8	7	2	6	4
6	8	5	7	4	10	9	3	2	1
9	7	1	5	3	2	6	10	8	4
10	4	8	7	1	5	9	3	6	2
10	8	7	1	2	4	5	3	9	6
1	9	5	2	10	8	4	3	7	6
2	5	6	10	9	8	7	3	4	1

Fig. 5.12

Aufgaben:

1. a) Wir bezeichnen die rechten Seiten von (1), (2), (3) mit f (n), g (n), h (n).
Drucke eine Tabelle von

$$\frac{n!}{f(n)}, \quad \frac{n!}{g(n)}, \quad \frac{n!}{h(n)} \quad \text{für } n = 1, 2, \ldots, 10, 20, 30, 40, 50.$$

b) Bestimme die Quotienten in a) auch für n = 100. Wie vermeidet man Überlauf?

c) *Permutationen als Umordnungen*
Im letzten Abschnitt wurden Permutationen als Anordnungen von Objekten gedeutet. Jetzt wollen wir sie als *Umordnungen* oder Funktionen deuten.
Z. B., die Permutation

7 10 8 1 5 9 2 4 3 6

kann man deuten als die Funktion

$$f = \begin{pmatrix} 1 & 2 & 3 & 4 & 5 & 6 & 7 & 8 & 9 & 10 \\ 7 & 10 & 8 & 1 & 5 & 9 & 2 & 4 & 3 & 6 \end{pmatrix}.$$

Eine Permutation $f = \begin{pmatrix} 1 & 2 & & n \\ f(1) & f(2) & \ldots & f(n) \end{pmatrix}$ kann man wie folgt durch einen

Graphen darstellen: In der Ebene wählt man n Punkte $1, 2, \ldots, n$, und für jedes $i \in \{1, 2, \ldots, n\}$ wird ein Pfeil von i nach $f(i)$ gezogen. Es sei

$$f_1 = \begin{pmatrix} 1 & 2 & 3 & 4 & 5 & 6 & 7 & 8 & 9 & 10 \\ 5 & 4 & 6 & 9 & 7 & 8 & 10 & 2 & 3 & 1 \end{pmatrix}$$

$$f_2 = \begin{pmatrix} 1 & 2 & 3 & 4 & 5 & 6 & 7 & 8 & 9 & 10 \\ 3 & 4 & 5 & 1 & 2 & 9 & 7 & 8 & 10 & 6 \end{pmatrix}$$

$$f_3 = \begin{pmatrix} 1 & 2 & 3 & 4 & 5 & 6 & 7 & 8 & 9 & 10 \\ 3 & 9 & 2 & 1 & 6 & 5 & 4 & 10 & 7 & 8 \end{pmatrix}$$

$$f_4 = \begin{pmatrix} 1 & 2 & 3 & 4 & 5 & 6 & 7 & 8 & 9 & 10 \\ 2 & 4 & 8 & 3 & 10 & 9 & 1 & 6 & 5 & 7 \end{pmatrix}.$$

Fig. 5.13 zeigt ihre Graphen. Sie zerfallen in sog. *Zyklen*. Unter jedem Graphen ist die Permutation in der sog. *Zyklenschreibweise* angegeben. *Fixpunkte* (dies sind Punkte mit $f(i) = i$) liefern *Einerzyklen*, die man üblicherweise nicht mit aufführt. Die Permutation f_4 heißt *zyklisch*, da sie aus einem Zyklus besteht.

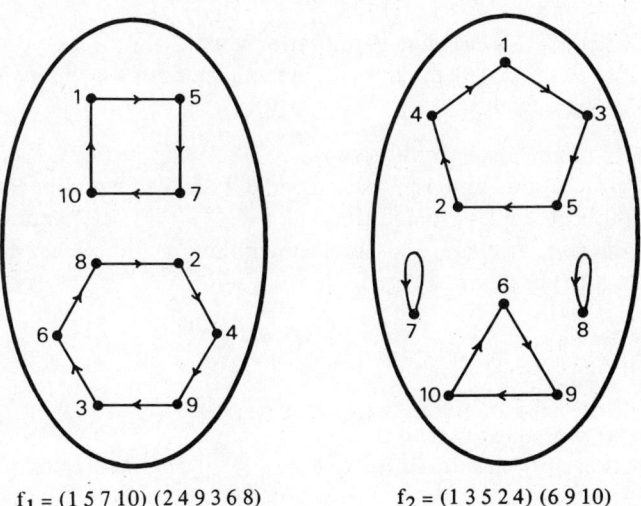

$f_1 = (1\ 5\ 7\ 10)\ (2\ 4\ 9\ 3\ 6\ 8)$ $\qquad$ $f_2 = (1\ 3\ 5\ 2\ 4)\ (6\ 9\ 10)$

Fig. 5.13

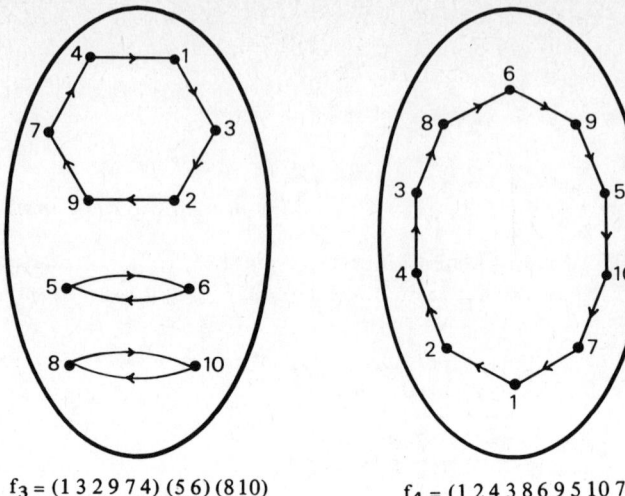

$f_3 = (1\ 3\ 2\ 9\ 7\ 4)\ (5\ 6)\ (8\ 10)$ $f_4 = (1\ 2\ 4\ 3\ 8\ 6\ 9\ 5\ 10\ 7)$

zu Fig. 5.13

d) *Permutationsprogramme*

Zufallspermutationen sind ausgezeichnetes Zahlenmaterial, dessen Verarbeitung zu lehrreichen Programmen führt.

1. Beispiel: Die inverse Permutation

Werden im Graphen einer Permutation f alle Pfeile umgedreht, so erhält man die inverse Permutation f^{-1}. Hintereinanderausführung von f und f^{-1} liefert die identische Abbildung I:

$$f \circ f^{-1} = f^{-1} \circ f = I = \begin{pmatrix} 1 & 2 & \ldots & n \\ 1 & 2 & \ldots & n \end{pmatrix}$$

Es sei $X(1), X(2), \ldots, X(n)$ eine Permutation von $\{1, 2, \ldots, n\}$. Die inverse Permutation $Y(1), \ldots, Y(n)$ erhält man, indem man für $i = 1$ bis n die Zuweisung $Y(X(i)) \leftarrow i$ ausführt.

2. Beispiel: Die Ordnung einer Permutation

Es sei f eine Permutation von $\{1, 2, \ldots, n\}$, und I sei die identische Permutation. Die kleinste natürliche Zahl p, so daß $f^p = f \circ f \circ \ldots \circ f = I$ ist, nennt man die *Ordnung* oder die *Periode* von f. Wir schreiben ein Programm, welches die Ordnung von $X(1), \ldots, X(n)$ bestimmt. (Fig. 5.14).

```
10  P = 1
20  FOR I = 1 TO N      Y (I) = X (I)
30  P = P + 1
40  FOR I = 1 TO N      Y (I) = X (Y (I))
50  FOR I = 1 TO N
60        IF Y (I) ≠ I THEN 30
70  NEXT I
80  PRINT P
90  END                          Fig. 5.14
```

152

Es ist gefährlich, dieses Programm für große n laufen zu lassen, da die Ordnung sehr groß sein kann. Die Ordnung bestimmt man besser aus den Zyklenlängen. Z. B., die in Fig. 5.15 dargestellte Permutation f = (1 2 3 4 5) (6 7 8) (9 10) hat die Periode p = 30. Die Periode p ist offensichtlich das kleinste gemeinsame Vielfache der Zyklenlängen.

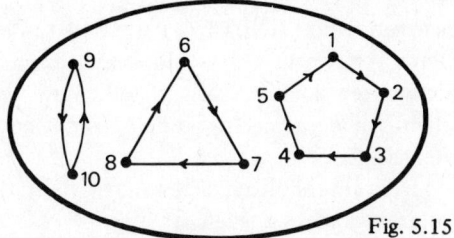

Fig. 5.15

3. Beispiel: Zerlegung einer Permutation in Zyklen

In L (1), ..., L (n) sei eine Permutation von {1, 2, ..., n} gespeichert. Sie soll in Zyklen zerlegt werden. Wir starten mit I = 1 und speichern dieses erste Element in E ab (Fig. 5.16). Dann wiederholen wir I ← L (I) bis E wiederkehrt, womit der Zyklus abgeschlossen ist. Die ganze Iterationsfolge von E wird gedruckt. Ein gedrucktes Element wird markiert, damit man weiß, daß es schon dran war. Am einfachsten erfolgt die Markierung durch L (I) ← − L (I). Nach dem Drucken, aber vor dem Markieren müssen wir von I eine Kopie K machen, denn die Iteration I ← L (I) zerstört das Element I. Wir brauchen es aber für die Markierung L (K) ← − L (K). Da wir mit 1 beginnen, gilt dieses Element ebenfalls als markiert. D. h., für nicht markierte Elemente ist L (I) > 1. Ist ein Zyklus komplett, dann suchen wir in den Zeilen 90 bis 110 das erste nicht markierte Element und starten mit ihm einen neuen Zyklus. Sind alle Elemente markiert, dann sind wir fertig. Wegen Zeile 80 werden die Zyklen in separaten Zeilen gedruckt.

```
 10  I = 1
 20  E = I
 30      PRINT I;
 40      K = I
 50      I = L (I)
 60      L (K) = − L (K)
 70      IF I < > E THEN 30
 80  PRINT
 90  FOR I = 1 TO N
100      IF L (I) > 1 THEN 20
110  NEXT I
120  END
```
                                    Fig. 5.16

Aufgaben:

2. Schreibe ein Programm, das eine Zufallspermutation von {1, 2, ..., 100} erzeugt und die Zyklen ausdruckt.

3. Schreibe ein Programm, das eine Zufallspermutation von {1, 2, ..., 100} erzeugt und die Anzahl der Zyklen druckt.

4. Wiederhole das Programm in Aufg. 3 50mal und schätze so die mittlere Anzahl der Zyklen einer Permutation von $\{1, 2, \ldots, 100\}$. Man kann zeigen, daß der Mittelwert $1 + \frac{1}{2} + \frac{1}{3} + \ldots + \frac{1}{100}$ ist (siehe [5]).

4. Beispiel: Die Josephus-Permutation

Während des jüdischen Aufstands gegen Rom (70 n. Chr.) wurden 40 Juden in einer Höhle eingeschlossen. Um der Sklaverei zu entgehen, vereinbarten sie ein Programm zur gegenseitigen Vernichtung. Sie wollten sich im Kreis aufstellen und von 1 bis 40 numerieren. Dann sollte jeder siebente niedergemacht werden, bis nur noch einer übrig blieb, der Selbstmord begehen sollte.

Der spätere Geschichtsschreiber Flavius Josephus hat sich so aufgestellt, daß er übrig blieb. Den letzten Schritt hat er allerdings nicht ausgeführt.

Diese Geschichte ist der Ursprung des *Josephus-Problems*: n Personen werden im Kreis aufgestellt und von 1 bis n numeriert. Beginnend mit Nr. m wird jeder m-te hingerichtet, wobei sich der Kreis sofort wieder schließt. Gesucht ist die Reihenfolge $J_{n,m}$ der Hinrichtungen. Z. B., für $n = 8$, $m = 3$ erhält man

$$J_{8,3} = 3\ 6\ 1\ 5\ 2\ 8\ 4\ 7 \text{ oder ausführlicher } J_{8,3} = \begin{pmatrix} 1\ 2\ 3\ 4\ 5\ 6\ 7\ 8 \\ 3\ 6\ 1\ 5\ 2\ 8\ 4\ 7 \end{pmatrix}.$$

Fig. 5.17 zeigt ein Programm, das zur Eingabe m, n die sogenannte *Josephus-Permutation* $J_{n,m}$ druckt. Anfangs werden die Nummern 1 bis n in L (1) bis L (n) gespeichert. H zählt die Hinrichtungen. X zählt die Plätze von 1 bis n und beginnt dann wieder bei 1. Y zählt die Personen von 1 bis m. Ist $Y = m$, dann erfolgt eine Hinrichtung, indem L (X) = 0 gesetzt wird und Y wieder auf 0 gesetzt wird. Eingegeben wurden $m = 7$, $n = 40$. Josephus wählte demnach Platz Nr. 24.

```
 10  DIM L (100)
 20  INPUT M, N
 30  FOR I = 1 TO N      L (I) = I
 40  H = 0; X = Y = 1
 50  X = X + 1
 60  IF X > N THEN X = X − N
 70  IF L (X) = 0 THEN 50 ELSE Y = Y + 1
 80  IF Y < M THEN 50 ELSE PRINT X;
 90  H = H + 1; Y = L (X) = 0
100  IF H < N THEN 50
110  END
```
Fig. 5.17

7 14 21 28 35 2 10 18 26 34 3 12 22 31 40 11 23 33 5 17 30 4 19 36 9 27 6 25 8 32 16 1 38 37 39 15 29 13 20 24

Aufgaben:

5. Fig. 5.17 zeigt eine sehr fortgeschrittene BASIC-Version. Übersetze das Programm in den Dialekt Deiner Maschine und prüfe nach, daß folgende Permutationen zyklisch sind:

a) $J_{n,2}$ für $n = 2, 5, 6, 9, 14, 18$ b) $J_{n,3}$ für $n = 3, 5, 27$

c) $J_{n,4}$ für $n = 5, 10$ d) $J_{n,7}$ für $n = 11, 21, 35$

5.4. Wahrscheinlichkeitsprobleme

Die Lösung vieler Wahrscheinlichkeitsprobleme erfordert einen hohen Rechenaufwand. Wir betrachten zwei typische Beispiele.

1. Beispiel: Das Geburtstagsproblem (siehe [4])

In einem Raum sind n Personen anwesend. Wie groß ist die Wahrscheinlichkeit, daß mindestens zwei Personen denselben Geburtstag haben?
Es ist leichter, die Wahrscheinlichkeit $q_n = 1 - p_n$ zu bestimmen, daß alle n Personen verschiedene Geburtstage haben. In der Sprache der Urnen und Kugeln lautet die Aufgabe: n Kugeln werden nacheinander und zufällig auf 365 Urnen verteilt. Wie groß ist die Wahrscheinlichkeit q_n, daß alle n Kugeln in leere Urnen fallen?
Die 1., 2., ... , n-te Kugel fällt in eine leere Urne mit Wahrscheinlichkeit

$$\frac{365}{365}, \; \frac{364}{365}, \; \ldots, \; \frac{365 - n + 1}{365}.$$

Durch Multiplikation erhält man

$$q_n = \frac{365}{365} \cdot \frac{364}{365} \cdot \ldots \cdot \frac{365 - n + 1}{365}, \quad p_n = 1 - q_n.$$

Fig. 5.18 druckt die Paare (i, p_i) für $i = 1$ bis n unter Verwendung der Rekursion

$$q_1 = 1, \quad q_{n+1} = q_n \cdot \frac{365 - n}{365}.$$

```
10 INPUT N
20 Q = 1
30 FOR I = 1 TO N
40     PRINT I, 1 − Q
50     Q = Q*(365 − I)/365
60 NEXT I
70 END
```

Fig. 5.18

Aufgaben:

1. Führe das Programm in Fig. 5.18 für n = 23 aus, und zwar mit einem Rechner oder Taschenrechner. Das Ergebnis ist überraschend.

2. Schreibe das Programm in Fig. 5.18 so um, daß es das Paar (n, p_n) druckt, sobald $p_n > s$ wird und führe es aus für
   a) s = 0,9   b) s = 0,99   c) s = 0,999   d) s = 0,9999.

3. Auf dem Planeten X hat das Jahr 1000 Tage. Es sei wieder p_n die Wahrscheinlichkeit, daß unter n Personen mindestens zwei Personen denselben Geburtstag haben. Für welches kleinste n gilt
   a) $p_n > \frac{1}{2}$ b) $p_n > 0,9$ c) $p_n > 0,99$ d) $p_n > 0,999$.

4. Auf dem Planeten Y hat das Jahr x Tage; p_n habe dieselbe Bedeutung wie in Aufgabe 3. Es sei bekannt, daß n = 50 die kleinste Zahl ist, für die $p_n > \frac{1}{2}$ gilt. Welches sind die möglichen Werte von x?

2. Beispiel: Die Binomialverteilung

In Fig. 5.19 sind p und q = 1 − p die Wahrscheinlichkeiten für die Ausfälle 1 (Erfolg) und 0 (Fehlschlag). Wird dieses Glücksrad n-mal gedreht, so ist

$$b(x) = \binom{n}{x} p^x q^{n-x}, \quad x = 0, 1, 2, \ldots, n$$

die Wahrscheinlichkeit für genau x Erfolge. Genauer sollte man b (x; n, p) schreiben, um die Abhängigkeit von den Parametern n und p anzudeuten. Die Funktion b heißt *Binomialverteilung*. Diese am häufigsten verwendete Verteilung ist rechnerisch ganz unbequem. Daher ist sie ein lohnendes Objekt für Programmierübungen. Fig. 5.20 druckt zur Eingabe n, p die Paare (x, b (x)) für x = 0 bis n. Das Programm beruht auf der leicht zu verifizierenden Rekursion

$$b(0) = q^n, \quad b(x) = \frac{n-x+1}{x} \frac{p}{q} b(x-1), \quad x = 1, 2, \ldots, n.$$

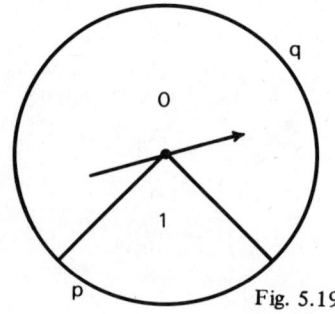

Fig. 5.19

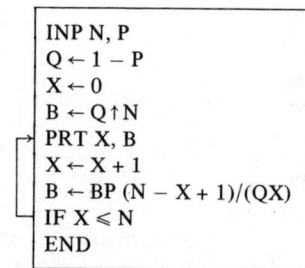

```
INP N, P
Q ← 1 − P
X ← 0
B ← Q↑N
PRT X, B
X ← X + 1
B ← BP (N − X + 1)/(QX)
IF X ≤ N
END
```

Fig. 5.20

In der Praxis interessieren vor allem die Summen

b (0) + b (1) + . . . + b (a)   (Wahrscheinlichkeit für höchstens a Erfolge)
b (a) + b (a + 1) + . . . + b (n)   (Wahrscheinlichkeit für mindestens a Erfolge)
b (c) + b (c + 1) + . . . + b (d)   (Wahrscheinlichkeit für c bis d Erfolge)

Bemerkung. Das Programm in Fig. 5.20 hat eine Schwäche. Die Zuweisung $B \leftarrow Q{\uparrow}N$ kann zu einem Unterlauf führen. Z. B., für n = 330 und $q = \frac{1}{2}$ streikte mein Rechner, da $\frac{1}{2^{330}} < 10^{-99}$ ist.

Aufgaben:

5. Schreibe ein Programm, das zur Eingabe a, n, p die Ausgabe
   b (0) + b (1) + . . . + b (a) liefert. Beachte, daß man mit demselben Programm auch die Summe b (a) + b (a + 1) + . . . + b (n) berechnen kann, wenn man statt (a, n, p) das Tripel (n − a, n, q) eingibt.

6. In 100 Würfen einer guten Münze möge x-mal Zahl erscheinen. Wie groß ist die Wahrscheinlichkeit, daß a) x < 40   b) | x − 50 | > 10 ist?
   (Verwende das Programm von Aufgabe 5.)

7. 600 Würfe eines Würfels ergeben 120 Sechsen (Erfolge). Wie groß ist die Wahrscheinlichkeit, daß bei einem guten Würfel eine so große oder noch größere Abweichung vom Erwartungswert 100 auftritt? *Hinweis:* Hier ist $n = 600$, $p = \frac{1}{6}$. Gesucht ist die Summe

$$b(0) + b(1) + \ldots + b(80) + b(120) + b(121) + \ldots + b(600).$$

3. Beispiel: Entdeckung einer asymptotischen Formel
Die Wahrscheinlichkeit für genau n-mal Zahl in $2n$ Würfen einer guten Münze beträgt

$$b_n = \binom{2n}{n} 2^{-2n} = \frac{1 \cdot 3 \cdot 5 \ldots (2n-1)}{2 \cdot 4 \cdot 6 \ldots 2n}.$$

Nur mit großer Mühe kann man zeigen, daß

$$b_n \sim \frac{1}{\sqrt{\pi n}}$$

ist (siehe [5]). Diese Formel läßt sich mit dem Rechner empirisch verifizieren und sogar verschärfen. Das Programm in Fig. 5.21 druckt Tabelle 5.22. Man prüft leicht nach, daß $\sqrt{\pi n} \cdot b_n$ gegen 1 strebt mit dem Konvergenzfaktor $\frac{1}{2}$. D. h.,

$$\sqrt{\pi n} \cdot b_n \sim 1 + \frac{a}{n}.$$

Für $n = 2000$ ergibt sich

$$1 + \frac{a}{2000} \approx 0{,}9999374946$$

oder

$$a \approx -0{,}125108 \approx -\frac{1}{8}.$$

D. h.

$$b_n \sim \frac{1}{\sqrt{\pi n}} \left(1 - \frac{1}{8n}\right)$$

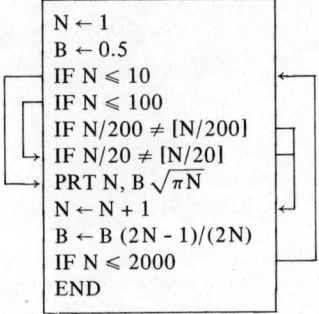

Fig. 5.21

n	$\sqrt{\pi n}\ b_n$	n	$\sqrt{\pi n}\ b_n$
1	0.8862269255	80	0.9984387300
2	0.9399856030	100	0.9987507859
3	0.9593687887	200	0.9993751956
4	0.9693106997	400	0.9996875482
5	0.9753500771	600	0.9997916871
6	0.9794056043	800	0.9998437602
7	0.9823161772	1000	0.9998750050
8	0.9845064055	1200	0.9998958351
9	0.9862141369	1400	0.9999107137
10	0.9875829288	1600	0.9999218726
20	0.9937701371	1800	0.9999305516
40	0.9968799587	2000	0.9999374946
60	0.9979188592		

Fig. 5.22

Aufgaben:

8. Für a) $n = 100$ und $n = 200$ b) $n = 1000$ und $n = 2000$ soll nachgeprüft werden, daß $1 - \sqrt{\pi n} \cdot b_n$ bei Verdoppelung von n fast genau halbiert wird.

9. a) Analog zu Fig. 5.22 soll eine Tabelle für die Folge
$c_n = \sqrt{\pi n}\ b_n / (1 - 1/8\,n)$ gedruckt werden.
b) Prüfe nach, daß c_n den Konvergenzfaktor $\frac{1}{4}$ hat, d. h.

$$c_n \sim 1 + \frac{b}{n^2}.$$

c) Für $n = 200$ soll b bestimmt und in der Form $b = \frac{1}{m}$ mit ganzzahligem m näherungsweise dargestellt werden.

6. Simulation von Zufallsprozessen

6.1. Der Zufallsgenerator

Der Zufallsgenerator wurde in 1.3.6. eingeführt und danach öfter verwendet. Es sei N eine natürliche Zahl. Dann kennen wir bereits folgende BASIC-Befehle
a) RND wählt zufällig eine reelle Zahl aus dem Intervall $(0, 1)$
b) N∗RND wählt zufällig eine reelle Zahl aus $(0, N)$.
c) INT (N∗RND) wählt zufällig ein Element aus $\{0, 1, 2, \ldots, N - 1\}$
d) INT (N∗RND) + 1 wählt zufällig ein Element aus $\{1, 2, 3, \ldots, N\}$

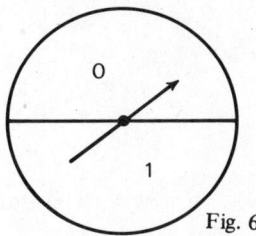

Fig. 6.1

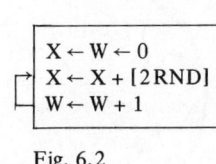

Fig. 6.2

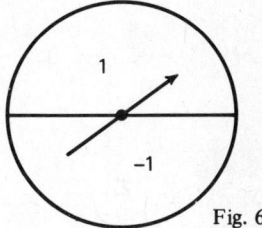

Fig. 6.3

Wir markieren die Seiten einer Münze mit 0 (*Fehlschlag*) und 1 (*Erfolg*). Der Wurf einer guten Münze wählt dann zufällig ein Element aus $\{0, 1\}$. Dasselbe tut das Glücksrad in Fig. 6.1. Der Münzenwurf läßt sich leicht simulieren. Jeder der beiden Befehle

$$[2\,RND], \quad [RND + 0.5]$$

erzeugt einen Wurf einer guten Münze. Fig. 6.2. erzeugt eine Folge von Münzenwürfen, wobei X und W die Einsen bzw. Würfe zählen. Manchmal ist es zweckmäßig, die Seiten einer Münze mit 1 und − 1 zu markieren. Eine gute Münze ist dann gleichwertig mit dem Glücksrad in Fig. 6.3. Mit diesem Gerät werden wir einen wichtigen Zufallsprozeß simulieren, der sogleich beschrieben wird.
Ein Teilchen bewegt sich auf den Punkten $0, \pm 1, \pm 2, \ldots\ldots$ der x-Achse, wobei es jede Sekunde einen Schritt nach rechts oder links macht, je mit Wahrscheinlichkeit $\frac{1}{2}$. Diese Bewegung heißt *symmetrische Irrfahrt auf der Geraden*. Die Punkte $0, \pm 1, \pm 2, \ldots\ldots$ heißen *Zustände*. Jeder der beiden Befehle

$$2\,[2\,RND] - 1, \quad 2\,[RND + 0.5] - 1$$

liefert einen Schritt der symmetrischen Irrfahrt auf der Geraden.

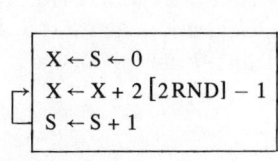

Fig. 6.4

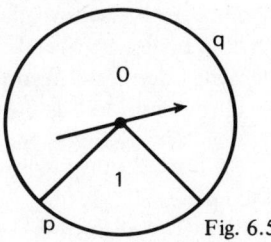

Fig. 6.5

Das kleine Programm in Fig. 6.4 startet eine Irrfahrt in 0, X gibt den Zustand des Teilchens an,und S zählt die Schritte seit Beginn der Irrfahrt.

Wir betrachten jetzt eine unsymmetrische Münze, die 1 oder 0 mit Wahrscheinlichkeit p bzw. q liefert, p + q = 1. Sie ist gleichwertig mit dem Glücksrad in Fig. 6.5. Der Befehl [RND + p] liefert einen Münzenwurf. Dies kann man sich anhand der Fig. 6.6 klarmachen. Eine Münze, die + 1 oder − 1 mit Wahrscheinlichkeit p bzw. q liefert, ist gleichwertig mit dem Glücksrad in Fig. 6.7. Mit diesem Zufallsgerät kann man die *asymmetrische Irrfahrt* auf der Geraden simulieren, wobei das Teilchen jede Sekunde einen Schritt nach rechts oder links macht mit Wahrscheinlichkeit p bzw. q. Der Befehl 2 [RND + p] − 1 liefert einen Schritt dieser Irrfahrt.

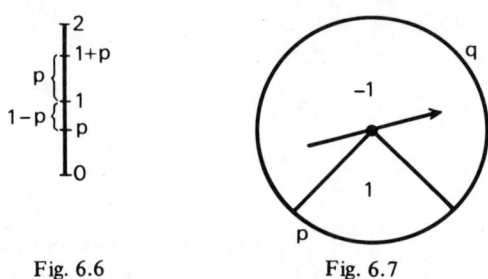

Fig. 6.6   Fig. 6.7

Mit dem Zufallsgenerator läßt sich jeder Zufallsprozeß leicht nachspielen. Wir wollen anhand zahlreicher Beispiele die Kunst des Simulierens lernen. Dabei machen wir auch in der Kunst des Programmierens einen wesentlichen Fortschritt. Denn Simulationsprogramme sind besonders lehrreich vom Standpunkt der Datenverarbeitung.

6.2. Simulationen mit dem Zufallsgenerator

1. Beispiel: Ziehung einer Zufallsstichprobe

In der Statistik ist es oft notwendig, aus einer Menge mit n Elementen, der sogenannten *Population*, eine *Stichprobe* mit s Elementen zu entnehmen. Man möchte von der Stichprobe Rückschlüsse auf die Population ziehen. Dies ist nur möglich, wenn es sich um eine *Zufallsstichprobe* handelt. Bei einer Zufallsstichprobe hat jedes Element der Population dieselbe Wahrscheinlichkeit $\frac{s}{n}$, in die Stichprobe zu gelangen. Eine Zufallsstichprobe wird gezogen, indem man die Elemente der Population durchnumeriert und s verschiedene Nummern zufällig auslost. Wir müssen uns jeweils merken, welche Nummern gezogen wurden, damit keine Nummer zweimal gezogen wird. Wir reservieren eine Liste L, wobei L (I) die Nummer I darstellt. Dann wählen wir zufällig ein Element I der Liste. Wenn die Nummer I gezogen wurde, so setzen wir L (I) = − 1. Das Programm in Fig. 6.8 wählt 6 Elemente aus $\{1, 2, \ldots . . 49\}$ aus (Lotto).

160

```
 10 READ N, S
 20 DIM L (N)
 30 FOR I = 1 TO N
 40        L (I) = I
 50 NEXT I
 60 FOR K = 1 TO S
 70        I = INT (N*RND) + 1
 80        IF L (I) < 0 THEN 70
 90        PRINT I;
100        L (I) = - 1
110 NEXT K
120 DATA 49,6
130 END
```

12	20	38	31	22	35
44	14	30	2	31	18
2	28	19	16	44	24
23	38	42	39	35	48
29	33	17	45	3	21
45	15	26	29	3	30
13	37	10	16	27	15
39	41	15	4	40	19
19	29	37	11	18	31
40	14	20	1	33	10

Fig. 6.8

Aufgabe:

1. *Nachbarn beim Lotto.* Abel und Kain ziehen eine 6-Stichprobe aus $1, 2, \ldots, 49$. Enthält die Stichprobe Nachbarn (z. B. 18 und 19), so gewinnt Kain. Andernfalls gewinnt Abel. Das Spiel soll 100 (1000) Mal wiederholt und Abels Gewinnchancen geschätzt werden. Schreibe dazu ein passendes Programm.
Hinweis: Es gibt Nachbarn, wenn $L (I) + L (I + 1) = - 2$ für ein I erfüllt ist.

2. *Beispiel: Warten auf einen vollständigen Satz*
a) Ich habe einen Würfel geworfen, bis alle 6 Augenzahlen erschienen sind. Das Ergebnis war die Ziffernfolge 4 31232 13311 22265. Wieviel Würfe braucht man im Mittel, bis man einen vollständigen Satz aller 6 Ziffern hat? (*Sammlerproblem.*)

b) TOP ist eine populäre Schokoladenmarke in Sikinien. Jede Tafel enthält einen Gutschein mit einer der gleichwahrscheinlichen Nummern $1, 2, \ldots, n$. Für einen vollständigen Satz aller Nummern erhält man einen Preis. Es sei T_n die Wartezeit für einen vollständigen Satz. Wir wollen den Mittelwert $E (T_n)$ durch ein Massenexperiment schätzen. Zunächst schreiben wir ein Programm, das einen vollständigen Satz aus $\{1, 2, \ldots, n\}$ sammelt und die Wartezeit druckt. Wir verwenden folgende Variablen:

> T zählt die Ziehungen.
> V zählt die Anzahl der gesammelten verschiedenen Elemente.
> R ist ein zufällig aus $\{1, 2, \ldots, n\}$ ausgewähltes Element.

Wir setzen $L (R) = 1$, wenn R zum ersten Mal erscheint. Sobald $V = N$ ist, haben wir einen vollständigen Satz. Fig. 6.9 zeigt das entsprechende Programm.

```
 5 INPUT N
10 DIM L (N)
20 T = 0
30 FOR I = 1 TO N
40      L (I) = 0
50 NEXT I
60 FOR V = 1 TO N
70      R = INT (N∗RND) + 1
80      T = T + 1
90      IF L (R) = 1 THEN 70
100     L (R) = 1
110 NEXT V
120 PRINT T
130 END                    Fig. 6.9
```

Aufgaben:

2. Modifiziere das Programm in Fig. 6.9 so, daß es 10 vollständige Sätze sammelt und die 10 Wartezeiten druckt. Laß es vom Computer ausführen für n = 6 (Würfel) und n = 10 (dezimale Zufallsziffern).

3. Modifiziere das Programm so, daß es 100 vollständige Sätze sammelt und nur den Mittelwert der 100 Wartezeiten druckt. Laß es vom Computer für n = 6 und n = 10 ausführen.

3. Beispiel: Das Crap-Spiel

Das Crap-Spiel ist das schnellste und populärste amerikanische Würfelspiel. Die Spielregeln lauten:

1. Rolle zwei Würfel und bestimme die Augensumme S. S = 7 oder S = 11 gewinnt sofort. S = 2 oder S = 3 oder S = 12 verliert sofort.
2. Bei jeder anderen Summe nennt man diese Summe den „Punkt" P und spielt so lange weiter, bis entweder S = 7 (ein Verlust) oder S = P (ein Gewinn) erscheint.

```
10 READ N, G, W
20 FOR I = 1 TO N
30      S = INT (6∗RND) + INT (6∗RND) + 2
40      W = W + 1
50      IF S = 7 OR S = 11 THEN 120
60      IF S = 2 OR S = 3 OR S = 12 THEN 130
70      P = S
80      S = INT (6∗RND) + INT (6∗RND) + 2
90      W = W + 1
100     IF S <> 7 AND S <> P THEN 80
110    ˙IF S = 7 THEN 130
120     G = G + 1
130 NEXT I
140 PRINT „SPIELE="N, „GEWINNE="G, „VERLUSTE="N – G, „WÜRFE="W
150 DATA 1000, 0, 0
160 END
```

Fig. 6.10

Wir wiederholen das Spiel n-mal und schätzen die Gewinnwahrscheinlichkeit sowie die mittlere Spieldauer (Wurfzahl). Der Befehl INT (6*RND) + 1 liefert einen Wurf eines Würfels. Daher ist INT (6*RND) + INT (6*RND) + 2 die Augensumme zweier Würfe. Die Variablen G und W zählen die Gewinne bzw. die Doppelwürfe. Das Programm in Fig. 6.10 dürfte ohne Kommentar verständlich sein.

Manche Tischrechner erlauben es nicht, Relationen durch AND und OR zu verknüpfen, wie es in den Zeilen 50, 60 und 100 geschehen ist. Man kann diese Zeilen wie folgt umschreiben:

$$50 \ \text{IF } (S - 7) * (S - 11) = 0 \text{ THEN } 120$$
$$60 \ \text{IF } (S - 2) * (S - 3) * (S - 12) = 0 \text{ THEN } 130$$
$$100 \ \text{IF } (S - 7) * (S - P) \neq 0 \text{ THEN } 80$$

Leider treten hier viele Multiplikationen auf. Für die Zeilen 50 und 60 lassen sich Multiplikationen ganz vermeiden durch folgende elegante Umschreibung:

$$50 \ \text{IF } \text{ABS} (S - 9) = 2 \text{ THEN } 120$$
$$60 \ \text{IF } \text{ABS} (S - 7) \geq 4 \text{ THEN } 130$$

Denn $|S - 9| = 2$ ist genau dann erfüllt, wenn $S = 7$ oder $S = 11$ ist. Ist $|S - 9| \neq 2$, dann ist insbesondere $S \neq 11$, und $|S - 7| \geq 4$ ist nur für $S = 2, 3, 12$ erfüllt.

4. Beispiel: Ein Münzenspiel

Abel sagt zu Kain: Wir wollen eine Münze mit den Seiten 0 und 1 solange werfen, bis eines der Wörter 1111 oder 0011 erscheint. Im ersten Fall gewinnst Du, und im zweiten gewinne ich. Das Spiel ist fair, da beide Wörter die Wahrscheinlichkeit $\frac{1}{16}$ haben.

Hat Abel recht? Wie groß ist seine Gewinnaussicht? Wie lange dauert das Spiel im Mittel?

Ich habe das Spiel viermal wiederholt mit dem Ergebnis 110110011, 0100000011, 1111, 011011100000011. Abel hat in drei Fällen gewonnen und Kain nur in einem Fall. Die mittlere Spieldauer betrug 10,75.

Der Computer soll instruiert werden, das Spiel n-mal zu wiederholen. W zählt die Würfe, A zählt Abels Gewinne. Wir brauchen uns nur die letzten vier Würfe X, Y, Z, U zu merken. Sie bilden einen Ziffernblock, den man als eine im Zweiersystem geschriebene Zahl mit dem Wert $D = 8X + 4Y + 2Z + U$ deuten kann. Den Wörtern 1111 bzw. 0011 entsprechen die Werte $D = 15$ bzw. $D = 3$. Umgekehrt, aus dem Wert D kann man das 4-Wort rekonstruieren. Z. B., $D = 13 = 8 + 4 + 1$ entspricht 1101. Das Spiel ist zu Ende, sobald $|D - 9| = 6$ ist. Ist $|D - 9| \neq 6$, dann muß man $X = Y$, $Y = Z$, $Z = U$ setzen und U durch den nächsten Münzenwurf ermitteln. Damit ergibt sich das Programm in Fig. 6.11. Für 1000 Spiele wurden 11986 Würfe benötigt. Die mittlere Wurfzahl ist rund 12. Für Abels Gewinnaussichten ergibt sich die Schätzung 0,741.

```
10 READ N, A, W
20 FOR I = 1 TO N
30      X = INT (RND + 0.5)
40      Y = INT (RND + 0.5)
50      Z = INT (RND + 0.5)
60      U = INT (RND + 0.5)
70      D = 8 * X + 4 * Y + 2 * Z + U
80      IF ABS (D − 9) = 6 THEN 150
90      X = Y
100     Y = Z
110     Z = U
120     U = INT (RND + 0.5)
130     W = W + 1
140     GO TO 70
150     IF D <> 3 THEN 170
160     A = A + 1
170 NEXT I
180 PRINT ,,W= ,,W, ,,A= ,,A
190 DATA 1000, 0, 4
200 END

W = 11986      A = 741
```

Fig. 6.11

Fig. 6.12

Aufgabe:

4. Zwei Spieler, Weiß und Schwarz, ziehen abwechselnd. Wer am Zug ist, lost eine der Zahlen 1, 2 zufällig aus und legt in Fig. 6.12 auf die gezogene Nummer einen Chip seiner Farbe. Sieger ist, wer zuerst beide Kreise mit Chips seiner Farbe zudeckt. Schreibe ein Programm, das dieses Spiel n-mal wiederholt. Schätze die Gewinnaussichten von Schwarz, sowie die mittlere Spieldauer.

5. Beispiel. Relative Häufigkeit und Wahrscheinlichkeit

a) Wir machen eine Folge von Münzenwürfen, und wir achten auf die relative Häufigkeit der Einsen in der entstehenden Null-Eins-Folge:

$$\frac{E}{N} = \frac{\text{Anzahl der Einsen}}{\text{Anzahl der Würfe}}$$

Nach dem sog. starken Gesetz der großen Zahlen (siehe [4]) strebt $\frac{E}{N}$ „fast sicher" gegen $\frac{1}{2}$ für $N \to \infty$. Wir wollen diese fast sichere Konvergenz mit dem Computer verfolgen. Das Programm in Fig. 6.13 wirft eine Münze 2000mal und druckt $\frac{E}{N}$ für $N = 10, 20, \ldots, 100, 200, \ldots, 2000$. Die Tabelle zeigt, daß $\frac{E}{N}$ sich in ganz unregelmäßiger Weise der Zahl $\frac{1}{2}$ nähert. Man kann zeigen, daß $|\frac{E}{N} - 0.5| \leq \frac{1}{2\sqrt{N}}$ mit Wahrscheinlichkeit 0.68 und $|\frac{E}{N} - 0.5| \leq \frac{1}{\sqrt{N}}$ mit Wahrscheinlichkeit 0.95.

Die Abweichung $\sigma = \frac{1}{2\sqrt{N}}$ heißt Standardabweichung. Die Abweichung $2\sigma = \frac{1}{\sqrt{N}}$ wird als „Alarmsignal" verwendet. Wenn sie überschritten wird, dann besteht ein starker Verdacht, daß die Münze nicht fair ist. Die dritte Spalte in Fig. 6.13 mißt die Abweichungen in σ-Einheiten. Die 2σ-Grenze wird nicht überschritten.

b) Fig. 6.14 zeigt ein dezimales Glücksrad. Das Programm in Fig. 6.15 dreht das Glücksrad 1000mal und zählt die Häufigkeit der Ausfälle 0 bis 9. Die beobachteten Häufigkeiten B_i weichen von den erwarteten Häufigkeiten $E_i = 100$ ab. Sind diese Abweichungen durch Zufallsgeräusch entstanden, oder sind sie so groß, daß Zweifel an der Qualität des Glücksrads besteht? Auskunft darüber gibt die Größe

$$\chi^2 = \sum_{i=1}^{n} \frac{(B_i - E_i)^2}{E_i}.$$

Man kann zeigen, daß $E(\chi^2) = n - 1$, $\sigma = \sqrt{2(n-1)}$.

```
10 E = 0
20 FOR N = 1 TO 2000
30     E = E + INT (2 * RND)
40     IF N < = 100 AND N/10 = INT (N/10) THEN 60
50     IF N/100 <> INT (N/100) THEN 70
60     PRINT N, E/N, 2 * SQR (N) * ABS (E/N – 0.5)
70 NEXT N
80 END
```

10	0.3	1.26491
20	0.5	0
30	0.533333	0.36515
40	0.6	1.26491
50	0.56	0.84853
60	0.583333	1.29099
70	0.571429	1.19523
80	0.5625	1.11803
90	0.555556	1.05409
100	0.54	0.8
200	0.525	0.70711
300	0.49	0.34641
400	0.4975	0.1
500	0.504	0.17889
600	0.506667	0.32660
700	0.502857	0.15119
800	0.50625	0.35355
900	0.51	0.6
1000	0.51	0.63246
1100	0.509091	0.60302
1200	0.505	0.34641
1300	0.500769	0.05547
1400	0.496429	0.26726
1500	0.499333	0.05164
1600	0.49375	0.5
1700	0.492353	0.63059
1800	0.493889	0.51854
1900	0.492632	0.64236
2000	0.4945	0.49193

Fig. 6.13

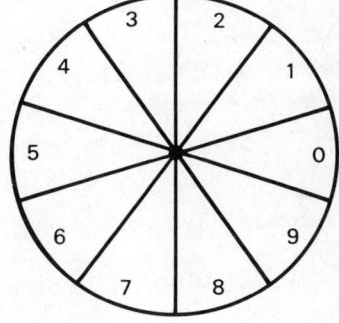

Fig. 6.14

```
10 FOR I = 0 TO 9
20     B (I) = 0
30 NEXT I
40 FOR I = 1 TO 1000
50     D = INT (10*RND)
60     B (D) = B (D) + 1
70 NEXT I
80 FOR I = 0 TO 9
90     PRINT B (I);
100 NEXT I
110 END
```

87 96 102 104 96 106 93 101 110 105

Fig. 6.15

165

In unserm Fall ist $E(\chi^2) = 9$, $\sigma = \sqrt{18} = 4,24 \ldots$ Da unser $\chi^2 = 4,32$ kleiner ist als der Erwartungswert 9, besteht kein Grund, an der Qualität des Zufallsgenerators zu zweifeln. Die Berechnung von χ^2 wird man auch dem Computer überlassen.

Aufgabe:

5. Schreibe ein Programm, das 600 Würfe eines Würfels macht, die Häufigkeiten der Ausfälle 1 bis 6 zählt und χ^2 berechnet.

6. Beispiel: Runs in binären Ziffernfolgen

Eine gute Münze wurde 20mal geworfen mit dem Ergebnis 00 11 0000 1 0 11 00000 1 00. Dies sind neun Blöcke gleicher Ziffern, die man im Englischen „Runs" nennt. Wir haben vier Einser-Runs und fünf Runs aus Nullen. Ein Schüler wurde herausgefordert, 50 Münzenwürfe aufzuschreiben, ohne ein Zufallsgerät zu verwenden. Er ging mit großer Sorgfalt an die Arbeit und legte folgendes Ergebnis vor: 10101101001011000101100101011000101010011001010100. Auf den ersten Blick sieht die Folge gut aus. Sie enthält 23 Einsen und 27 Nullen. Trotzdem ist dies eine ganz schlechte Nachahmung des Zufalls. Die Folge enthält 36 Runs. Eine vom Zufall erzeugte Folge enthält ganz selten so viele Runs. Wir wollen uns davon überzeugen, indem wir den Computer anweisen 100mal 50 Münzenwürfe zu erzeugen, die Runs zu zählen und zu drucken. Auch die mittlere Runzahl soll gedruckt werden. Fig. 6.16 zeigt das entsprechende Programm. S und T sind die beiden letzten Münzenwürfe. W zählt die Wechsel von 0 nach 1 oder von 1 nach 0. Die Anzahl der Runs ist um 1 größer als die Anzahl der Wechsel. Die Variable R kumuliert die Runzahlen. Zeile 140 druckt die mittlere Runzahl $\frac{R}{100}$.

```
 10  R = 0
 20  FOR J = 1 TO 100
 30      W = 0
 40      S = INT (2*RND)
 50      FOR I = 1 TO 49
 60          T = INT (2*RND)
 70          W = W + ABS (S − T)
 80          S = T
 90      NEXT I
100      PRINT W + 1;
110      R = R + W + 1
120  NEXT J
130  PRINT
140  PRINT R/100
150  END                        Fig. 6.16
```

25 34 16 29 27 27 26 22 22 25 25 26 23 31 29 23 22 22 22 29 28 24 23 26 28
25 23 27 26 19 26 25 23 26 31 30 27 23 29 27 30 23 25 28 28 24 22 24 29 23
21 29 22 24 21 30 27 20 23 24 25 23 29 26 25 26 23 24 22 23 24 27 26 33 27
26 24 26 30 22 28 26 22 25 24 21 27 22 29 27 26 28 31 24 26 25 24 27 24 28
25.43

Wir sehen, daß die mittlere Runzahl rund 25,5 beträgt und daß eine Runzahl 36 oder mehr in 100 Fällen nicht vorgekommen ist. Mehr darüber kann man in [4] nachlesen.

7. Beispiel: Symmetrische Irrfahrt. Das $\sqrt{n}$-Gesetz

a) Symmetrische Irrfahrt auf der Geraden. Ein Teilchen startet im Ursprung 0 und springt jede Sekunde einen Schritt nach links oder rechts je mit Wahrscheinlichkeit $\frac{1}{2}$. Es sei D_n seine Distanz von 0 nach n Schritten. Die Zufallsgröße D_n kann die Werte 0, 2, 4, ... , n bzw. 1, 3, 5, ... , n annehmen, je nachdem n gerade oder ungerade ist. Der Erwartungswert von D_n sei $E(D_n^2)$. Wir wollen $E(D_n^2)$ schätzen. Dazu simulieren wir m = 100 Irrfahrten mit n = 10 Schritten. Wir drucken alle m Werte von D_n^2, um einen Eindruck von der Verteilung zu bekommen. Das Mittel der m Werte liefert eine Schätzung für $E(D_n^2)$. In Fig. 6.17 zählt I die Irrfahrten und K zählt die Schritte einer Irrfahrt. X ist die jetzige Position des irrefahrenden Teilchens. S kumuliert die m Entfernungsquadrate. Die ausgedruckten Werte lassen vermuten, daß $E(D_n^2) = n$ ist.

```
10  READ S, N, M
20  FOR  I = 1 TO M
30       X = 0
40       FOR K = 1 TO N
50            X = X + 2*INT (2*RND) − 1
60       NEXT K
70       D = X*X
80       PRINT D;
90       S = S + D
100 NEXT I
110 PRINT
120 PRINT S/M
130 DATA 0, 10, 100
140 END
```

0 4 16 36 16 16 0 4 4 16 16 16 16 0 4 64 0 0 16 4 16 4 16 4 4 16 16 4 4 0 0 0
16 0 4 0 16 4 0 0 0 4 0 4 16 0 4 0 0 4 16 16 4 4 16 4 16 16 16 4 4 4 0 36 4 16
4 4 4 16 4 0 16 4 0 36 4 16 36 16 0 16 4 0 4 0 4 4 64 0 0 16 16 16 4 4 16 4 64 0
9.76

Fig. 6.17

b) Symmetrische Irrfahrt in der Ebene. Ein Teilchen startet in 0 eine Irrfahrt in der Ebene. Bei jedem Schritt geht es je mit Wahrscheinlichkeit $\frac{1}{4}$ einen Schritt nach links, rechts, oben, unten. Es sei D_n seine Distanz von 0 nach n Schritten. Wir schätzen $E(D_n^2)$. Das Programm in Fig. 6.18 ist eine leichte Abwandlung des vorangehenden Programms. Die Zeilen 30 bis 80 simulieren eine Irrfahrt von n Schritten. A ist 0 oder 1 und B ist + 1 oder − 1, je mit Wahrscheinlichkeit $\frac{1}{2}$. Ist A = 0, so wird y um 1 oder − 1 verändert. Ist A = 1, so wird x um 1 oder − 1 verändert. Für die einzelnen Entfernungsquadrate interessieren wir uns diesmal nicht.
Fünf Ausführungen des Programms lieferten 8.28, 8.94, 9.74, 10.44, 12.14. Diese Zahlen lassen vermuten, daß $E(D_n^2) = n$ auch für die Ebene gilt.

```
10 READ S, N, M              10 READ S, N, M
20 FOR I = 1 TO M            20 FOR I = 1 TO M
30    X = Y = 0              30    X = Y = 0
40    FOR K = 1 TO N         40    FOR K = 1 TO N
50       A = INT (2*RND)     50       A = 2 *PI *RND
60       B = 2*INT (2*RND) - 1  60       X = X + COS (A)
70       X = X + A*B         70       Y = Y + SIN (A)
80       Y = Y + (1 - A)*B   80    NEXT K
90    NEXT K                 90    D = X*X + Y*Y
100   D = X*X + Y*Y          100   S = S + D
110   S = S + D              110 NEXT I
120 NEXT I                   120 PRINT S/M
130 PRINT S/M                130 DATA 0, 10, 100
140 DATA 0, 10, 100          140 END
150 END
```

Fig. 6.18   Fig. 6.19

c) Ein Teilchen startet in 0 und macht Einheitsschritte. Die Schrittrichtung ist jeweils gleichverteilt zwischen 0 und 2π. Fig. 6.20 zeigt 10 Schritte dieser Irrfahrt. Wir wollen wieder $E(D_n^2)$ schätzen. Fig. 6.21 zeigt, wie man von der jetzigen Stellung (x, y) zur nächsten Stellung gelangt. Durch $A \leftarrow 2\pi\text{RND}$ wird ein Zufallswinkel zwischen 0 und 2π ausgewählt. Dann liefert $x \leftarrow x + \cos A$, $y \leftarrow y + \sin A$ die nächste Stellung. Das Programm in Fig. 6.19 simuliert $m = 100$ Irrfahrten mit $n = 10$ Schritten. Fünf Ausführungen des Programms ergaben die Werte 10.90, 8.89, 10.40, 9.89, 8.50. Diese Werte stützen wieder die Vermutung, daß $E(D_n^2) = n$ ist.

Fig. 6.20   Fig. 6.21

Irrfahrten sind diskrete Approximationen physikalischer *Diffusionsprozesse*. Die symmetrische Irrfahrt ist die diskrete Version der *Brownschen Bewegung*. Ein Tropfen Tinte in einer dünnen Wasserschicht zerfließt langsam, behält aber annähernd Kreisform bei. Die einzelnen Farbteilchen führen eine ungeordnete Bewegung aus. Der Radius des Kreises, der die Hälfte der Teilchen enthält, wächst mit der Zeit nach dem Gesetz $r(t) = c\sqrt{t}$. Wir hatten Sonderfälle dieses Gesetzes beobachtet. Ist nämlich $E(D_n^2) = n$, so ist $E(D_n) = c\sqrt{n}$ mit $0 < c < 1$. Dies folgt aus der Ungleichung

$$\frac{\sqrt{d_1^2 + d_2^2 + \ldots + d_n^2}}{n} \geq \frac{d_1 + d_2 + \ldots + d_n}{n}.$$

8. Beispiel: Irrfahrt auf dem Würfel

Ein Käfer irrt auf den Kanten eines Würfels. Er startet in 0 (Fig. 6.22). Für eine Kante braucht er eine Minute. An jeder Ecke wählt er je mit Wahrscheinlichkeit $\frac{1}{3}$ eine der drei Kanten. In 3 wird er gestoppt.

a) Simuliere eine Irrfahrt und drucke die Laufzeit I.

b) Simuliere N Irrfahrten, drucke die N Laufzeiten, sowie die mittlere Laufzeit.

c) Simuliere N Irrfahrten, drucke eine Häufigkeitstabelle für die Laufzeiten, sowie die mittlere Laufzeit.

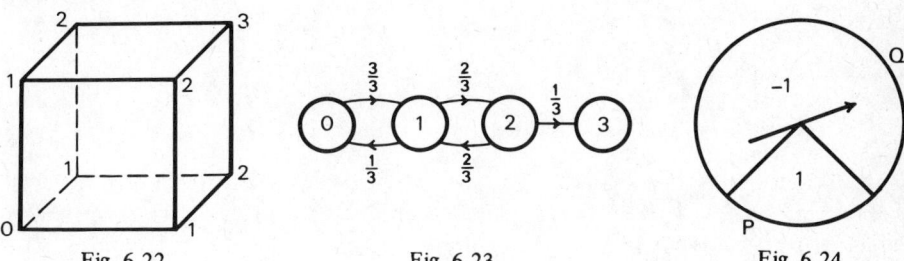

Fig. 6.22   Fig. 6.23   Fig. 6.24

Ecken (Zustände), die aus Symmetriegründen gleichwertig sind, wollen wir nicht unterscheiden. Die Irrfahrt auf dem Würfel reduziert sich dann auf die Irrfahrt auf der Fig. 6.23. Wir erinnern an Fig. 6.24, die eine Irrfahrt auf der Geraden steuert. Geht man vom jetzigen Zustand Z mit Wahrscheinlichkeit P bzw. Q nach Z + 1 bzw. Z − 1, so erhält man den nächsten Zustand durch die Zuweisung

$$Z \leftarrow Z + 2\,[RND + P] - 1.$$

Für $Z \leq 2$ in Fig. 6.23 ist $P = \frac{3-Z}{3}$. D. h., für $Z \leq 2$ liefert

$$Z \leftarrow Z + 2\,[RND + \frac{3-Z}{3}] - 1$$

einen Schritt der Irrfahrt. Das Programm in Fig. 6.25 löst Aufgabe a).

```
10  READ S, N
20  FOR K = 1 TO N
30      I = Z = 0
40      Z = Z + 2 * INT (RND + (3 − Z)/3) − 1
50      I = I + 1
60      IF Z < 3 THEN 40
70      PRINT I
80      S = S + I
90  NEXT K
100 PRINT
110 PRINT S/N
120 DATA 0, 100
130 END
```

Fig. 6.26

```
10 I = Z = 0
20 Z = Z + 2 * INT (RND + (3 − Z)/3) − 1
30 I = I + 1
40 IF Z < 3 THEN 20
50 PRINT I
60 END
```

Fig. 6.25

Für b) führen wir die Variablen K und S ein. K zählt die Irrfahrten und S kumu-
liert die Schrittzahlen aller Irrfahrten. Damit ergibt sich das Programm in Fig. 6.26.
Für c) wollen wir die Häufigkeit der Laufzeit I in L (I) zählen. Fig. 6.27 zeigt das
Programm. Es simuliert N = 1000 Irrfahrten und bestimmt die Häufigkeiten der
Laufzeiten bis höchstens M = 99 Schritte. Noch größere Laufzeiten sind ganz
unwahrscheinlich.

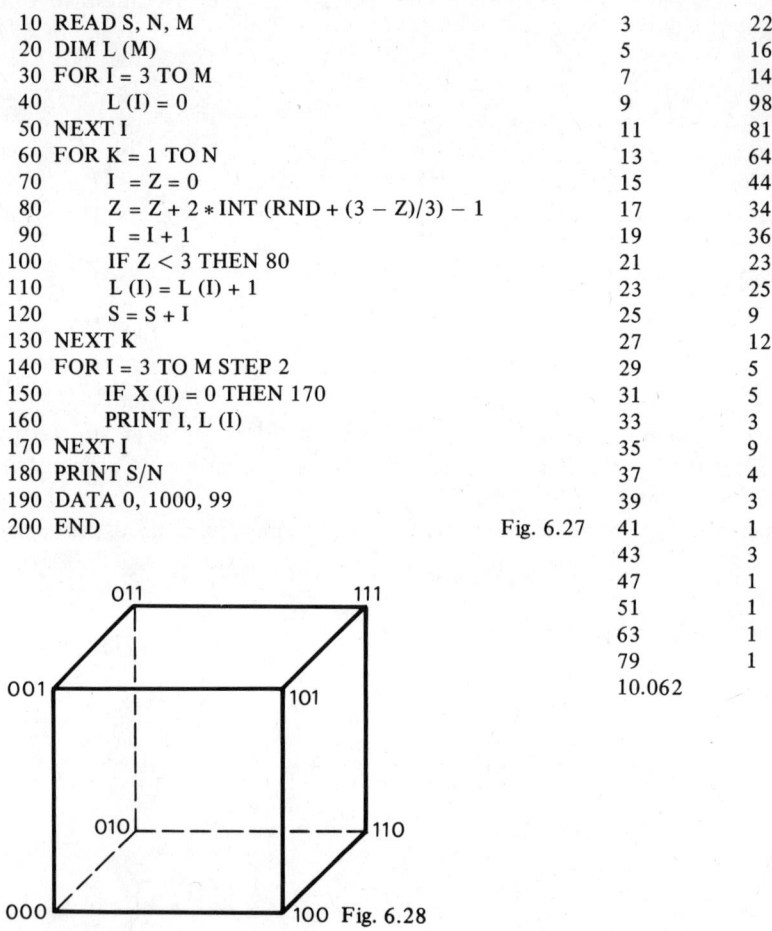

Programm		
10 READ S, N, M	3	221
20 DIM L (M)	5	168
30 FOR I = 3 TO M	7	148
40 L (I) = 0	9	98
50 NEXT I	11	81
60 FOR K = 1 TO N	13	64
70 I = Z = 0	15	44
80 Z = Z + 2 * INT (RND + (3 − Z)/3) − 1	17	34
90 I = I + 1	19	36
100 IF Z < 3 THEN 80	21	23
110 L (I) = L (I) + 1	23	25
120 S = S + I	25	9
130 NEXT K	27	12
140 FOR I = 3 TO M STEP 2	29	5
150 IF X (I) = 0 THEN 170	31	5
160 PRINT I, L (I)	33	3
170 NEXT I	35	9
180 PRINT S/N	37	4
190 DATA 0, 1000, 99	39	3
200 END Fig. 6.27	41	1
	43	3
	47	1
	51	1
	63	1
	79	1
	10.062	

011   111

001   101

010   110

000   100 Fig. 6.28

Aufgabe:
6. Wir markieren die acht Ecken des Würfels durch 3-Wörter aus Nullen und Einsen
   (Fig. 6.28). Die Ziffern werden in Y (1), Y (2), Y (3) gespeichert. Die Irrfahrt
   auf dem Würfel kann man jetzt wie folgt simulieren: Man wählt zufällig eine
   Ziffer D aus $\{1, 2, 3\}$ und ersetzt Y (D) ← 1 − Y (D). Anfangs ist
   Y (1) = Y (2) = Y (3) = 0. Man stoppt, sobald Y (1) + Y (2) + Y (3) = 3 ist.
   Schreibe die Programme von Fig. 6.25 bis 6.27 entsprechend um.

9. Beispiel: Rekorde in einem Zufallsprozeß

Die Nachrichtenmedien bombardieren uns ununterbrochen mit Rekordmeldungen: die größte Überschwemmung des Jahrhunderts, der regenreichste Juli seit 50 Jahren, die größte Flugzeugkatastrophe usw. Wird die Welt immer verrückter, oder sind so viele Rekorde rein zufällig zu erwarten? Um diese Frage zu beantworten, wollen wir Rekorde in einem Zufallsprozeß studieren. An einem bestimmten Ort sei die Niederschlagsmenge in den nächsten n Jahren $X_1, X_2, \ldots \ldots X_n$. Wir dürfen $X_i \neq X_j$ für $i \neq j$ annehmen. Wir wollen dann sagen, daß im Jahre j ein *Rekord* eingetreten ist, wenn $X_i < X_j$ ist, für alle $i < j$. Angenommen es gibt keinen systematischen Trend beim Wetter, d. h., die X_i sind durch unabhängige Drehungen desselben Glücksrades erzeugt. Es kann von 1 bis n Rekorde geben. Wir interessieren uns für die erwartete Anzahl von Rekorden. Das Programm in Fig. 6.29 erzeugt 100 Zufallszahlen (Niederschläge in einem Jahrhundert) und zählt die Rekorde. Dies wird 100mal wiederholt, die Anzahl der Rekorde in jedem Jahrhundert wird gedruckt, sowie der Mittelwert dieser 100 Zahlen.

Die Variablen haben folgende Bedeutung:

I zählt die Jahre in einem Jahrhundert.
J zählt die Jahrhunderte.
X ist die Niederschlagsmenge in einem Jahr.
M ist die bisher maximale Regenmenge im laufenden Jahrhundert.
R zählt die Rekorde im laufenden Jahrhundert.
S kumuliert alle Rekordzahlen.

Es ergeben sich etwas mehr als 5 Rekorde in einem Jahrhundert. D. h., Rekorde sind relativ selten. Aber die Nachrichtenmedien beobachten sehr viele Zufallsprozesse. Man kann zeigen, daß die erwartete Anzahl von Rekorden in einem Jahrhundert 5.187 ist (siehe [5]).

```
 10  S = 0
 20  FOR J = 1 TO 100
 30     M = R = 0
 40     FOR I = 1 TO 100
 50        X = RND
 60        IF X < M THEN 90
 70        R = R + 1
 80        M = X
 90     NEXT I
100     PRINT R;
110     S = S + R
120  NEXT J
130  PRINT
140  PRINT S/100
150  END                        Fig. 6.29
```

4 7 3 8 8 6 5 7 4 4 6 8 6 5 4 4 5 2 6 5 6 5 8 4 8 3 2 3 6 5 4 4 5 2 5 5 2
10 7 10 2 2 9 5 4 5 7 6 6 5 3 8 5 3 8 3 8 4 4 4 7 2 8 3 5 3 5 5 4 2 8 2 4
6 8 9 5 3 6 6 10 6 5 4 3 4 6 6 3 8 7 6 3 5 7 4 3 2 3 7
5.17

10. Beispiel: Fischen im Dreiländersee

Fig. 6.30 zeigt den Dreiländersee. Das Gewicht der Fische im See ist gleich verteilt zwischen 0 und 1. D. h., der Aufruf RND erzeugt einen Fisch. Um die Fische zu schonen, hat jedes Land für seine Angler eine Stoppregel erlassen. Es seien $G_1, G_2, G_3, \ldots$ die Gewichte der Fische, die ein Angler nacheinander fängt. Die Stoppregeln für Anchurien, Sikinien und Zentaurien lauten jeweils:

A. Stoppe, sobald $G_{n-1} < G_n$ ist.

S. Stoppe, sobald $G_1 + G_2 + \ldots + G_n > 1$ ist.

Z. Stoppe, sobald $G_n > G_1$ ist.

Es sei X die Anzahl der Fische, die ein Angler fängt. Wir wollen für die Stoppregel A die Verteilung von X und E (X) schätzen. Dazu stellen wir bei 1000 Anglern fest, wie oft X den Wert 2, 3, 4, 5, . . . annimmt. Die mittlere Fangzahl X wird in R (X) gezählt. S zählt alle Fische. V und N sind die Gewichte des vorangehenden bzw. nachfolgenden Fisches.

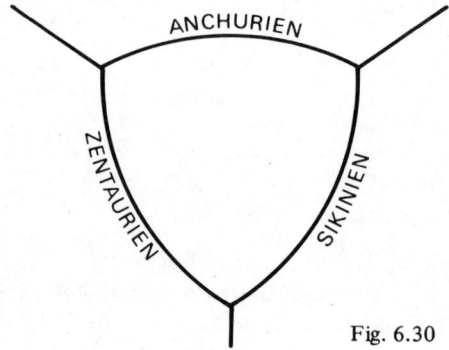

Fig. 6.30

```
 10  S = 0
 20  FOR X = 2 TO 10  R (X) = 0
 30  FOR I  = 1 TO 1000
 40      X = 2; V = RND; N = RND
 50      IF V < N THEN 70
 60      V = N; N = RND; X = X + 1; GO TO 50
 70      R (X) = R (X) + 1; S = S + X
 80  NEXT I
 90  FOR X = 2 TO 10
100      IF R (X) < > 0 THEN PRINT X, R (X)/1000
110  NEXT X
120  PRINT
130  PRINT „MITTLERE FANGZAHL="S/1000
140  END
```

2	0.478
3	0.361
4	0.120
5	0.033
6	0.008

MITTLERE FANGZAHL=2.732   Fig. 6.31

Das Programm hat einen Fehler, der nur in Erscheinung tritt, wenn $X > 10$ wird, d. h., wenn eine fallende Folge $G_1 > G_2 > \ldots > G_{10}$ auftritt. Die Wahrscheinlichkeit einer fallenden Folge der Länge 10 ist $q_{10} = \frac{1}{10!}$. Bei 1000 Anglern tritt sie mindestens einmal auf mit Wahrscheinlichkeit

$$1 - (1 - q_{10})^{1000} < 1000\, q_{10} = \frac{1}{3628.8}\,.$$

Man kann leicht zeigen, daß $X = n$ ist mit Wahrscheinlichkeit $p_n = \frac{n-1}{n!}$ und $E(X) = e = 2.71828\ldots$ (siehe [5]). Man vergleiche diese Werte mit ihren Schätzungen in Fig. 6.31.

Das Programm für die Stoppregel S ist ganz analog. Siehe Aufgabe 7. Der Leser sollte diese Aufgabe unbedingt lösen. Das Ergebnis ist überraschend.

Besonders interessant ist die einfache Stoppregel Z. Den Hinweis auf diese Regel verdanke ich Herrn A. Vogt vom Eidgenössischen Statistischen Amt in Bern. Wir behandeln diese Stoppregel zuerst rechnerisch. Offenbar ist $X > n$ genau dann, wenn $G_1 = \max(G_1, G_2, \ldots, G_n)$ ist. Die Wahrscheinlichkeit dafür beträgt

$$q_n = \frac{1}{n}, \quad n = 1, 2, 3, \ldots$$

Daher ist $X = n$ mit Wahrscheinlichkeit $p_n = q_{n-1} - q_n$. D. h.,

$$p_n = \frac{1}{n-1} - \frac{1}{n} = \frac{1}{n(n-1)}, \quad n = 2, 3, 4, \ldots$$

und
$$E(X) = \sum_{n \geqslant 2} n p_n = 1 + \frac{1}{2} + \frac{1}{3} + \ldots = \infty\,.$$

Der unendliche Erwartungswert ist eine Überraschung. Die Simulation bereitet hier Schwierigkeiten, da unter 1000 Anglern einer zu erwarten ist, der mehr als 1000 Fische fangen darf. Dies folgt aus $1000\, q_{1000} = 1$. Fünf Simulationen von je 1000 Anglern ergaben die mittleren Fangzahlen

$$17.126, \quad 12.042, \quad 6.297, \quad 7.325, \quad 5.548$$

Sind dies gute Schätzungen für ∞ ?

Aufgaben:

▶ 7. Schreibe ein zu Fig. 6.31 analoges Programm für die Stoppregel S. Vergleiche die beiden Häufigkeitstabellen. Vermutung!

▶ 8. Wir wollen die Stoppregel Z simulieren. Dazu wiederholen wir den Angelprozeß 1000-mal, bestimmen die mittlere Fangzahl, die relativen Häufigkeiten von $X = 2, 3, 4, \ldots, 10$, sowie von $X > 10$. Schreibe das entsprechende Programm.

9. Ein Teilchen startet in 0 eine symmetrische Irrfahrt auf der Geraden und macht $2n = 1000$ Schritte. Schreibe ein Programm, das die Häufigkeit der Rückkehr zum Ursprung druckt. Vergleiche mit dem Erwartungswert

$$E_{2n} = (2n + 1)\, \binom{2n}{n}\, 2^{-2n} - 1 = 24.2502\,.$$

Den Beweis dieser Formel findet man in [5], Seite 50 und 225.

10. Ein Teilchen startet in 0 eine symmetrische Irrfahrt auf der Geraden und macht 1000 Schritte. Schreibe ein Programm, welches den maximal erreichten Abstand von 0 druckt.

11. Ein Teilchen startet in 0 eine symmetrische Irrfahrt auf der Geraden. Wenn es nach 3 oder − 3 kommt, wird es gestoppt. Es sei X die Schrittzahl bis zur Absorption. Die Zufallsgröße X kann die Werte $3, 5, 7, 9$ .... annehmen. Wir wollen $E(X)$ und die Verteilung von X schätzen.
a) Schreibe ein Programm, das die Schrittzahlen von 100 Irrfahrten und deren Mittelwert druckt.
b) Schreibe ein Programm, das 1000 Irrfahrten ausführt, die Häufigkeiten der Schrittzahlen $3, 5, 7, 9$, ... sowie die mittlere Schrittzahl druckt.

(Die exakten Werte sind $E(X) = 9$ und $p_n = \frac{1}{4} \left(\frac{3}{4}\right)^{\frac{n-3}{2}}$ für $n \in \{3, 5, 7, 9, 11, ..\}$)

12. Ein Teilchen startet in 0 eine symmetrische Irrfahrt im Raum. Bei jedem Schritt geht es je mit Wahrscheinlichkeit $\frac{1}{6}$ zu einem der sechs Nachbarpunkte. Das Programm in Fig. 6.32 simuliert 100 Irrfahrten von je 10 Schritten in eleganter und durchsichtiger Weise. Studiere das Programm, bis Du es verstehst und laß es vom Computer ausführen. Gilt $E(D_n^2) = n$ auch für den Raum?

```
 10  READ S, N, M
 20  FOR I = 1 TO M
 30      X (1) = X (2) = X (3) = 0
 40      FOR K = 1 TO N
 50          A = INT (3*RND) + 1
 60          X (A) = X (A) + 2*INT (2*RND) − 1
 70      NEXT K
 80      D = X (1)↑2 + X (2)↑2 + X (3)↑2
 90      S = S + D
100  NEXT I
110  PRINT S/M
120  DATA 0, 10, 100
130  END
```

Fig. 6.32

13. Ein Teilchen startet in 0 eine Irrfahrt im Raum und macht wie folgt Schritte der Länge 1: Um die jetzige Stellung (x, y, z) wird eine Sphäre S vom Radius 1 beschrieben. Das Teilchen geht vom Mittelpunkt zu einem auf S „zufällig" gewählten Punkt ω. D. h., ω fällt in eine Teilmenge M von S mit Wahrscheinlichkeit

$$P(\omega \in M) = \frac{\text{Inhalt von M}}{\text{Inhalt von S}} = \frac{|M|}{4\pi}.$$

Schon Archimedes hat gezeigt, daß eine Kugelzone der Höhe h in Fig. 6.33a den Inhalt $2\pi h$ hat, unabhängig von der Lage der Zone. Deshalb muß man die Höhe h von ω (über dem Äquator) zufällig aus $(− 1, 1)$ wählen durch $h \leftarrow 2 \text{RND} − 1$. Die geographische Länge a von ω wird zufällig zwischen 0 und 2π gewählt durch

$a \leftarrow 2\pi$ RND. Setzt man $r \leftarrow \sqrt{1 - h^2}$ (Fig. 6.33b), so liefern die Zuweisungen $x \leftarrow x + r\cos a$, $y \leftarrow y + r\sin a$, $z \leftarrow z + h$ einen Zufallsschritt. Simuliere 100 Irrfahrten von je $n = 10$ Schritten und schätze $E(D_n^2)$.

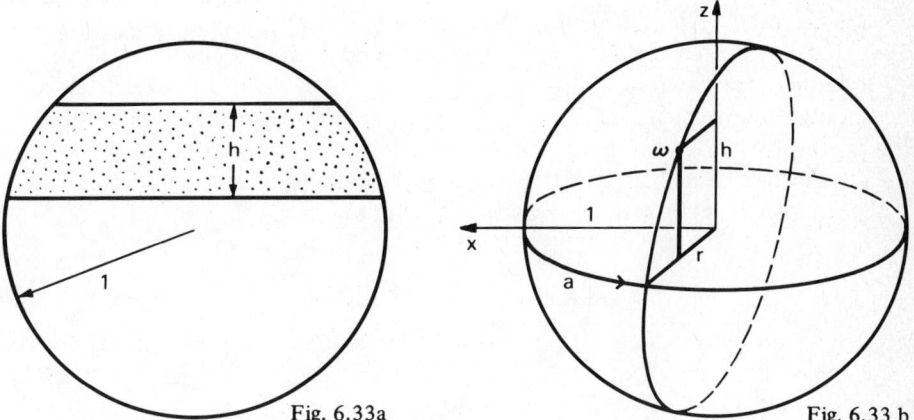

Fig. 6.33a   Fig. 6.33 b

6.3. Simulation ohne Zufallsgenerator

Bei einem Zufallsprozeß interessiert man sich in der Regel für eine Zufallsgröße T, welche die Werte $0, 1, 2, \ldots$ mit den Wahrscheinlichkeiten $p_0, p_1, p_2, \ldots$ annimmt. Die Folge p_n heißt *Verteilung* von T. Der *Erwartungswert* von T ist definiert durch

$$(1) \qquad E(T) = \sum_{i \geq 0} i \cdot p_i = 0 \cdot p_0 + 1 \cdot p_1 + 2 \cdot p_2 + 3 \cdot p_3 + \ldots$$

Wir formen die rechte Seite von (1) wie folgt um:

$$(2) \qquad E(T) = (p_1 + p_2 + p_3 + \ldots) + (p_2 + p_3 + p_4 + \ldots) + (p_3 + p_4 + p_5 + \ldots) + \ldots$$

Setzt man

$$(3) \qquad q_i = p_{i+1} + p_{i+2} + p_{i+3} + \ldots$$

so erhält man

$$(4) \qquad E(T) = \sum_{i \geq 0} q_i = q_0 + q_1 + q_2 + q_3 + \ldots$$

Dabei ist q_i die Wahrscheinlichkeit, daß $T > i$ ist.

Bisher haben wir Zufallsprozesse mit dem Zufallsgenerator simuliert, indem wir sie n-mal nachgespielt haben. Die relative Häufigkeit h_i des Ausgangs i war eine Schätzung von p_i, und der Mittelwert $\Sigma i h_i$ war eine Schätzung von $E(T)$. Leider waren alle Schätzungen durch einen relativen Fehler von der Größenordnung $\dfrac{1}{\sqrt{n}}$ behaftet. Um den Fehler 10mal kleiner zu machen, braucht man 100fache Rechenzeit. Mit $n = 1000$ und $n = 10000$ ergibt sich ungefähr eine 3%ige bzw. 1%ige Genauigkeit.

175

Es gibt eine Simulationsmethode ohne Zufallsgenerator, die mit wenig Rechnung die Verteilung von T und E(T) exakt liefert. Dabei wird ein Zufallsprozeß durch einen Graphen dargestellt, durch den die Masse 1 gepumpt wird. Dies wird an typischen Beispielen erläutert.

1. Beispiel: Warten auf eine Erfolgsserie

Eine gute Münze mit den Seiten 0 und 1 wird wiederholt geworfen. Es sei T die Wartezeit bis zum ersten Auftreten der Serie 1111. Mit p_n und q_n bezeichnen wir die Wahrscheinlichkeiten, daß $T = n$ bzw. $T > n$ ist. Wir suchen p_n und E(T). Der Zufallsprozeß läßt sich durch Fig. 6.34 darstellen. Man startet im Zustand 0 und wandert auf dem Graphen unter Respektierung der Übergangs-Wahrscheinlichkeiten, bis man in 1111 gestoppt wird. T zählt die Übergänge bis zum Stopp.

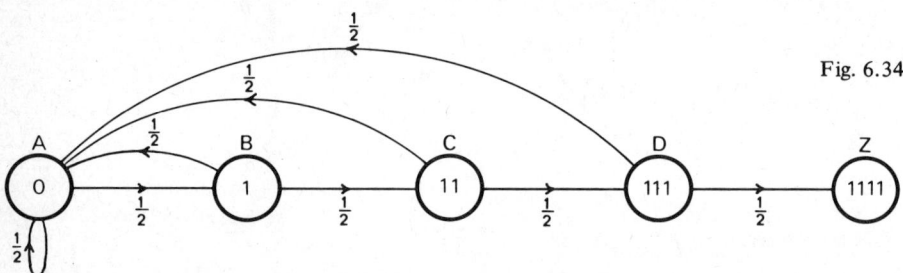

Fig. 6.34

Wir führen den Vektor $\vec{M}_n = (a_n, b_n, c_n, d_n, z_n)$ ein, wobei $a_n, \ldots, z_n$ die Wahrscheinlichkeiten sind, daß wir uns zur Zeit n (d. h. nach dem n-ten Wurf) in $0, \ldots, 1111$ befinden. Wir deuten $\vec{M}_n$ als Verteilung der Masse 1 auf die Zustände des Graphen. Diese Masse wird in diskreten Schritten durch den Graphen gepumpt unter Beachtung der Übergangswahrscheinlichkeiten. Offenbar ist $q_n = 1 - z_n$ und $p_n = \dfrac{d_{n-1}}{2}$. Fig. 6.35 pumpt die Masse durch den Graphen. Dabei ist (A, B, C, D, Z) die jetzige und (A1, B1, C1, D1, Z1) die nächste Verteilung. I zählt die Schritte und E berechnet E(T) nach (4). Wir brechen ab, sobald die Bedingung $Z < 1$ verletzt wird. Die von der Zeile 40 gedruckten Werte p_4 bis p_{20} wurden weggelassen, da sie in Fig. 6.36 auftreten. Man kann zeigen, daß E(T) = 30 ist (siehe [5], S. 31). Durch Rundungsfehler liefert unser Programm etwas zu viel.

```
10  A = 1; B = C = D = Z = E = I = 0
20  A1 = (A + B + C + D)/2; B1 = A/2; C1 = B/2; D1 = C/2; Z1 = Z + D/2
30  E = E + 1 - Z; I = I + 1
40  IF ABS (I - 12) < = 8 THEN PRINT I, D/2
50  A = A1; B = B1; C = C1; D = D1; Z = Z1
60  IF Z < 1 THEN 20
70  PRINT „I="I, „E="E
80  END

I = 660        E = 30.00000001
```

Fig. 6.35

Überhaupt ist Zeile 60 gefährlich. Durch Rundung könnte so viel Masse verloren gehen, daß $Z < 1$ nie verletzt wird und der Computer in der Schleife gefangen bleibt. Sicherer ist es, $Z < 1$ durch $1 - Z > 1E - 9$ zu ersetzen.

Die obige Lösung erfordert keine Vorkenntnisse. Wenn man jedoch mit Wahrscheinlichkeitsrechnung vertraut ist, dann kann man für p_n eine Rekursion herleiten. Offenbar ist

(5) $\qquad p_1 = p_2 = p_3 = 0, \quad p_4 = \dfrac{1}{16}$.

Braucht man mehr als vier Schritte von 0 nach 1111, dann wird notwendig eine der vier zum Start zurückführenden Schleifen durchlaufen. Die Regel von der totalen Wahrscheinlichkeit liefert

(6) $\qquad p_n = \dfrac{1}{2} p_{n-1} + \dfrac{1}{4} p_{n-2} + \dfrac{1}{8} p_{n-3} + \dfrac{1}{16} p_{n-4}$.

```
10  DIM P (400)
20  P (1) = P (2) = P (3) = 0    P (4) = 1/16; E = 1/4; I = 4
30  I = I + 1;  P (I) = P (I − 1)/2 + P (I − 2)/4 + P (I − 3)/8 + P (I − 4)/16
40  IF I < = 32 THEN PRINT I, P (I), P (I)/P (I − 1)
50  E = E + I*P (I);  F = F + P (I)
60  IF 1 − F > 1E − 6 THEN 30
70  PRINT „I="I, „E="E
80  END
```

i	p_i	p_i / p_{i-1}	
5	0.03125	0.5	Fig. 6.36
6	0.03125	1.0	
7	0.03125	1.0	
8	0.03125	1.0	
9	0.029296875	0.9375	
10	0.0283203125	0.9666666667	
15	0.02359008789	0.9638403990	
20	0.01961612701	0.9637803392	
25	0.01631191373	0.9637809778	
30	0.01356427837	0.9637809881	
31	0.01307299361	0.9637809877	
32	0.01259950269	0.9637809877	

$I = 377 \qquad E = 29.99959731$

Das Programm in Fig. 6.36 beruht auf (5) und (6). Die Variable E berechnet E (T) nach (1). Anfangs wird $E = \dfrac{1}{4}$ gesetzt, da $4p_4 = \dfrac{1}{4}$ ist, und in Zeile 50 der Zähler I mit 5 beginnt. Die Variable F summiert die p_n. Wir brechen ab, sobald F bis auf 10^{-6} an 1 herankommt. Neben p_n wird auch $\dfrac{p_n}{p_{n-1}}$ gedruckt. Fig. 6.36 zeigt nur einen Auszug der gedruckten Tabelle. Der Quotient $\dfrac{p_i}{p_{i-1}}$ konvergiert gegen den Grenzwert $\lambda = 0.9637809877$ mit dem Konvergenzfaktor $\dfrac{1}{2}$. D. h., für große n gilt $p_n \sim c\lambda^n$.

Setzt man $p_n = c\lambda^n$ in (6) ein, so ergibt sich

(7) $\qquad \lambda^4 - \dfrac{\lambda^3}{2} - \dfrac{\lambda^2}{4} - \dfrac{\lambda}{8} - \dfrac{1}{16} = 0.$

Aufgaben:

1. Bestimme die positive Lösung der Gleichung (7).

2. Eine gute Münze mit den Seiten 0 und 1 wird wiederholt geworfen. Es sei T die Wartezeit bis zum ersten Eintreten der Serie 0011.
   a) Prüfe nach, daß dieser Zufallsprozeß durch Fig. 6.37 darstellbar ist.
   b) Schreibe ein Programm analog zu Fig. 6.35.

   c) Man kann zeigen, daß $p_n = p_{n-1} - \dfrac{p_{n-4}}{16}$ (siehe [5], Seite 80). Schreibe ein Programm analog zu Fig. 6.36.
   d) Setze $p_n = c\lambda^n$ in die Rekursion für p_n ein und bestimme die größte positive Lösung der entstehenden Gleichung für λ.

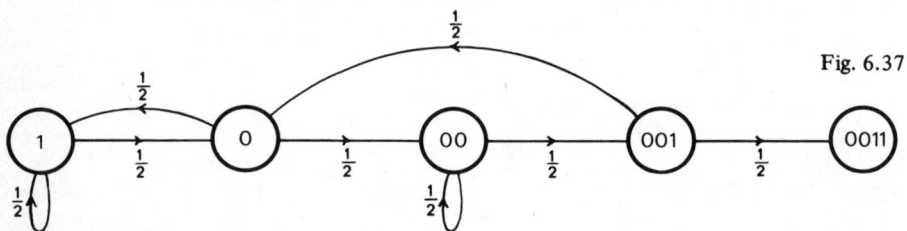

Fig. 6.37

2. Beispiel: Irrfahrt auf dem Würfel

Wir betrachten die symmetrische Irrfahrt auf dem Würfel, die in 0 startet und in 3 gestoppt wird (Fig. 6.38). Sie ist gleichwertig mit der Irrfahrt auf dem Graphen in Fig. 6.39. Wir starten mit der Masse 1 im Zustand 0, und wir pumpen so lange, bis die ganze Masse in 3 ist. In 0, 1, 2, 3 seien jetzt die Massen A, B, C, D konzentriert und nach einem Schritt die Massen A1, B1, C1, D1. Anfangs ist $A = 1$, $B = C = D = 0$. Es sei T die Laufzeit von 0 nach 3. Das Programm in Fig. 6.40 liefert die ersten 25 Glieder der Verteilung von T, sowie E (T). Um Platz zu sparen wurde die Verteilung weggelassen. Siehe jedoch die nachfolgende Aufgabe 2.

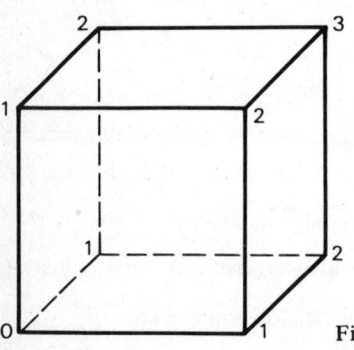

Fig. 6.38

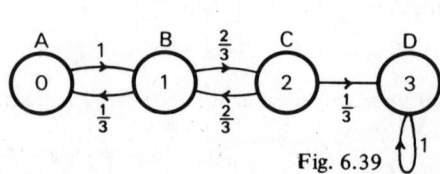

Fig. 6.39

178

```
10  A = 1;  B = C = D = I = 0
20  I = I + 1;  A1 = B/3;  B1 = A + 2*C/3;  C1 = 2*B/3;  D1 = D + C/3
30  IF I < =25 THEN PRINT I, C/3
40  E = E + 1 − D
50  A = A1;  B = B1;  C = C1;  D = D1
60  IF D < 1 THEN 30
70  PRINT „I="I, „E="E
80  END
```

I = 193   E = 10

Fig. 6.40

Aufgabe:

3. Man kann leicht zeigen, daß für den Würfel $p_1 = p_2 = 0$, $p_3 = \frac{2}{9}$ und

$$p_n = \frac{7}{9}\, p_{n-2} \quad \text{für} \quad n > 3.$$

a) Schreibe ein Programm nach dem Vorbild von Fig. 6.36.

b) Stelle eine geschlossene Formel für p_n auf.

c) Schreibe ein Programm, das unter Verwendung der Formel in b) E (T) nach der Formel (1) berechnet.

d) Bestimme das kleinste n, so daß $q_n < 10^{-3}$ ist.

Erinnerung: $q_n = p_{n+1} + p_{n+2} + \ldots = 1 - p_1 - p_2 - \ldots - p_n$.

3. Beispiel: Ein Münzenspiel

Abel und Kain vereinbaren folgendes Spiel: eine gute Münze wird so lange geworfen, bis in der Folge der Ausfälle das Wort 111 oder 101 auftritt. Im ersten Fall gewinnt Kain, im zweiten Abel. Gesucht sind die Gewinnaussichten von Abel und Kain, sowie die mittlere Spieldauer.

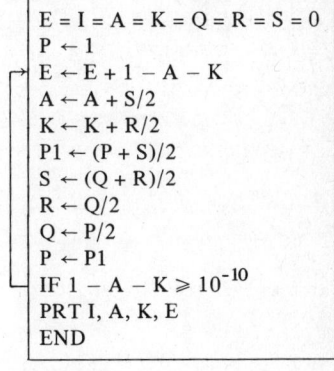

```
E = I = A = K = Q = R = S = 0
P ← 1
E ← E + 1 − A − K
A ← A + S/2
K ← K + R/2
P1 ← (P + S)/2
S ← (Q + R)/2
R ← Q/2
Q ← P/2
P ← P1
IF 1 − A − K ⩾ 10⁻¹⁰
PRT I, A, K, E
END
```

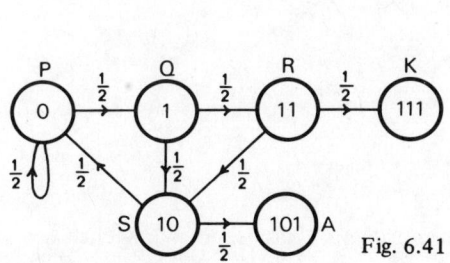

Fig. 6.41   Fig. 6.42

Das Spiel läßt sich durch den Graphen in Fig. 6.41 darstellen. Jeder mögliche Spielablauf ist eine Irrfahrt auf diesem Graphen, die im Zustand 0 beginnt und in einem der beiden Zustände 111 oder 101 endet. Anfangs wird die Masse 1 in 0 konzentriert.

Nach n Übergängen sei in 101 die Masse A_n und in 111 die Masse K_n angesammelt. Dann ist A_n bzw. K_n die Wahrscheinlichkeit, daß das Spiel nach n Würfen mit dem Sieg von Abel bzw. Kain zu Ende ist. Das Spiel dauert länger als n Würfe mit Wahrscheinlichkeit $1 - A_n - K_n$. In Fig. 6.41 und 6.42 sind P, Q, R, S, K, A die jetzt in den Zuständen 0, 1, 11, 10, 111, 101 befindlichen Massen. I zählt die Übergänge, und E kumuliert die mittlere Spieldauer. Der Computer lieferte

$$I = 114, \quad A = 0.6, \quad K = 0.4, \quad E = 6.8.$$

4. Beispiel: Wir wiederholen die Regeln des Crap-Spiels:

1. Rolle zwei Würfel und bestimme die Augensumme S. $S = 7$ oder $S = 11$ gewinnt sofort. $S = 2$ oder $S = 3$ oder $S = 12$ verliert sofort.
2. Bei jeder anderen Summe nennt man diese Summe den „Punkt" und spielt so lange weiter, bis entweder $S = 7$ (ein Verlust) oder $S = P$ (ein Gewinn) erscheint.
   Die nachfolgende Tabelle zeigt die Wahrscheinlichkeiten der Augensummen 2 bis 12:

S	2	3	4	5	6	7	8	9	10	11	12
P (S)	$\frac{1}{36}$	$\frac{2}{36}$	$\frac{3}{36}$	$\frac{4}{36}$	$\frac{5}{36}$	$\frac{6}{36}$	$\frac{5}{36}$	$\frac{4}{36}$	$\frac{3}{36}$	$\frac{2}{36}$	$\frac{1}{36}$

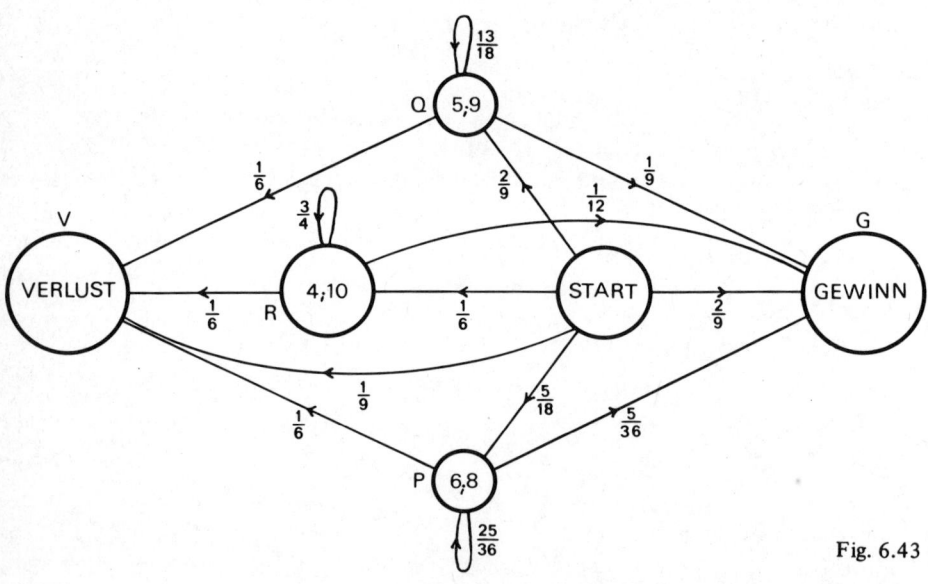

Fig. 6.43

Damit läßt sich das Spiel durch den Graphen in Fig. 6.43 darstellen. Wir suchen die Gewinnwahrscheinlichkeit G und die erwartete Spieldauer E. Die Bedeutung der Variablen P, Q, R, V, G ist aus Fig. 6.43 ersichtlich. Diesmal wollen wir den Start mit der Masse 18 laden. Nach einem Übergang haben die Variablen P, Q, R, V, G, E die Werte 5, 4, 3, 2, 4, 18. Am Ende müssen wir allerdings G und E durch 18 teilen.

180

Es ergibt sich:

$$G = 0.4929292929 = \frac{244}{495} \qquad E = 3.375757575 = 3\frac{62}{165}$$

Diese Werte sind exakt (siehe [5]).

```
10  READ P, Q, R, V, E
20  E = E + P + Q + R
30  V = V + (P + Q + R)/6
40  P = 25*P/36
50  Q = 13*Q/18
60  R = 3*R/4
70  IF P + Q + R >= 1E – 10 THEN 20
80  PRINT 1 – V/18, E/18
90  DATA 5, 4, 3, 2, 18
100 END
```

.4929292929   3.375757576

Fig. 6.43

Aufgaben:

4. Es sei T die Schrittzahl von 1 bis 4 in Fig. 6.44. Schreibe ein Programm, analog zu Fig. 6.35, das E (T) bestimmt.

5. Es sei T die Schrittzahl von 0 bis 5 in Fig. 6.45. Schreibe ein Programm, das E (T) bestimmt.

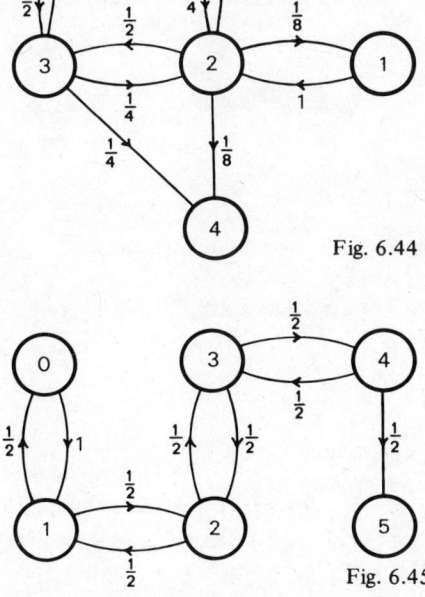

Fig. 6.44

Fig. 6.45

7. Sortieren

In $X(1)$ bis $X(n)$ sind n reelle Zahlen gespeichert. Die Zahlen sollen aufsteigend angeordnet werden, so daß am Ende $X(i) \leq X(i+1)$ ist für $i = 1, \ldots, n-1$. Dieses Umordnen heißt *Sortieren*. Auf den ersten Blick erscheint das Sortieren trivial und uninteressant. In Wirklichkeit ist genau das Gegenteil der Fall. Es wird geschätzt, daß rund ein Viertel der Arbeitszeit aller Computer auf Sortieren entfällt. Daran erkennt man die große wirtschaftliche Bedeutung des Sortierens. Andererseits gehören die Sortieralgorithmen zu den interessantesten, geistreichsten und schwierigsten aller Algorithmen. Man hat hunderte von Sortieralgorithmen konstruiert. Bei den „langsamen" ist die Sortierzeit proportional zu n^2, und bei den „schnellen" ist sie proportional zu $n \cdot \log_2 n$. Wir betrachten langsame Algorithmen, da sie einfach sind. Daten zum Sortieren beschaffen wir uns durch die Anweisung

FOR I = 1 TO N   X (I) = INT (N*RND).

Diese Zeile speichert in $X(1)$ bis $X(n)$ Zufallsziffern aus $\{0, 1, \ldots, n-1\}$.

a) *Sortieren durch Einfügung*
Wir gehen vor wie ein Bridge-Spieler, der die Karten seines Spiels nacheinander zieht und jede neue Karte bezüglich der schon gezogenen Karten an der richtigen Stelle einfügt. Die Zahlen $X(1)$ bis $X(j-1)$ seien schon sortiert. Die neue Zahl $X(j)$ wird mit ihrem linken Nachbarn verglichen und mit ihm vertauscht, falls sie kleiner ist. Auf diese Weise wandert $X(j)$ nach links bis zur Stelle $i+1$ für die gilt $X(i) \leq X(j)$. D. h. die Zahlen $X(1)$ bis $X(j-1)$, die größer als $X(j)$ sind, werden um eine Stelle nach rechts verschoben, um Platz zum Einfügen von $X(j)$ zu machen (Fig. 7.1).

```
 10  FOR J  = 2 TO N              10  FOR I = 1 TO N − 1
 20      I  = J − 1               20      K = I
 30      X = X (J)                30      FOR J = I + 1 TO N
 40      IF X > = X (I) THEN 80   40          IF X (J) > = X (K) THEN 70
 50      X (I + 1) = X (I)        50              X (J) == X (K)
 60      I  = I − 1               60          K = J
 70      IF I > 0 THEN 40         70      NEXT J
 80      X (I + 1) = X            80  NEXT I
 90  NEXT J                       90  END
100  END
```

Fig. 7.1   Fig. 7.2

b) *Sortieren durch Auswahl*
Man setzt zuerst $i = 1$. Dann wird aus $X(i)$ bis $X(n)$ das minimale Element ausgewählt und mit $X(i)$ vertauscht. Das i-te Element ist jetzt an seinem richtigen Platz. Nun wird $i \leftarrow i + 1$ gesetzt, und der Schritt wird wiederholt solange $i < n$ ist (Fig. 7.2).

c) *Sortieren durch Austausch*

Der Sortieralgorithmus in Fig. 7.3 heißt im Englischen *Bubble-Sort*. Es ist der am leichtesten verständliche und zugleich schlechteste Sortieralgorithmus.

```
10  FOR J = 1 TO N − 1
20      FOR I = 1 TO N − J
30          IF X (I) < = X (I + 1) THEN 50
40              X (I) == X (I + 1)
50      NEXT I
60  NEXT J
70  END
```

Fig. 7.3

Wird dieser Algorithmus auf eine schon sortierte Liste angewandt, so macht er trotzdem $\frac{n(n-1)}{2}$ Vergleiche. Der Algorithmus in Fig. 7.4 vermeidet dies. Er speichert 100 Zufallsziffern in X (1) bis X (100). Die Hilfsvariable F heißt Flagge. Vor jedem Durchgang wird F = 1 gesetzt. Wenn bei einem Durchgang zwei Nachbarn vertauscht werden, so wird F = 0 gesetzt, und Zeile 90 veranlaßt einen weiteren Durchgang. Sobald die Liste sortiert ist, merkt es der Computer beim nächsten Durchgang in Zeile 90 und druckt die sortierte Liste.

```
 10  DIM X (100)
 20  FOR I = 1 TO 100  X (I) = INT (100 * RND)
 30  F = 1
 40  FOR I = 1 TO 99
 50      IF X (I) < = X (I + 1) THEN 80
 60          X (I) == X (I + 1)
 70          F = 0
 80  NEXT I
 90  IF F = 0 THEN 30
100  FOR I = 1 TO 100 PRINT X (I);
110  END
```

1 3 5 5 5 7 8 12 14 14 16 18 18 18 19 20 21 21 22 22 24 24 26 27 28 28 28
29 30 30 31 31 32 33 34 34 34 36 38 38 38 40 41 42 43 44 47 47 47 48 48
49 49 50 51 51 53 53 55 55 59 59 59 59 60 60 62 62 62 63 65 65 67 69 72
72 73 76 76 77 77 77 77 78 78 80 82 83 84 86 87 93 93 95 95 95 96 98 98 99

Fig. 7.4.

Aufgaben:

1. Sortiere die Liste 6, 3, 7, 4, 8, 5, 2, 1 mit jedem der Algorithmen 7.1 bis 7.3 mit der Hand.

2. Sortiere mit jedem der Algorithmen 7.1 bis 7.3 100 Zufallsziffern zwischen 0 und 99 und vergleiche die Rechenzeiten.
   Man vergesse nicht DIM X (100).

d) *Sortieren durch Frequenzzählung*

Es kommt oft vor, daß die zu sortierenden Zahlen ganze Zahlen aus einem kleinen Intervall $u \leq X(i) \leq v$ sind, z. B. $1 \leq X(i) \leq 10$. In einem Durchgang durch die X-Liste können wir zählen, wie oft $1, 2, \ldots, 10$ vorkommt, womit die Liste im Prinzip sortiert ist. Fig. 7.5 zeigt ein mögliches Programm. In der Z-Liste $Z(u), Z(u+1), \ldots, Z(v)$ speichern wir die Häufigkeiten der Zahlen $u, u+1, \ldots, v$. Am Ende wird die sortierte X-Liste in der S-Liste $S(1)$ bis $S(n)$ gespeichert. Dies ist ein sehr schnelles Programm.

Kommentar:

10 reserviert die Zählliste Z.

20 zählt die Häufigkeiten der Zahlen u bis v in der X-Liste.

30 bestimmt die Summenhäufigkeiten. D. h., $Z(i)$ gibt die Anzahl der Elemente in der X-Liste an, die $\leq i$ sind.

40 - 60 stellt die S-Liste her, die eine sortierte X-Liste ist.

```
10  FOR I = U TO V       Z (I) = 0
20  FOR J = 1 TO N       Z (X (J) ) = Z (X (J) ) + 1
30  FOR I = U + 1 TO V   Z (I) = Z (I) + Z (I − 1)
40  FOR J = N TO 1 STEP − 1
50       I = Z (X (J) );  S (I) = X (J);  Z (X (J) ) = I − 1
60  NEXT J
70  END
```

Fig. 7.5

Aufgaben:

3. Schreibe ein Programm, das in $X(1)$ bis $X(100)$ Würfe eines Würfels speichert, die X-Liste nach Fig. 7.5 sortiert und die sortierte S-Liste druckt.

4. Schreibe ein Programm, das 100 Würfe zweier Würfel erzeugt und die Augensumme des i-ten Wurfs in $X(i)$ speichert. Danach soll die X-Liste sortiert und die sortierte S-Liste gedruckt werden.

```
10  DIM X (100), Y (100)
20  Z = (SQR (5) − 1)/2
30  FOR I = 1 TO 100     X (I) = I
40  FOR I = 1 TO 100     Y (I) = I * Z − INT (I * Z)
50  FOR I = 2 TO 100
60       FOR J = 1 TO I − 1
70           IF Y (J) < = Y (I) THEN 90
80               Y (I) == Y (J);  X (I) == X (J)
90       NEXT J
100 NEXT I
110 FOR I = 1 TO 100 PRINT X (I);
120 END
```
                                    Fig. 7.6

89 34 68 13 47 81 26 60 5 94 39 73 18 52 86 31 65 10 99 44 78 23 57 2 91 36
70 15 49 83 28 62 7 96 41 75 20 54 88 33 67 12 46 80 25 59 4 93 38 72 17 51
85 30 64 9 98 43 77 22 56 1 90 35 69 14 48 82 27 61 6 95 40 74 19 53 87 32
66 11 100 45 79 24 58 3 92 37 71 16 50 84 29 63 8 97 42 76 21 55

184

e) *Die goldene Permutation*

Wir betrachten eine interessante Anwendung des Sortierens. Es sei $z = \dfrac{\sqrt{5}-1}{2}$

(Verhältnis des goldenen Schnitts). Die n Zahlenpaare $(i, iz - [iz])$, $i = 1, 2, \ldots, n$ werden so sortiert, daß ihre zweiten Koordinaten steigen. Dann wird die erste Koordinate gedruckt. Es entsteht die sogenannte „goldene Permutation" der Zahlen 1 bis n. Sie hat verblüffende Eigenschaften und ist für manche statistischen Zwecke einer Zufallspermutation vorzuziehen. Fig. 7.6 druckt die goldene Permutation der Zahlen 1 bis 100.

Wir zählen einige erstaunliche Eigenschaften dieser Permutation auf:

a) Zwischen benachbarten Elementen der Permutation treten nur drei Differenzen auf, und zwar 34, 55, 89.

b) Wir greifen irgend zwei Elemente mit der Differenz 1 heraus. Dann liegen dazwischen 31, 38, oder 61 Elemente.

c) Aus einer Folge aufeinanderfolgender Zahlen, z. B. 38, 39, ..., 77 sei eine Stichprobe mit 10 Elementen auszuwählen. Dann starten wir irgendwo in der Tabelle, z. B. bei 78, und wählen nacheinander die Elemente, sofern sie im Intervall von 38 bis 77 liegen. Man erhält 57, 70, 49, 62, 41, 75, 54, 67, 46, 59. Diese Stichprobe ist ungewöhnlich gleichförmig verteilt. Zwischen Nachbarn treten nur die Differenzen 13, 21, 34 auf. Wir betrachten auf der Zahlengeraden die Strecke von 38 bis 77. Werden die Punkte 57, 70, 49, ... nacheinander auf dieser Strecke eingetragen, so fällt der nächste Punkt jeweils in ein größtes freies Intervall.

f) *Sortieren durch Mischen* (J. von Neumann 1945)

Zwei schon sortierte Folgen $x_1 \leq x_2 \leq \ldots \leq x_n$ und $y_1 \leq y_2 \leq \ldots \leq y_n$ kann man durch $2n - 1$ Vergleiche zu einer Folge $z_1 \leq z_2 \leq \ldots \leq z_{2n}$ zusammensortieren (*mischen*). Das naheliegende Verfahren möge sich der Leser selbst überlegen. Es sei zunächst eine Folge aus 16 Zahlen zu sortieren. Man stellt zuerst 8 sortierte 2-Folgen her. Diese Folgen werden paarweise gemischt, und man erhält 4 sortierte 4-Folgen. Durch paarweise Mischung entstehen daraus 2 sortierte 8-Folgen. Eine weitere Mischung liefert eine sortierte 16-Folge. Das Zahlenbeispiel in Fig. 7.7 macht das Verfahren deutlich. Die Anzahl der Vergleiche ist

$$V_{16} = 8 + 4 \cdot 3 + 2 \cdot 7 + 1 \cdot 15 = 49.$$

7	11	12	6	2	8	3	1	13	9	16	15	5	14	4	10
7	11	6	12	2	8	1	3	9	13	15	16	5	14	4	10
6	7	11	12	1	2	3	8	9	13	15	16	4	5	10	14
1	2	3	6	7	8	11	12	4	5	9	10	13	14	15	16
1	2	3	4	5	6	7	8	9	10	11	12	13	14	15	16

Fig. 7.7

Es sei nun eine Folge aus $n = 2^m$ Elementen zu sortieren. Geht man analog vor wie im Fall $n = 16$, so ist die Anzahl der benötigten Vergleiche

$$V_n = \frac{n}{2} \cdot 1 + \frac{n}{4} \cdot 3 + \frac{n}{8} \cdot 7 + \ldots + \frac{n}{2^m} (2^m - 1) = n \sum_{i=1}^{m} (1 - \frac{1}{2^i}) = m \cdot n - n(1 - \frac{1}{2^m})$$

(1) $\qquad V_n = n \log_2 n - n + 1.$

Eine analoge Überlegung zeigt, daß auch die ganze Sortierzeit proportional zu $n \cdot \log_2 n$ ist.

Ist n keine Zweierpotenz, so kann man zeigen, daß die Anzahl der Vergleiche

(2) $\qquad V_n = n \lceil \log_2 n \rceil - 2^{\lceil \log_2 n \rceil} + 1$

beträgt. Dabei ist $\lceil x \rceil$ die kleinste ganze Zahl $\geq x$. Ist n eine Zweierpotenz, so geht (2) in (1) über, da $\log_2 n$ ganz ist.

Wir verzichten auf ein BASIC-Programm, da es sehr lang ist.

Aufgaben:

5. Berechne V_{20} nach (2). Versuche eine 20-Folge durch V_{20} Vergleiche zu sortieren.

6. In der Praxis müssen oft Listen mit 10^5 bis 10^6 Einträgen sortiert werden. Langsame Algorithmen wie a) – c) sind dafür unbrauchbar. Man ist auf schnelle Algorithmen wie f) angewiesen.
   Wie viele Vergleiche benötigen die Algorithmen in c) bzw. f) für $n = 10^5$?

8. Das Acht-Damen-Problem

Zum Schluß betrachten wir das folgende berühmte und lehrreiche *Acht-Damen-Problem*.

> Stelle 8 Damen auf ein 8×8-Schachbrett, so daß sie sich gegenseitig nicht schlagen können, d. h. so, daß keine zwei Damen in derselben Zeile, Spalte oder Diagonale stehen.

Das Problem wurde zuerst 1848 von Max Bezzel in einer Schachzeitung gestellt, blieb jedoch unbeachtet. Dann wurde es am 1. 6. 1850 in der „Illustrierten Zeitung" von Dr. Nauck gestellt und erregte großes Interesse. Auch Gauß hat die Aufgabe in der Zeitung gelesen und hat sich mit ihr viel befaßt. In derselben Zeitung gab Dr. Nauck am 21. 9. 1850 alle Lösungen. Gauß hatte nur 72 Lösungen gefunden. Wir wollen einen Algorithmus konstruieren, der alle Lösungen liefert.

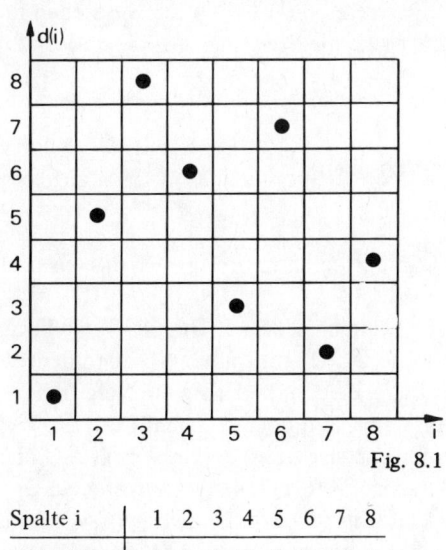

Fig. 8.1

Spalte i	1	2	3	4	5	6	7	8
Zeile d (i)	1	5	8	6	3	7	2	4

Fig. 8.2

Die Lösung in Fig. 8.1 kann man durch Tabelle 8.2 vorgeben, oder noch kürzer durch die Permutation

1 5 8 6 3 7 2 4.

In dieser Form soll der Computer alle Lösungen drucken.

In jeder Zeile und jeder Spalte muß eine Dame stehen. Wir setzen die Damen spaltenweise, beginnend mit der ersten Spalte, wobei wir $d(1) = 1$ setzen. Dann schieben wir die zweite Dame in der zweiten Spalte von unten nach oben, bis wir zum ersten Mal ein Feld finden, das unbedroht ist. Auf dieses erste unbedrohte Feld wird die zweite Dame gesetzt. Danach schieben wir die dritte Dame in der dritten Spalte von

187

unten nach oben, bis wir für sie ein Feld finden, das von den beiden ersten Damen nicht bedroht ist, usw.

Können wir eine Dame nicht setzen, weil jedes Feld der betreffenden Spalte bedroht ist, dann legen wir sie beiseite und versuchen die vorherige Dame vorrücken zu lassen auf ein Feld, das von den früheren Damen nicht bedroht ist.

Sobald wir eine Lösung haben, wird sie notiert, die letzte Dame wird vom Brett genommen, und die vorletzte beginnt vorzurücken. Etwas Überlegung zeigt, daß wir schließlich alle Lösungen durchlaufen. Sogar die erste Dame wird schließlich bis zum achten Feld vorrücken. Es sei i die Nummer der jetzigen Spalte, in der eine Dame ihren Platz sucht.

j durchlaufe die früheren Spalten, d. h. $j = 1$ bis $i - 1$.

$d(i)$ sei die Ordinate (Zeilennummer) der Dame in der i-ten Spalte.

Wie prüft man nach, ob die Damen in der i-ten und j-ten Spalte sich gegenseitig bedrohen?

Die Damen stehen in derselben Zeile, wenn $d(i) = d(j)$ ist. Sie stehen in derselben Diagonale, wenn ihre Verbindungsstrecke die Steigung ± 1 hat, d. h.

$$\frac{d(i) - d(j)}{i - j} = \pm 1.$$

Wegen $i > j$ kann man dafür auch schreiben

$$|d(i) - d(j)| = i - j.$$

Damit ergibt sich das erstaunlich kurze Programm in Fig. 8.3, das wir ausführlich kommentieren wollen.

Die Zeilen 10 bis 60 setzen die acht Damen. Zeile 20: Die i-te Dame beginnt ganz unten. Die Zeilen 30 bis 50 prüfen, ob die i-te Dame von früheren Damen bedroht wird. Wenn ja, dann gehen wir nach 90 und schieben die Dame ein Feld höher. Zeile 100 prüft nach, ob die Dame nach dem Vorrücken noch auf dem Brett ist. Wenn ja, dann gehen wir wieder nach 30 und prüfen, ob sie auf einem unbedrohten Feld steht. Andernfalls wird in 110 und 120 nachgeprüft, ob eine vorhergehende Dame vorhanden ist. Wenn ja ($i \neq 0$), so gehen wir nach 90 und rücken sie vor. Andernfalls sind wir fertig ($i = 0$). Sobald in 60 $i = 8$ ist, haben wir eine Lösung. In 70 wird die Lösung gedruckt, und zwar als 8-stellige Zahl. In 80 gehen wir zur vorangehenden Dame (Spalte 7) und beginnen sie aufwärts zu schieben.

Fig. 8.3 zeigt, daß es 92 verschiedene Lösungen gibt.

Wir wollen zwei Lösungen äquivalent nennen, wenn sie durch Drehung oder Spiegelung ineinander übergeführt werden können. Ein Quadrat hat acht Deckabbildungen. Daher gibt es im allgemeinen zu einer Lösung sieben weitere dazu äquivalente Lösungen. Z. B. die folgenden acht Lösungen sind äquivalent:

15863724	82417536	57263148	36428571
42736851	63571428	84136275	17582463

In der ersten Zeile geht eine Lösung in die nächste über durch Drehung um $90°$ im

Uhrzeigersinn. Die Lösungen in der zweiten Spalte gehen aus den jeweils darüberliegenden durch Spiegelung an der Vertikalachse hervor.

```
 10 FOR I = 1 TO 8
 20       D (I) = 1
 30       FOR J = 1 TO I − 1
 40              IF D (I) = D (J) OR ABS (D (I) − D (J)) = I − J THEN 90
 50       NEXT J
 60 NEXT I
 70 PRINT D (1)∗10↑7 + D (2)∗10↑6 + D (3)∗10↑5 + D (4)∗10↑4 + D (5)∗10↑3
                          + D (6)∗10↑2 + D (7)∗10 + D (8)
 80 I = I − 1
 90 D (I) = D (I) + 1
100 IF D (I) < = 8 THEN 30
110 I = I − 1
120 IF I < > 0 THEN 90
130 END
```

15863724	16837425	17468253	17582463	24683175
25713864	25741863	26174835	26831475	27368514
27581463	28613574	31758246	35281746	35286471
35714286	35841726	36258174	36271485	36275184
36418572	36428571	36814752	36815724	36824175
37285146	37286415	38471625	41582736	41586372
42586137	42736815	42736851	42751863	42857136
42861357	46152837	46827135	46831752	47185263
47382516	47526138	47531682	48136275	48157263
48531726	51468273	51842736	51863724	52468317
52473861	52617483	52814736	53168247	53172864
53847162	57138642	57142863	57248136	57263148
57263184	57413862	58413627	58417263	61528374
62713584	62714853	63175824	63184275	63185247
63571428	63581427	63724815	63728514	63741825
64158273	64285713	64713528	64718253	68241753
71386425	72418536	72631485	73168524	73825164
74258136	74286135	75316824	82417536	82531746
83162574	84136275			

Fig. 8.3

Es gibt insgesamt 12 nichtäquivalente Lösungen. Wir wählen aus jeder Äquivalenzklasse den „minimalen" Repräsentanten heraus und erhalten so

15863724	16837425	24683175	25713864
25741863	26174835	26831475	27368514
27581463	35281746	35841726	36258174

Nun ist 12 · 8 = 96 und nicht 92. Schuld daran ist die symmetrische Lösung Nr. 10 (Fig. 8.4), die durch Halbdrehung in sich übergeht. In ihrer Äquivalenzklasse liegen nur vier Lösungen:

35281746	64718257	64718253	75281746

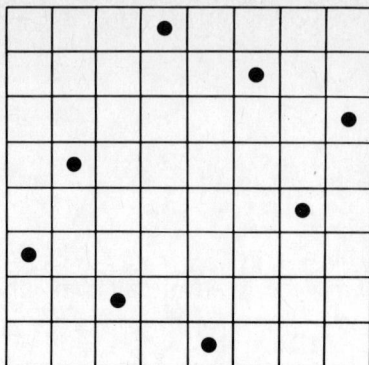

Fig..8.4

Das Programm in Fig. 8.3 ist aufwendig. Man kann die Rechenzeit wesentlich reduzieren, wenn man die Dame in der ersten Spalte nur von 1 bis 3 schiebt. Die übrigen
Lösungen erhält man daraus durch Spiegelung oder Drehung.

9. Lösungen der Aufgaben

1.1.

1. $f(A) = A^{10}$.
2. $1^2, 2^2, 3^2, \ldots, 10^2$.
3. Siehe Fig. 1. Z gibt an, wie oft gedruckt wurde. Man erhält die Folge $6n \pm 1$. Der Beweis ist nicht schwierig.
4. Fig. 2 zeigt eine von vielen möglichen Lösungen.
5. $T \leftarrow A; \ A \leftarrow B; \ B \leftarrow C; \ C \leftarrow D; \ D \leftarrow E; \ E \leftarrow T$.
6. Es wird A mit B vertauscht.
7. $1^3, 2^3, 3^3, \ldots, 11^3$.
8. Siehe Fig. 2a.
9. $Y = f(X) = [\sqrt{X}]$.

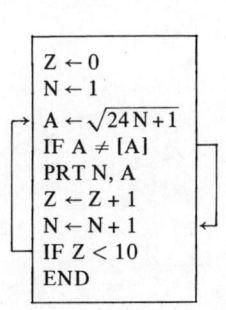

Fig. 1

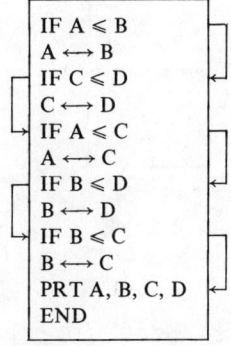

Fig. 2

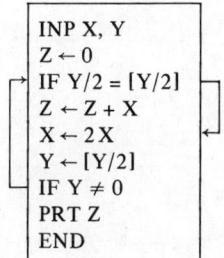

Fig. 2a

1.2.

2. Siehe Fig. 3.
3. Siehe Fig. 4. M ist die bisherige maximale Schrittzahl.
4. Siehe Fig. 5a und 5b.

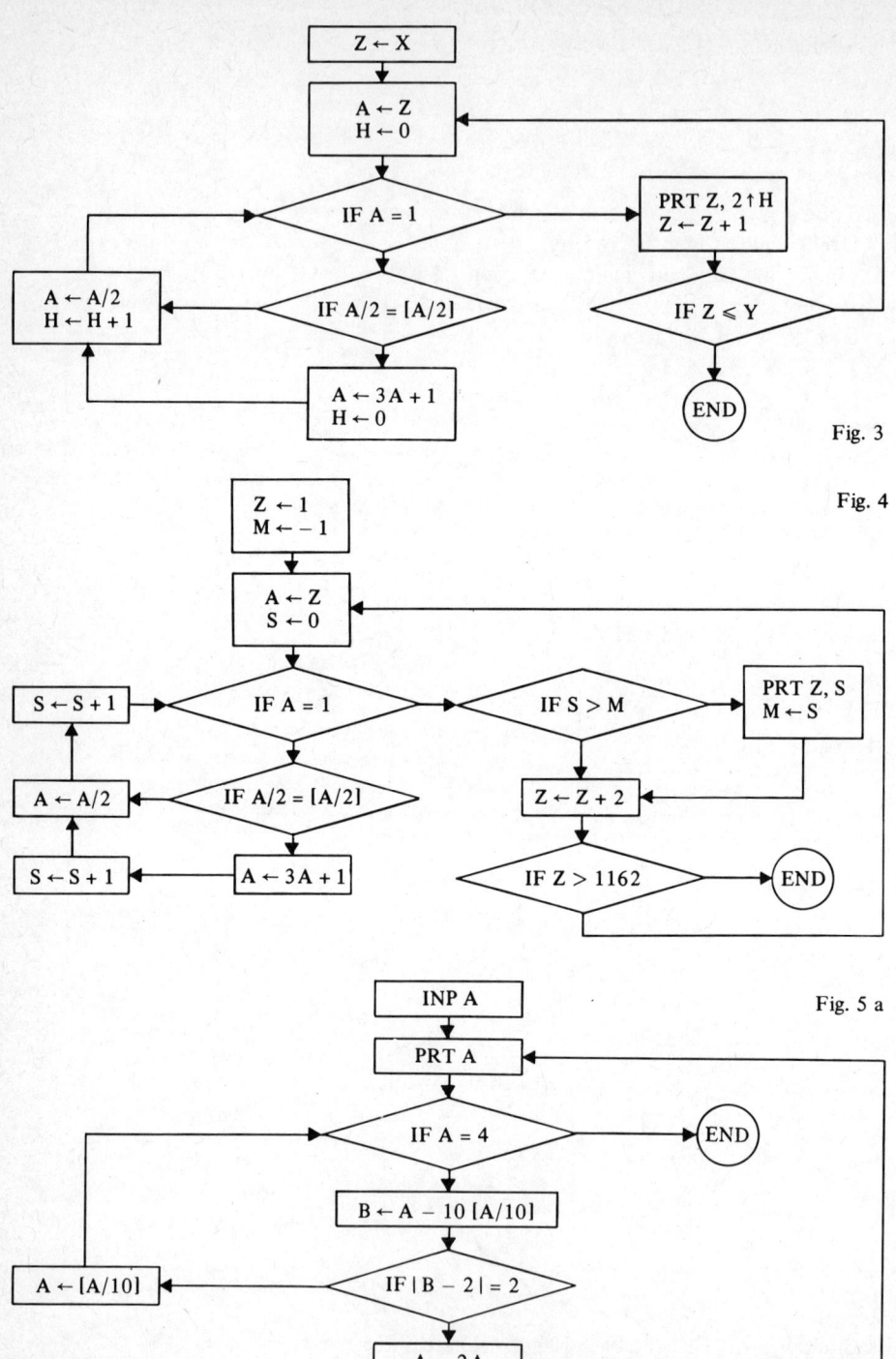

Fig. 3

Fig. 4

Fig. 5 a

192

```
10  INP A
20  PRINT A;
30  IF A = 4 THEN 100
40  B = A − 10*INT (A/10)
50  IF ABS (B − 2) = 2 THEN 80
60  A = 2*A
70  GO TO 20
80  A = INT (A/10)
90  GO TO 20
100 END
```

Fig. 5 b

1.3.1

2. $m \leftarrow (x + y + |x − y|)/2$; $m \leftarrow (m + z + |m − z|)/2$; $m \leftarrow (m + u + |m − u|)/2$.
   Die beiden ersten Zuweisungen liefern max (x, y, z), und alle drei liefern
   max (x, y, z, u).
3. In Fig. 1.24 und 1.25 muß $\geq$ durch $\leq$ ersetzt werden. In Fig. 1.26 muß in der
   dritten Zeile $\leq$ durch $\geq$ ersetzt werden.
4. Siehe Fig. 6.
5. a) Siehe Fig. 7. b) Siehe Fig. 8.
6. Siehe Fig. 9.
7. Siehe Fig. 10.
8. Siehe Fig. 11. Sie druckt das Minimum U und das Maximum V.

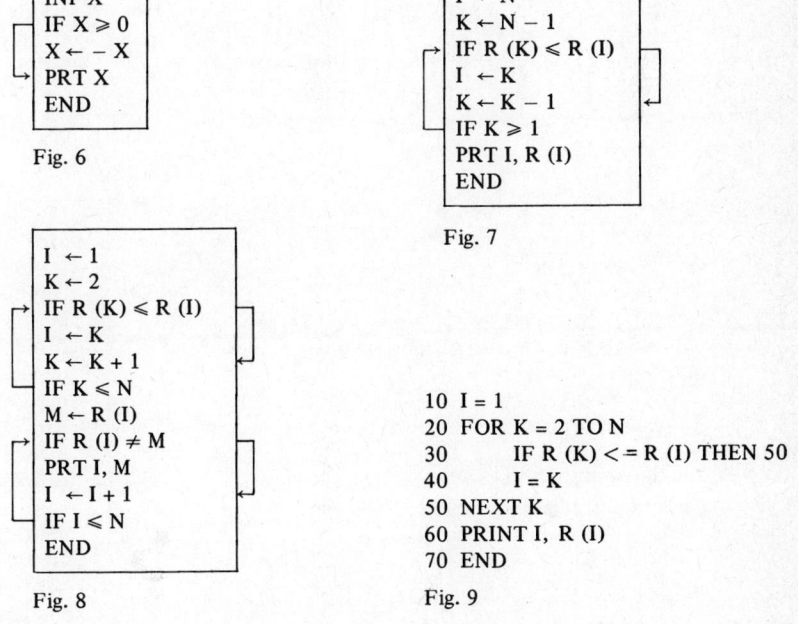

```
INP X
IF X ≥ 0
X ← − X
PRT X
END
```

Fig. 6

```
I ← N
K ← N − 1
IF R (K) ≤ R (I)
I ← K
K ← K − 1
IF K ≥ 1
PRT I, R (I)
END
```

Fig. 7

```
I ← 1
K ← 2
IF R (K) ≤ R (I)
I ← K
K ← K + 1
IF K ≤ N
M ← R (I)
IF R (I) ≠ M
PRT I, M
I ← I + 1
IF I ≤ N
END
```

Fig. 8

```
10  I = 1
20  FOR K = 2 TO N
30      IF R (K) < = R (I) THEN 50
40      I = K
50  NEXT K
60  PRINT I, R (I)
70  END
```

Fig. 9

```
10  I = J = 1                              10  U = 1
20  FOR K = 2 TO N                         20  V = 0
30      IF R (K) < = R (I) THEN 50         30  FOR I = 1 TO 100
40      I = K                              40      R = I*SQR (2) − INT (I*SQR (2) )
50      IF R (K) > = R (J) THEN 70         50      IF R < = V THEN 80
60      J = K                              60      V = R
70  NEXT K                                 70      GO TO 100
80  PRINT I; R (I), J;  R (J)              80      IF R > = U THEN 100
90  END                                    90      U = R
                                           100 NEXT I
Fig. 10                                    110 PRINT U, V
                                           120 END

                                           Fig. 11
```

1.3.2

2. Siehe Fig. 12.
3. Siehe Fig. 13.
4. Wir formen um:

$$1 + 1 \cdot 2 + 1 \cdot 2 \cdot 3 + \ldots + 1 \cdot 2 \cdot \ldots \cdot n = 1 + 2 (1 + 3 (1 + \ldots n (1) \ldots)).$$

Fig. 14 berechnet diesen Klammerausdruck. Führe dieses Programm für $n = 6$ aus.

5. Siehe Fig. 15.
6. Siehe Fig. 16. Ab $n = 8$ gibt es immer größere Rundungsfehler. In Wirklichkeit ist die Folge monoton wachsend mit dem Grenzwert $e^{-1} = 0.3678794412$.

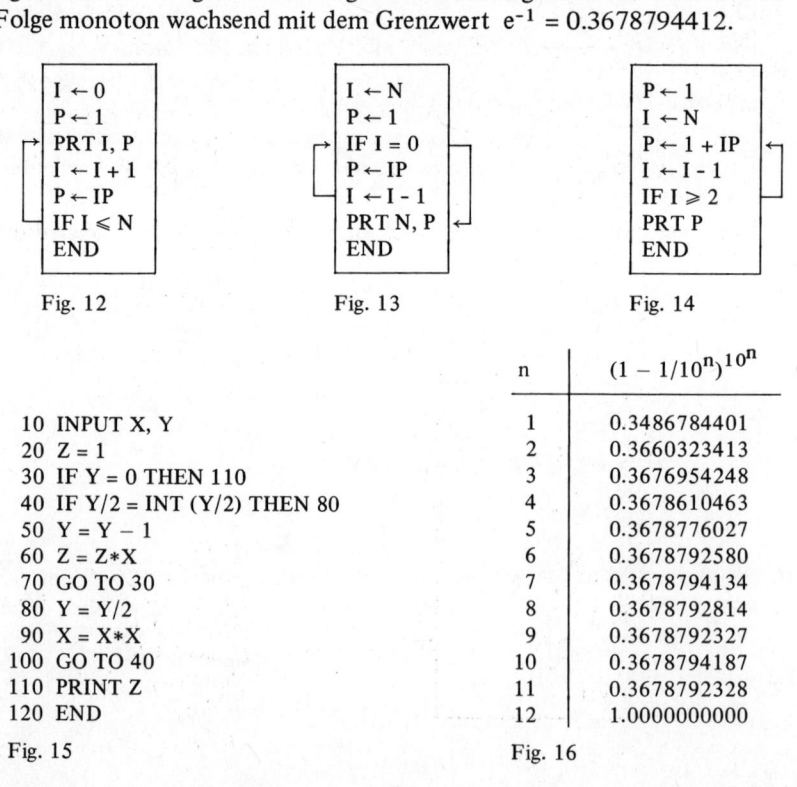

```
I ← 0                I ← N                P ← 1
P ← 1                P ← 1                I ← N
PRT I, P             IF I = 0             P ← 1 + IP
I ← I + 1            P ← IP               I ← I - 1
P ← IP              I ← I - 1            IF I ⩾ 2
IF I ⩽ N             PRT N, P             PRT P
END                  END                  END
```

Fig. 12   Fig. 13   Fig. 14

```
10  INPUT X, Y
20  Z = 1
30  IF Y = 0 THEN 110
40  IF Y/2 = INT (Y/2) THEN 80
50  Y = Y − 1
60  Z = Z*X
70  GO TO 30
80  Y = Y/2
90  X = X*X
100 GO TO 40
110 PRINT Z
120 END
```

Fig. 15

n	$(1 - 1/10^n)^{10^n}$
1	0.3486784401
2	0.3660323413
3	0.3676954248
4	0.3678610463
5	0.3678776027
6	0.3678792580
7	0.3678794134
8	0.3678792814
9	0.3678792327
10	0.3678794187
11	0.3678792328
12	1.0000000000

Fig. 16

7. a) 8   b) P ← AA; P ← AP; P ← PP; P ← PP; P ← PP; P ← P/A.
   c) X ← AA; Y ← XA; Z ← XY; Z ← ZZ; Z ← ZZ; Z ← ZY.
8. a) 15 b) P ← AA; P ← PP; X ← PP; Y ← XX; P ← YY;
   P ← PP; P ← PP; P ← PP; P ← PP; P ← PP; D ← XY; P ← P/D.
   Das Programm beruht auf der Identität $A^{1000} = A^{1024}/(A^8 \cdot A^{16})$. c) Wir geben
   nur die Folge der Exponenten an, die bei der Berechnung von A^{1000} auftreten:
   1, 2, 4, 5, 10, 20, 40, 80, 120, 125, 250, 500, 1000.
9. a) Für A^{77} ist die Exponentenfolge 1, 2, 4, 8, 9, 17, 34, 43, 77.
   b) Für A^{170} ist die Exponentenfolge 1, 2, 3, 5, 10, 20, 40, 80, 85, 170.
10. 6, 4 und 14. Ganz allgemein braucht man bei dieser Methode zur Berechnung
    von a^n $\log_2 n + b(n) - 1$ Multiplikationen, wo $b(n)$ die Anzahl der Einsen
    in der Darstellung von n im Zweiersystem ist. Fig. 1.30 erfordert dagegen
    $\log_2 n + b(n)$ Multiplikationen.

1.3.3

1. Für $x = \frac{n}{2}$, wo n ganz ist.
2. Für $0, 1, 4, 9, \ldots, n^2, \ldots$
6. $\dfrac{[10^d x + 0.5]}{10^d}$ rundet x auf d Dezimalen.
7. c) Samstag. Bei d) − f) handelt es sich um drei Kriegsausbrüche (Rußland,
   Pearl Harbor, Korea). Daher sind es Sonntage.
8. a) Man rechnet leicht nach, daß $f(N+1) - f(N) < 2$ ist, so daß keine zwei
   aufeinanderfolgenden Zahlen übersprungen werden. Fig. 17 druckt die ausge-
   lassenen Zahlen. X und Y sind zwei aufeinanderfolgende Funktionswerte.
   Es werden genau die Quadratzahlen ausgelassen. Der Beweis ist elementar,
   aber nicht trivial.
   b) Es werden die Dreieckszahlen $1, 3, 6, \ldots, \frac{n(n+1)}{2}, \ldots$ übersprungen.

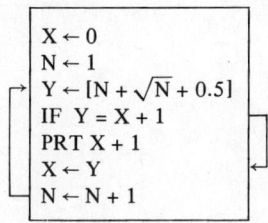

Fig. 17

10. Die Reihenfolge der Ziffern wird umgedreht. Z. B., N = 1984 geht über in
    M = 4891.

1.3.4

1. a) $\dfrac{1}{\sqrt{x+1} + \sqrt{x}}$ b) $\dfrac{-1}{x(x+1)}$ c) $\dfrac{2}{x(x^2-1)}$ d) $\dfrac{1}{(\sqrt[4]{x+1} + \sqrt[4]{x})(\sqrt{x+1} + \sqrt{x})}$

2. $y = \sqrt[7]{x} \iff y^7 = x \iff y^8 = xy \iff y = \sqrt{\sqrt{\sqrt{\sqrt{xy}}}}$ für $y > 0$. Fig. 18 zeigt das Programm.

3. $y = \sqrt[9]{x} \iff y^9 = x \iff y^8 = \frac{x}{y} \iff y = \sqrt{\sqrt{\sqrt{\sqrt{\frac{x}{y}}}}}$. Das Programm in Fig. 19 hat den Konvergenzfaktor $\frac{1}{8}$.

4. Siehe Fig. 20.

5. $\sqrt{i} = (1 + i)\sqrt{0.5}$.

6. a) Siehe Fig. 21.

b) $\lim\limits_{n \to \infty} x_n = \lim\limits_{n \to \infty} y_n = \sqrt{x_0 y_0}$

c) $x_{n+1} y_{n+1} = x_n y_n = x_0 y_0 \Rightarrow y_n = x_0 y_0 / x_n \Rightarrow x_{n+1} = \frac{1}{2}(x_n + x_0 y_0 / x_n)$
$\lim\limits_{n \to \infty} x_n = \sqrt{x_0 y_0} \Rightarrow \lim\limits_{n \to \infty} y_n = \sqrt{x_0 y_0}$.

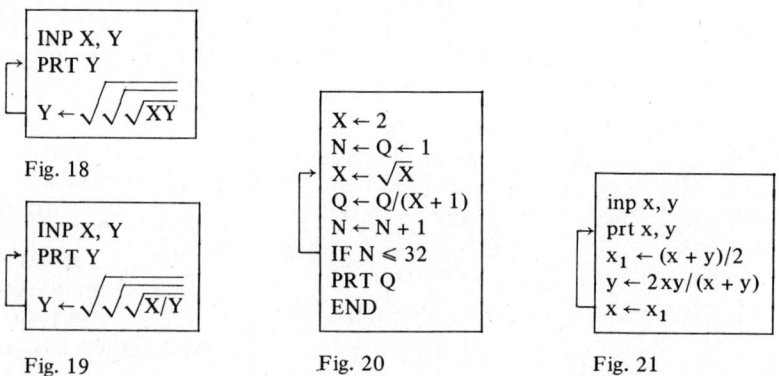

Fig. 18

Fig. 19

Fig. 20

Fig. 21

1.3.5

1. Man berechnet $\log_b \frac{1}{a}$. Dann ist $\log_b a = -\log_b \frac{1}{a}$.

2. Dies ist Fig. 1.38 für $b = 5$.

4. Siehe Fig. 22.

7. Verwende Fig. 1.38 bzw. 1.42. $\lg \pi = 0.4971498727$, $\lg e = 0.4342944819$,

$\ln 10 = 2.302585093$, $\ln \pi = 1.144729886$, $e^{\frac{\pi}{4}} = 2.193280051$,

$2^{\sqrt{2}} = 2.665144143$, $\pi^\pi = 36.46215961$.

8. $\lg 2 = 0.3010299957$, $\lg 3 = 0.4771212547$, $\lg 5 = 0.6989700044$.

1.3.6

6. Der Algorithmus führt $\frac{\sqrt{5} - 1}{2}$ in sich über. Die Eingabe $\frac{\sqrt{5} - 1}{2}$ liefert daher eine konstante Folge. Die Eingabe $\frac{\sqrt{2}}{2}$ liefert ab dem zweiten Glied die konstante Folge $\sqrt{2} - 1$. Durch Rundung wird in beiden Fällen die Konstanz rasch zerstört.

```
 10 A = 2
 20 FOR I = 1 TO 600
 30     Z = 1
 40     IF A < 5 THEN 80
 50     A = A/5
 60     Z = Z + 1
 70     GO TO 40
 80     B (Z) = B (Z) + 1
 90     A = A * A * A
100     A = A * A
110 NEXT I
120 FOR I = 1 TO 6
130     PRINT I, B (I)
140 NEXT I
150 END
```
Fig. 22

```
 10 INPUT M
 20 N = 2
 30 A = B = 1
 40 B = A + B
 50 A = B - A
 60 B = B - 10 ↑ M * INT (B/10 ↑ M)
 70 N = N + 1
 80 IF B <> 0 THEN 40
 90 PRINT M, N
100 END
```
Fig. 23

```
 10 FOR N = 2 TO 20
 20     A = B = 1
 30     FOR I = 1 TO 50
 40         IF A/I <> INT (A/I) THEN 60
 50         PRINT I;
 60         B = A + B
 70         A = B - A
 80     NEXT I
 90     PRINT
100 NEXT N
110 END
```
Fig. 24

```
10 A = B = 1
20 FOR I = 1 TO 50
30     C = A + B
40         PRINT B * B - A * C
50     B = A + B
60     A = B - A
70 NEXT I
80 END
```
Fig. 25

1.4.

2. $L(10^n) = \mathrm{kgV}\{3 \cdot 2^{n-1}, 2^2 \cdot 5^n\} = \begin{cases} 12 \cdot 5^n & \text{für } n \le 3 \\ 15 \cdot 10^{n-1} & \text{für } n \ge 3 \end{cases}$

3. Siehe Fig. 23. Für $m = 1, 2, 3, 4$ erhält man $n = 15, 150, 750, 7500$.

4. Siehe Fig. 24. Mit der Bezeichnung „a | b" für „a teilt b" hat man z. B.
   $2 \mid F_n \Leftrightarrow 3 \mid n$, $\quad 3 \mid F_n \Leftrightarrow 4 \mid n$, $\quad 4 \mid F_n \Leftrightarrow 6 \mid n$, $\quad 5 \mid F_n \Leftrightarrow 5 \mid n$, $\quad 7 \mid F_n \Leftrightarrow 8 \mid n$
   usw.

7. Siehe Fig. 25. Die Vermutung $F_n^2 - F_{n-1} F_{n+1} = (-1)^{n+1}$ beweist man mit Induktion.

8. a) Induktion liefert $L_n^2 - L_{n-1} L_{n+1} = 5(-1)^{n+1}$ $\quad$ b) $\lim\limits_{n \to \infty} L_{n+1}/L_n = \varphi = \dfrac{\sqrt{5}+1}{2}$.

9. Siehe Fig. 26. Die Ziffer n hat die relative Häufigkeit $h_n = \lg(1 + \frac{1}{n})$. Sobald $A \ge 10$ ist, werden A und B durch 10 geteilt. Dadurch ändert sich die erste Ziffer E nicht. Ferner erreicht man, daß $E = [A]$ ist, und man vermeidet Überlauf.

```
 10  A = B = 1
 20  FOR I = 1 TO 10000
 30      E = INT (A)
 40      R (E) = R (E) + 1
 50      B = A + B
 60      A = B − A
 70      IF A < 10 THEN 100
 80      B = B/10
 90      A = A/10
100  NEXT I
110  FOR I = 1 TO 9
120      PRINT I, R (I)
130  NEXT I
140  END
```
Fig. 26

```
10  INPUT Z, B
20  Q = 0
30  Q = Q + Z − B ∗ INT (Z/B)
40  Z = INT (Z/B)
50  IF Z > 0 THEN 30
60  PRINT Q
70  END
```
Fig. 27

2.1.

2. Siehe Fig. 27.
3. a) Siehe Fig. 28. b) Durch die Operation geht eine Dreierzahl wieder in eine Dreierzahl über. A = 1899 ist die größte Dreierzahl, die durch den Algorithmus vergrößert wird. Wir brauchen also nur die Dreierzahlen $A \leq 1899$ durchzugehen. Man kann sich leicht weitere Einsparungen ausdenken.
4. Siehe Fig. 29.

```
 10  INPUT A
 20  K = 0
 30  PRINT A;
 40  IF A = 153 THEN 100
 50  Z = A − 10 ∗ INT (A/10)
 60  K = K + Z ↑ 3
 70  A = INT (A/10)
 80  IF A > 0 THEN 50
 85  A = K
 90  GO TO 20
100  END
```
Fig. 28

```
 10  INPUT X, Y
 20  Z = 1
 30  IF Y = 0 THEN 90
 40  IF Y/2 = INT (Y/2) THEN 60
 50  Z = Z ∗ X
 60  X = X ∗ X
 70  Y = INT (Y/2)
 80  GO TO 30
 90  PRINT Z
100  END
```
Fig. 29

2.2.

5. Siehe Fig. 30.
6. In Fig. 2.10 muß man die Zeilen in Fig. 31 hinzufügen.
7. Siehe Fig. 32. Das Spiel ist günstig für Abel. Man kann zeigen, daß $A \sqcap B = 1$ mit Wahrscheinlichkeit $p \approx \frac{6}{\pi^2} \approx 0.6079$. Siehe [5], Seite 210 - 212.
8. Siehe Fig. 33 a und 33 b.
9. Verwende z. B. $A \sqcup B = (AB)/(A \sqcap B)$.

198

```
10   X (1) = X (2) = X (3) = X (4) = 0
20   FOR I  = 1 TO 1000
30        A = INT (1 E6 * RND) + 1
40        B = INT (1 E6 * RND) + 1
50        Q = B/A
60        IF Q > = 1 THEN 80
70        Q = 1/Q
80        IF Q > = 5 THEN 100
85        Q = INT (Q)
90        X (Q) = X (Q) + 1
100  NEXT I
110  PRINT X (1),  X (2),  X (3),  X (4)
120  END
```

Fig. 30

```
10   C = 1 E + 6
20   FOR I = 1 TO 1000
30        A = INT (C * RND) + 1
40        B = INT (C * RND) + 1
50        A = A − B * INT (A/B)
60        IF A = 0 THEN 90
70        B = B − A * INT (B/A)
80        IF B < > 0 THEN 50
90        IF A + B < > 1 THEN 110
100       G = G + 1
110  NEXT I
120  PRINT G
130  END
```

Fig. 32

```
 5   D = 0
45   D = D + 1
65   D = D + 1
85   PRINT D
```

Fig. 31

```
10   A = 2
20   B = 1
30   PRINT A * A − B * B,  2 * A * B,  A * A + B * B
40   B = B − 2
50   IF B > 0 THEN 100
60   B = A
70   A = A + 1
80   IF A > 10 THEN 180
90   GO TO 30
100  P = A
110  Q = B
120  P = P − Q * INT (P/Q)
130  IF  P = 0  THEN 160
140  Q = Q − P * INT (Q/P)
150  IF Q < > 0  THEN 120
160  IF P + Q = 1 THEN 30
170  GO TO 40
180  END
```

Fig. 33 a

X	Y	Z
3	4	5
5	12	13
7	24	25
15	8	17
9	40	41
21	20	29
11	60	61
35	12	37
13	84	85
33	56	65
45	28	53
15	112	113
39	80	89
55	48	73
63	16	65
17	144	145
65	72	97
77	36	85
19	180	181
51	140	149
91	60	109
99	20	101

Fig. 33 b

2.3.

1. a) $d = 7$, $x = -3$, $y = 5$ b) $d = 11$, $x = 3$, $y = -7$ c) $d = 1$, $x = -6$, $y = 55$
   d) $d = 1$, $x = 34 = F_9$, $y = -55 = -F_{10}$, d. h. $F_{12}F_9 - F_{11}F_{10} = 1$
   e) $d = 1$, $x = -55$, $y = 89 = F_{11}$, d. h. $F_{13}F_{10} - F_{12}F_{11} = -1$
   f) $d = 1$, $x = 89$, $y = -144 = -F_{12}$, d. h. $F_{14}F_{11} - F_{13}F_{12} = 1$ usw.
   Man vermutet, daß $F_nF_{n-3} - F_{n-1}F_{n-2} = (-1)^n$.
2. $x = 31$, $y = 63$.

2. Siehe Fig. 34. 135, 127, 120, 106 Primzahlen.
3. Siehe Fig. 35.
4. Siehe Fig. 36. P = vorangehende Primzahl, L = seitherige maximale Lücke.
5. Siehe Fig. 37.

```
10  INPUT M, N
20  P = 0
30  FOR A = M TO N STEP 2
40       FOR B = 3 TO SQR (A) STEP 2
50            IF A/B = INT (A/B) THEN 80
60       NEXT B
70       P = P + 1
80  NEXT A
90  PRINT P
100 END
```
Fig. 34

```
10  PRINT 1;
20  P = 3
30  FOR A = 5 TO 1000 STEP 2
40       FOR B = 3 TO SQR (A) STEP 2
50            IF A/B = INT (A/B) THEN 90
60       NEXT B
70       PRINT A − P;
80       P = A
90  NEXT A
100 END
```
Fig. 35

```
10  INPUT M, N, P
20  L = 2
30  FOR  A = P + 2 TO N STEP 2
40       FOR B = 3 TO SQR (A) STEP 2
50            IF A/B = INT (A/B) THEN 100
60       NEXT B
70       IF A − P < = L THEN 90
80       L = A − P
90       P = A
100 NEXT A
110 PRINT L
120 END
```
Fig. 36

```
10  P = 3
20  A = 5
30  FOR B = 3 TO SQR (A) STEP 2
40       IF A/B = INT (A/B) THEN 80
50  NEXT B
60  IF A − P = 16 THEN 100
70  P = A
80  A = A + 2
90  GO TO 30
100 PRINT P, A
110 END
```
Fig. 37

6. $123456789 = 3^2 \cdot 3607 \cdot 3803$, $987654321 = 3^2 \cdot 17^2 \cdot 379721$,
   $2^{32} + 1 = 641 \cdot 6700417$, $1264460 = 2^2 \cdot 5 \cdot 17 \cdot 3719$,
   $81128632 = 2^3 \cdot 13 \cdot 19 \cdot 41057$, $600\,000\,017$ ist Primzahl.
7. Siehe Fig. 38.
9. Siehe Fig. 39, 40a, 40b.

```
10  INPUT N
20  FOR  D = 2 TO SQR (N)
30       IF N/D = INT (N/D) THEN 70
40  NEXT D
50  PRINT N
60  GO TO 100
70  PRINT D;
80  N = N/D
90  GO TO 20
100 END
```
Fig. 38

n	h (n)	q (n)
10	7	0.7
20	13	0.65
30	19	0.63333
40	26	0.65
50	31	0.62
60	37	0.61667

Fig. 39

```
10  DIM X (2000)
20  H = 0
30  FOR I = 1 TO 2000
40      X (I) = 0
50  NEXT I
60  READ S
70  FOR  I = S  TO 2000 STEP S
80      X (I) = 1
90  NEXT I
100 IF S < 1849 THEN 60
110 FOR  I = 1 TO 2000
120     H = H + 1 − X (I)
130     IF I/100 < > INT (I/100) THEN 150
140     PRINT I, H, H/I
150 NEXT I
160 DATA 4, 9, 25, 49, 121, 169, 289, 361
170 DATA 529, 841, 961, 1369, 1681, 1849
180 END
```

Fig. 40 a

n	h (n)	q (n)
100	61	0.61
200	122	0.61
300	183	0.61
400	243	0.6075
500	306	0.612
600	366	0.61
700	428	0.61143
800	489	0.61125
900	547	0.60778
1000	608	0.608
1100	667	0.60636
1200	730	0.60833
1300	792	0.60923
1400	854	0.61
1500	915	0.61
1600	977	0.61062
1700	1035	0.60882
1800	1096	0.60889
1900	1153	0.60684
2000	1215	0.6075

Fig. 40 b

2.5.

1. Siehe Fig. 41. a) Ist n Primzahl, so ist die Periodenlänge p (n) ein Teiler von n − 1. b) Ist φ (n) die Anzahl der zu n teilerfremden Zahlen $\leq$ n, so ist p (n) ein Teiler von φ (n).

```
10  FOR N = 3 TO 100 STEP 2
20      IF N MOD 5 = 0 THEN 70
30      R = 1; P = 0
40          R = 10 ∗ R MOD N; P = P + 1
50          IF R < > 1 THEN 40
60      PRINT N; P,
70  NEXT N
80  END
```
Fig. 41

3 1   7 6   9 1   11 2   13 6   17 16   19 18   21 6   23 22   27 3   29 28   31 15
33 2   37 3   39 6   41 5   43 21   47 46   49 42   51 16   53 13   57 18   59 58
61 60   63 6   67 33   69 22   71 35   73 8   77 6   79 13   81 9   83 41   87 28
89 44   91 6   93 15   97 96   99 2

3. Siehe Fig. 42.

```
10  INPUT N
20  R = 1
30  Q = INT (10 ∗ R/N)
40      PRINT Q;
50      R = 10 ∗ R − Q ∗ N
60  IF R < > 1 THEN 30
70  END
```
Fig. 42

2.6.

1. a) Fig. 43 verwendet den Vertauschungsbefehl „= =" und die mod-Operation.

 b) $\dfrac{F_{n+1}}{F_n} = [1; 1, 1, 1, \ldots, 1, 2]$. Der Beweis ergibt sich aus

$$\frac{F_{n+1}}{F_n} = \frac{F_n + F_{n-1}}{F_n} = 1 + \frac{1}{\dfrac{F_n}{F_{n-1}}}$$

2. $[\frac{1}{X}] = n \iff n \le \frac{1}{X} < n+1 \iff \frac{1}{n+1} < X \le \frac{1}{n}$. Also ist $p_n = \frac{1}{n} - \frac{1}{n+1} =$

$= \dfrac{1}{n(n+1)}$.

```
10  INPUT A, B
20  PRINT INT (A/B);
30      A = A MOD B
40      A = = B
50  IF B < > 0 THEN 20
60  END
```

Fig. 43

```
10  PRINT 2;
20  FOR  N = 2 TO 1000
30      Y = N;  Z = 1;  X = 2
40      IF Y/2 = INT (Y/2) THEN 60
50      Z = Z * X MOD N
60      X = X * X MOD N;  Y = INT (Y/2)
70      IF Y < > 0 THEN 40
80      IF Z = 2 THEN PRINT N;
90  NEXT N
100 END
```

Fig. 44

2.7.

1. Siehe Fig. 44.

2. n = 341, 561, 645.

4. a) n = 91, 121, 561, 671, 703, 949   b) n = 217, 561, 781.

3.2.

1. $\pi = (2 - \frac{2}{9})^2 = \frac{256}{81} = 3.160493827$

3.3.

1. n = 9.

2. a) $\frac{\pi}{6}, \frac{\pi}{3}, \frac{\pi}{2}$ b) $\frac{\pi}{3}, \frac{\pi}{6}, 0$ c) $\frac{\pi}{4}, \frac{\pi}{3}, \frac{\pi}{2}$.

3. $T_n = \dfrac{S_n}{c_n}$, $T_{n+1} = \dfrac{S_n}{c_{n+1}^2}$, $T_{n-1} = \dfrac{S_n c_n}{c_{n-1}}$,

$$\frac{T_{n+1} - T_n}{T_n - T_{n-1}} = \frac{c_{n-1}}{c_{n+1}^2} \frac{1 - c_n}{1 - c_{n-1}} \to \frac{1}{4}$$

4. a) Es sei n_i das kleinste n, so daß $\alpha_1 + \alpha_2 + \ldots + \alpha_n \ge 2\pi i$ ist. Fig. 45 druckt die nachfolgende Tabelle

i	1	2	3	4	5	6	7	8	9	10
n_i	17	54	110	186	281	396	532	686	861	1055

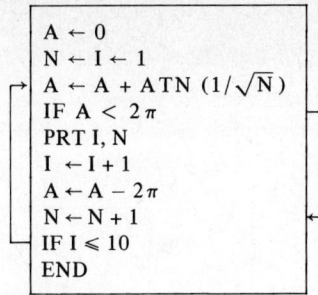

```
A ← 0
N ← I ← 1
A ← A + ATN (1/√N)
IF A < 2π
PRT I, N
I ← I + 1
A ← A – 2π
N ← N + 1
IF I ≤ 10
END
```

Fig. 45

5. a) $s_n = \sin \dfrac{\alpha}{2^n}$, $c_n = \cos \dfrac{\alpha}{2^n}$, $t_n = \tan \dfrac{\alpha}{2^n}$, $S_n = 2^{n+1} \sin \dfrac{\alpha}{2^n}$,

$T_n = 2^{n+1} \tan \dfrac{\alpha}{2^n}$.

b) Mit $s_1 = 2 \sin x$, $s = 2 \sin \dfrac{x}{2}$ liefert (1) $\sin x = 2 \sin \dfrac{x}{2} \cos \dfrac{x}{2}$.

Mit $S = 2 \sin x$, $s = 2 \sin \dfrac{x}{3}$ liefert (2) $\sin x = 3 \sin \dfrac{x}{3} - 4 \sin^3 \dfrac{x}{3}$.

6. Der Algorithmus hat den Konvergenzfaktor $\dfrac{1}{4}$. Daher ist $n = 16$.

3.5.

4. Konvergenzfaktor $\dfrac{1}{4}$.

6. Konvergenzfaktor $\dfrac{1}{4}$.

7b. Siehe Fig. 46.
8b. Siehe Fig. 47.

10. $s_n = \sinh \dfrac{t}{2^n}$, $c_n = \cosh \dfrac{t}{2^n}$, $t_n = \tanh \dfrac{t}{2^n}$, $S_n = 2^n \sinh \dfrac{t}{2^n}$,

$T_n = 2^n \tanh \dfrac{t}{2^n}$.

11. Konvergenzfaktor $\dfrac{1}{16}$.

```
INP X, N
S ← X/2↑N
S ← 2S√1+SS
N ← N - 1
IF N > 0
PRT S + √1+SS
END
```

Fig. 46

```
INP X, N
G ← X/2↑N
G ← G (2 + G)
N ← N - 1
IF N > 0
PRT G
END
```

Fig. 47

3.8.

2. Siehe Fig. 48 - 50. a) 3.141092654   b) 3.142092904   c) 3.141592528
3. Siehe Fig. 51.
4. 3.140807746. Fig. 52 beruht auf der Umformung $\frac{2}{\pi} = \prod_{i=1}^{1000} (1 - \frac{1}{4\,i^2})$.
5. a) 3.140638056   b) 3.141592652

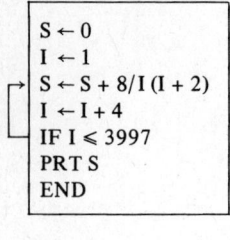

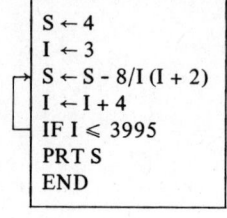

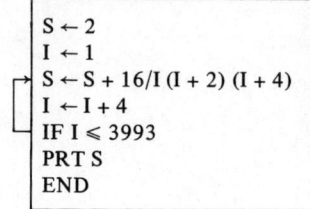

Fig. 48   Fig. 49   Fig. 50

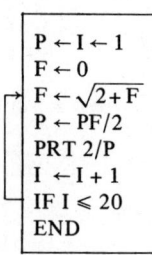

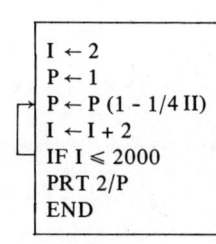

Fig. 51   Fig. 52

3.9.

1. Die beiden Nadeln bilden die Winkel a und $a_1 = a + \frac{\pi}{2}$ mit der Nordrichtung in Fig. 53. Damit wird das Programm in Fig. 55 ohne Kommentar verständlich.
2. Der Mittelpunkt (x, y) der Nadel wird zufällig im Einheitsquadrat gewählt. Dann wird der Kurswinkel der Nadel zufällig zwischen 0 und π gewählt.
   Dann wird getestet, ob die Nadel eine Quadratseite oder ihre Verlängerung schneidet. Siehe Fig. 54 und 56.

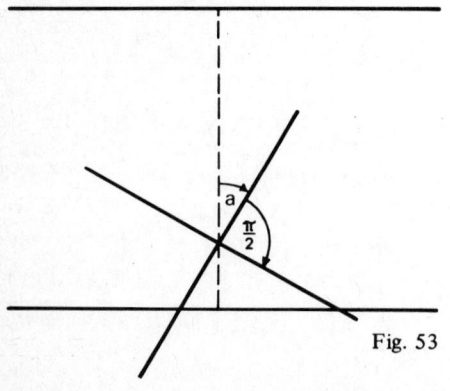

Fig. 53

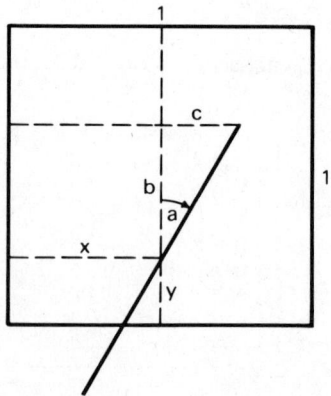

Fig. 54

204

```
10  S = 0
20  FOR  W = 1 TO 1000
30        Y = RND;  A = PI * RND
40        B = COS (A)/2;   B1 = COS (A + PI/2)/2
50        IF INT (Y − B) < > INT (Y + B) THEN S = S + 1
60        IF INT (Y − B1) < > INT (Y + B1) THEN S = S + 1
70  NEXT W
80  PRINT 4 * W/S
90  END
```

Fig. 55

```
10  S = 0
20  FOR W = 1 TO 1000
30        X = RND;  Y = RND;  A = PI * RND
40        B = COS (A)/2;  C = SIN (A)/2
50        IF INT (Y − B) < > INT (Y + B) OR INT (X − C) < > INT (X + C) THEN S = S + 1
60  NEXT W
70  PRINT 3 * W/S
80  END
```

Fig. 56

3. Fig. 57 zeigt das Programm für n = 4. Zeile 30 zählt die Punkte, die in das Innere des Kugelteils mit positiven Koordinaten fallen. Dies ist $\frac{1}{16}$ der ganzen Kugel. Daher ist $\frac{16R}{1000}$ eine Schätzung für den Kugelinhalt. Der exakte Wert beträgt $\frac{\pi^2}{2}$.

```
10  R = 0
20  FOR  I = 1 TO 1000
30        R = R + 1 − INT (RND↑2 + RND↑2 + RND↑2 + RND↑2)
40  NEXT I
50  PRINT 16 * R/1000
60  END
```

Fig. 57

5. Die drei Zufallspunkte seien $P_1 (x_1, y_1)$, $P_2 (x_2, y_2)$, $P_3 (x_3, y_3)$. Die Quadrate der Dreiecksseiten sind dann $a = (x_1 − x_2)^2 + (y_1 − y_2)^2$, $b = (x_2 − x_3)^2 + (y_2 − y_3)^2$, $c = (x_1 − x_3)^2 + (y_1 − y_3)^2$. Das Dreieck ist genau dann stumpfwinklig, wenn $a > b + c$ oder $b > a + c$ oder $c > a + b$ ist. (Fig. 58 und 59).

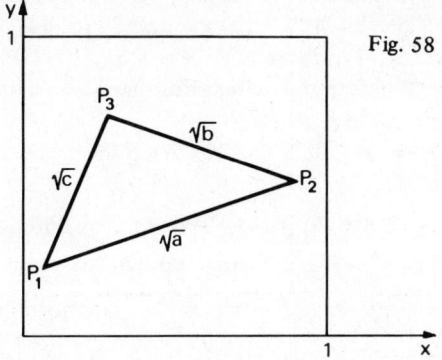

Fig. 58

```
10  FOR I = 1 TO 1000
20      X1 = RND;  X2 = RND;  X3 = RND;  Y1 = RND;  Y2 = RND;  Y3 = RND
30      A = (X1 - X2)↑2 + (Y1 - Y2)↑2
40      B = (X2 - X3)↑2 + (Y2 - Y3)↑2
50      C = (X1 - X3)↑2 + (Y1 - Y3)↑2
60      IF A > B + C OR B > A + C OR C > A + B THEN S = S + 1
70  NEXT I
80  PRINT S/1000
90  END
```

Fig. 59

6. $P = \dfrac{1}{4}$.

4.1.

1. a)

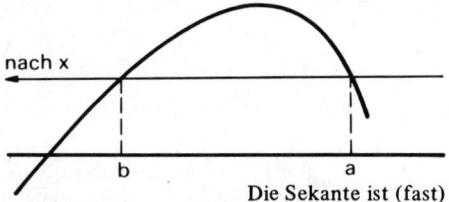

Fig. 60

Die Sekante ist (fast)
parallel zur x-Achse.

b)

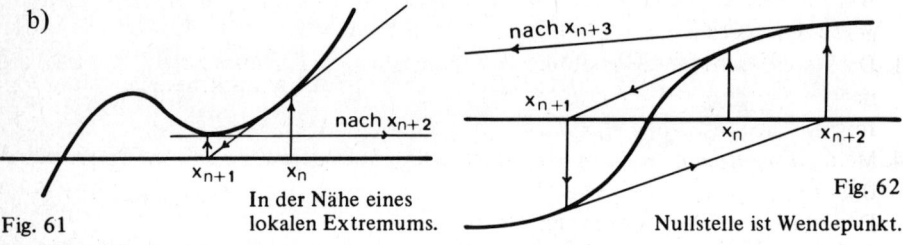

In der Nähe eines
lokalen Extremums.

Fig. 61

Fig. 62

Nullstelle ist Wendepunkt.

3. x = 2.195823345

4. a) x = 1.763222834   b) x = 2.154434690   c) x = 1.324717957
   d) x = 0.8767262154   e) x = 0.7390851332   f) x = − 0.1999361022

5. a) x = 2.094551482   b) x = 1.584893192   c) x = 1.112775684
   d) x = 0.7390851332   e) x = 0.5671432904

6. Die Startwerte x = 0 und x = 2 liefern die beiden Lösungen
   $x_1 = 0.3574029562$ und $x_2 = 2.153292364$.

7. $x_1 = 2\sin 10° = 0.3472963553$, $x_2 = 2\sin 50° = 1.532088886$,
   $x_3 = − 2\sin 70° = − 1.879385242$

10. Dies ist die Newtonsche Iterationsfolge für $f(x) = x^m − a$. Das Bild der Iterationsfunktion $g(x) = ((m − 1)x + \dfrac{a}{x^{m-1}})/m$ sieht ähnlich aus wie Fig. 4.19.

Man erkennt analog wie im 4. Beispiel, daß $x_1, x_2, x_3, \ldots$ monoton gegen $\sqrt[m]{a}$ fällt.

206

11. $|g(x) - g(y)| = \dfrac{|x-y|}{\sqrt{1+x} + \sqrt{1+y}} < \dfrac{|x-y|}{2}$ für $x, y > 0$. Fixpunkt $s = \dfrac{\sqrt{5}-1}{2}$.

12. $|g(x) - g(y)| = \dfrac{|x-y|}{xy} < |x-y|$ für $x > 1$ und $y > 1$. Fixpunkt $s = \dfrac{\sqrt{5}+1}{2}$.

13. Die Folge konvergiert für alle $x_0 \geqslant -1$ gegen $s = \dfrac{1+\sqrt{17}}{8}$.

14. Zeige zuerst, daß $x_{n+1} - \sqrt{10} = \dfrac{4-\sqrt{10}}{x_n + 4} (x_n - \sqrt{10})$.

15. $s = \dfrac{1+\sqrt{1+4a}}{2}$. Für $a = m(m+1)$ ist $s = m+1$.

16. a) $s = \dfrac{\sqrt{5}-1}{2}$ b) $s = \sqrt{2}$.

18. Mit $x_n = \dfrac{1-\epsilon_n}{a}$ ist $x_{n+1} = \dfrac{1-\epsilon_n^2}{a}$, d. h. $\epsilon_{n+1} = \epsilon_n^2$ oder $\epsilon_n = \epsilon_0^{2^n}$.

Daraus folgt quadratische Konvergenz gegen $\frac{1}{a}$, falls $-1 < \epsilon_0 < 1$, oder $0 < x_0 < \frac{2}{a}$ ist.

19. Die Folge konvergiert für alle $A \leq e^{\frac{1}{e}} = 1.444667861$. Für $A = \sqrt{2}$ bzw.

$A = e^{\frac{1}{e}}$ sind die Grenzwerte 2 bzw. e. Beim Startwert $e^{\frac{1}{e}}$ ist die Konvergenz gegen e superlangsam.

21. Die Newtonsche Iterationsfunktion zur Lösung der Gleichung $\ln y - x = 0$ nach y lautet $g(y) = y(1 + x - \ln y)$. Fig. 4.19b druckt die zugehörige Iterationsfolge für den Startwert $y = 1$. Das Programm arbeitet richtig für $x_0 > -1$.

24. Mein Rechner lieferte für $n = 10, 100, 1000, 10000$ jeweils $1, 0.9999999992, 0.9999999902, 0.9999999004$.

Das zugehörige Programm zeigt Fig. 63.

```
10  INPUT N
20  X = 1;  Y = 0
30  FOR I = 1 TO N
40      A = (3 * X – 4 * Y)/5;  B = (4 * X + 3 * Y)/5
50      X = A;  Y = B
60  NEXT I
70  PRINT X * X + Y * Y
80  END
```

Fig. 63

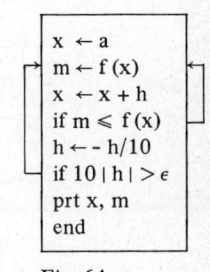

```
x ← a
m ← f(x)
x ← x + h
if m ≤ f(x)
h ← – h/10
if 10|h| > ε
prt x, m
end
```

Fig. 64

4.2.

1. Siehe Fig. 64.
2. Die vierte Zeile muß if $m \geq f(x)$ lauten.
   a) $x = \sqrt[3]{4} = 1.587401052$ b) $x = e^{-1} = 0.3678794412$

3. In Fig. 65 konvergiert x gegen die Abszisse von B. Man kann den Fehler korrigieren, wenn man in 3. zwei Schritte zurückgeht (x ← x − 2h).

4. a) $x = \frac{\pi}{4} = 0.7853981634$ b) $x = 1$.

5. Siehe Fig. 66.

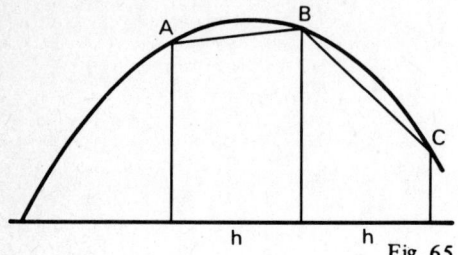

Fig. 65

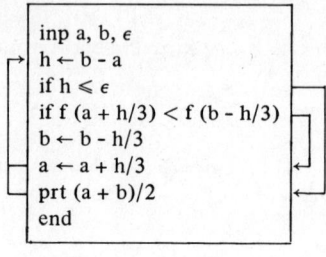

Fig. 66

4.3.2

1. a) 0.5939941503   b) 3.059116540   c) 0.7468241328

2. Die Auswertung des ersten Integrals ist deshalb so schwierig, weil die Kurve bei x = 1 eine senkrechte Tangente hat. Das Kurvenstück in der Nähe von x = 1 läßt sich gar nicht gut durch Parabeln annähern. Dagegen liefert die zweite Methode rasch genaue Werte für das Integral. Man erhält

$$I = 3.708149356$$

3. a) Siehe Fig. 67

```
 10 INPUT A, B
 20 FOR I = 0 TO 12
 30     M = 0
 40     H = (B − A)/2↑I
 50     FOR X = A + H/2 TO B STEP H
 60         M = M + 1/LOG (X)
 70     NEXT X
 80     M = M ∗ H
 90     PRINT I, M
100 NEXT I
110 END
```

Fig. 67

4.4.1

1. a) Fig. 68   b) Fig. 69   c) $e - e_{15} < \frac{17}{16} \cdot \frac{1}{16!} < 5.08 \cdot 10^{-14}$

2. Fig. 70.

3. Fig. 71 zeigt eine Tabelle für a_n und Fig. 16 für b_n. In beiden Fällen wird für $n > 10^7$ das monotone Wachsen durch Rundungsfehler verletzt.

4. Fig. 72.

5. Fig. 73.

6. Fig. 74.

7. Fig. 75.

208

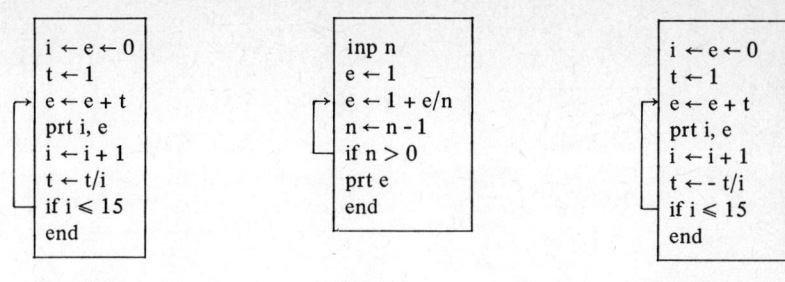

Fig. 68   Fig. 69   Fig. 70

n	$(1 + \frac{1}{10^n})^{10^n}$
1	2.593742460
2	2.704813829
3	2.716923927
4	2.718145849
5	2.718268163
6	2.718272755
7	2.718276320
8	2.718271543
9	2.718271795
10	2.718275492
11	2.718270349
12	1.000000000

Fig. 71

```
i ← s ← 0
t ← 1
s ← s + t
i ← i + 1
t ← tx/i
if | t/s | ≥ f
prt x, s
end
```

Fig. 72

n	$(1 + \frac{1}{n} + \frac{1}{2n^2})^n$	$(1 + \frac{1}{n-0,5})^n$
10	2.714080847	2.720551414
10^2	2.718236860	2.718304483
10^3	2.718281366	2.718282073
10^4	2.718281828	2.718281828

Fig. 73

n	e_n
1	2.732050808
2	2.719199680
4	2.718340389
8	2.718285508
16	2.718282059
32	2.718281842
64	2.718281832
128	2.718281828

Fig. 74

n	e_n
1	2.714285714
2	2.718042367
4	2.718267026
8	2.718280906
16	2.718281771
32	2.718281824
64	2.718281830
128	2.718281828

Fig. 75

8. Setzt man in (X) $n = 1000$ und $t = \frac{1}{2}$, so erhält man $\sqrt{e} \approx 1.648721264$. Der genaue Wert ist $\sqrt{e} = 1.648721271$.

9. Man setzt in (X) $t = -1$ und erhält $c_{1000} = 0.3678794423$.

10. a) $e^{1/2n} - e^{-1/2n}$ b) $(e^{1/2n} - e^{-1/2n})/2n$ c) Setze $u_n = e^{1/2n}$ und löse $u_n - 1/u_n = (u_n + 1/u_n)/2n$ nach u_n auf.

11. Fig. 76.

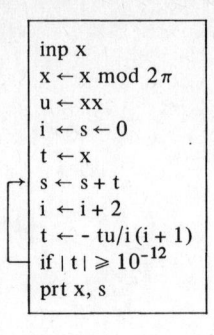

```
inp x
x ← x mod 2π
u ← xx
i ← s ← 0
t ← x
s ← s + t
i ← i + 2
t ← - tu/i (i + 1)
if | t | ≥ 10⁻¹²
prt x, s
```

Fig. 76

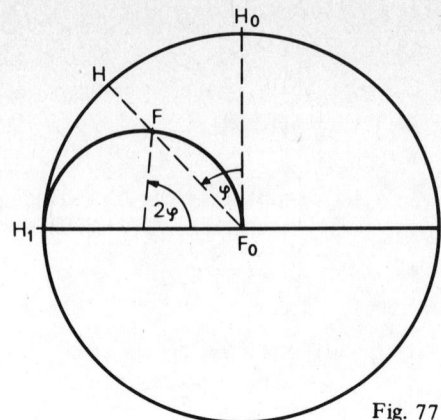

Fig. 77

4.4.3

3. b) Zeige, daß in Fig. 77 $\overset{\frown}{H_0 H} = \overset{\frown}{F_0 F}$ ist.

4. a) 0.202594   b) 0.197469   c) 0.197200   d) 0.202301

Rund 20 % der Bevölkerung hören das Gerücht nicht. Überraschenderweise hängt dieser Anteil kaum von n oder p ab.

5.1.

2. b) Die Reihen des Pascal-Dreiecks werden 0, 1, 2, 3, . . . numeriert. Die Reihen Nr. $2^n - 1$ enthalten lauter Einsen, und die Reihen Nr. 2^n enthalten lauter innere Nullen, wobei n = 0, 1, 2, . . . ist.

5.2.

1. Einen US-Dollar kann man auf 292 Arten wechseln.
2. Einen Schweizer Franken kann man auf 4562 Arten wechseln.
3. 4332 Lösungen.

```
10  N = 100
20  M = N/EXP (1)
30  P = 1/SQR (2 * PI * N)
40  Q = 1 + 1/(12 * N)
50  R = Q + 1/(288 * N * N)
60  FOR I = 100 TO 1 STEP − 1
70      P = P * I/M
80  NEXT I
90  PRINT P, P/Q, P/R
100 END
```

Fig. 78

5.3.

1. b) Fig. 78 druckt die drei Quotienten für n = 100. Man erhält
1.000833679, 1.000000345, 0.9999999981.

2. Man muß die Programme in Fig. 5.11 und 5.16 hintereinander ausführen.
Siehe auch die Lösung der nächsten Aufgabe.

3. Siehe Fig. 79. Das Programm besteht aus Fig. 5.11 und einer leichten Modifikation von Fig. 5.16. Die Variable Z zählt die Zyklen.

4. Das gesuchte Programm erhält man durch Ergänzung von Fig. 79.

```
10  DIM L (100)
20  FOR I = 1 TO 100 L (I) = I
30  FOR I = 100 TO 2 STEP − 1
40      K = INT (I ∗ RND) + 1
50      L (I) = = L (K)
60  NEXT I
70  I = 1;  Z = 0
80  E = I
90  K = I;  I = L (I);  L (K) = − L (K)
100 IF I < > E THEN 90
110 Z = Z + 1
120 FOR I = 1 TO 100
130     IF L (I) > 1 THEN 80
140 NEXT I
150 PRINT Z
160 END

    Fig. 79
```

```
10  INPUT T, S
20  Q = I = 1
30  IF 1 − Q > S THEN 70
40  Q = Q ∗ (T − I)/T
50  I = I + 1
60  GO TO 30
70  PRINT I, 1 − Q
80  END

    Fig. 80
```

5.4.

1. Für $n = 23$ ist $p_n = 0.5073$.

2. a) $p_{41} = 0.90315$ b) $p_{57} = 0.99012$ c) $p_{70} = 0.99916$ d) $p_{80} = 0.99991$
Verwende Fig. 80 mit $T = 365$.

3. a) $n = 38$ b) $n = 68$ c) $n = 95$ d) $n = 116$
Verwende Fig. 80 mit $T = 1000$ und $S = 0.5, 0.9, 0.99, 0.999$.

4. Durch Probieren mit dem Programm in Fig. 80 findet man rasch

$$1713 \leq x \leq 1783.$$

5. Siehe Fig. 81, wo $s = b(0) + \ldots + b(a)$ ist.

```
10  INPUT A, N, P
20  Q = 1 - P
30  S = B = Q↑N
40  FOR X = 1 TO A
50      B = B ∗ P ∗ (N − X + 1)/(Q ∗ X)
60      S = S + B
70  NEXT X
80  PRINT A, N, P, S
90  END

    Fig. 81
```

6. a) Für $a = 39$, $n = 100$, $p = \frac{1}{2}$ liefert Fig. 81 $s = 0.0176$.

b) Die Wahrscheinlichkeit von $|x − 50| > 10$ ist doppelt so groß wie die von $x < 40$. D. h., $s = 0.0352$.

7. Für $n = 600$, $p = \frac{1}{6}$ und $a = 80$ bzw. $a = 119$ erhält man

$s_1 = b(0) + \ldots + b(80) \approx 0.0144676$, $\quad s_2 = b(0) + \ldots + b(119) \approx 0.981989$

Also ist $s_3 = b(120) + \ldots + b(600) = 1 - s_2 \approx 0.0180$. Die gesuchte Wahrscheinlichkeit beträgt also $s_1 + s_3 \approx 0.0325$.

Die Eingabe $(n - a, n, q) = (480, 600, \frac{5}{6})$ resultierte in einem Unterlauf, da $(\frac{1}{6})^{600}$ außerhalb des Rechenbereichs des Rechners lag.

9. a) Siehe Fig. 82.

c) Für $n = 200$ erhält man $1 - \frac{196}{10^9} \approx 1 + \frac{b}{40000}$, d. h., $b \approx \frac{1}{128}$. Also ist

$$b_n \sim \frac{1}{\sqrt{\pi n}} \left(1 - \frac{1}{8n}\right)\left(1 + \frac{1}{128n^2}\right)$$

oder, noch einfacher

$$b_n \sim \frac{1}{\sqrt{\pi n}} \left(1 - \frac{1}{8n} + \frac{1}{128n^2}\right)$$

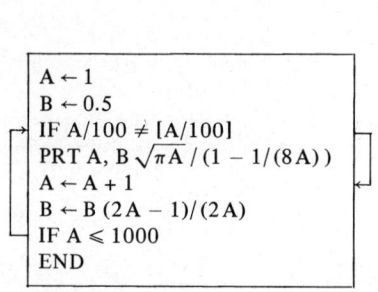

```
A ← 1
B ← 0.5
IF A/100 ≠ [A/100]
PRT A, B √πA / (1 − 1/(8A))
A ← A + 1
B ← B (2A − 1)/(2A)
IF A ≤ 1000
END
```

n	c_n
100	1.000000787
200	1.000000196
300	1.000000087
400	1.000000048
500	1.000000030
600	1.000000020
700	1.000000014
800	1.000000010
900	1.000000007
1000	1.000000005

Fig. 82a   Fig. 82b

Beachte, daß in Fig. 82b beim Übergang von 100 nach 200 oder von 200 nach 400 der Abstand von 1 fast genau viermal kleiner wird. Beim Übergang von 400 zu 800 oder 500 zu 1000 stimmt dies nicht mehr. Dies ist durch Rundungsfehler bedingt.

6.2.

1. Fig. 83 entsteht durch Modifikation und Ergänzung von Fig. 6.8. Die Wahrscheinlichkeit von Nachbarn ist 0.495. Siehe [4], Seite 44 und 166.

4. Fig. 84 zeigt das Programm für $n = 1000$. Z ist die Gesamtzahl der Züge. S zählt die Gewinne von Schwarz. R ist eine Zufallszahl aus $\{1, 2\}$. Die Farben der beiden Spielfelder sind in $X(1)$ und $X(2)$ gespeichert. Weiß speichert $+ 1$ in das ausgeloste Feld und Schwarz $- 1$. Ist $X(1) + X(2) = 2$ bzw. $- 2$, so hat

Weiß bzw. Schwarz gewonnen. Die mittlere Spieldauer und die Gewinnwahrschein-
lichkeiten kann man in [4], Seite 38, nachlesen.

5. Fig. 85 ist ganz analog zu Fig. 6.15. C berechnet χ^2.

```
10  DIM L (49)
20  A = 0
30  FOR J = 1 TO 100
40      FOR I = 1 TO 49
50          L (I) = I
60      NEXT I
70      FOR K = 1 TO 6
80          I = INT (49 * RND) + 1
90          IF L (I) < 0 THEN 80
100         L (I) = - 1
110     NEXT K
120     FOR I = 1 TO 48
130         IF L (I) + L (I + 1) = - 2 THEN 160
140     NEXT I
150     GO TO 170
160     A = A + 1
170 NEXT J
180 PRINT A/100
190 END
```

Fig. 83

```
10  Z = S = 0
20  FOR I = 1 TO 1000
25      X (1) = X (2) = 0
30      R = INT (2 * RND) + 1
40      Z = Z + 1
50      X (R) = 1
60      IF X (1) + X (2) = 2 THEN 120
70      R = INT (2 * RND) + 1
80      Z = Z + 1
90      X (R) = - 1
100     IF X (1) + X (2) <> - 2 THEN 30
110     S = S + 1
120 NEXT I
130 PRINT Z/1000, S/1000
140 END
```

Fig. 84

```
10  C = 0
20  FOR I = 1 TO 6
30      B (I) = 0
40  NEXT I
50  FOR I = 1 TO 600
60      D = INT (6 * RND) + 1
70      B (D) = B (D) + 1
80  NEXT I
90  FOR I = 1 TO 6
100     PRINT B (I);
110     C = C + (B (I) - 100)↑2/100
120 NEXT I
130 PRINT
140 PRINT C
150 END
```

Fig. 85

6. Fig. 86 zeigt das zu Fig. 6.25 äquivalente Programm. Zeilen 10 bis 50 dieses Programms ersetzen Zeilen 30 bis 70 in Fig. 6.26, und Zeilen 10 bis 40 treten an Stelle
der Zeilen 70 bis 100 in Fig. 6.27.

```
10  Y (1) = Y (2) = Y (3) = I = 0
20  D = INT (3 RND) + 1
30  Y (D) = 1 - Y (D); I = I + 1
40  IF Y (1) + Y (2) + Y (3) < 3 THEN 20
50  PRINT I
60  END
```

Fig. 86

7. Siehe Fig. 87, wo G das Gewicht des jetzt gefangenen Fisches ist. Man vermutet, daß beide Stoppregeln dieselbe Verteilung für X liefern. Den Beweis dafür findet man in [5], Seite 93 - 97.
8. In Fig. 88 ist E das Gewicht des ersten Fisches. Die Häufigkeit von X > 10 wird in R(1) gezählt.

```
 10  S = 0
 20  FOR X = 2 TO 10 R (X) = 0
 30  FOR I  = 1 TO 1000
 40     X = G = 0
 50        G = G + RND;  X = X + 1
 60        IF G < 1 THEN 50
 70        R (X) = R (X) + 1; S = S + X
 80  NEXT I
 90  FOR X = 2 TO 10
100        IF R (X) < > 0  THEN PRINT X, R (X)/1000
110  NEXT X
120  PRINT
130  PRINT „MITTLERE FANGZAHL=“S/1000
140  END
```

X	R (X)
2	479
3	350
4	127
5	36
6	6
7	2

MITTLERE FANGZAHL = 2.746

Fig. 87

```
 10  S = 0
 20  FOR  X = 1 TO 10 R (X) = 0
 30 .FOR  I  = 1 TO 1000
 40      X = 1;  E = RND
 50      G = RND;  X = X + 1
 60      IF G <= E THEN 50
 70      IF X < 11 THEN R (X) = R (X) + 1 ELSE  R (1) = R (1) + 1
 80      S = S + X
 90  NEXT I
100  FOR X = 2 TO 10 PRINT X, R (X)/1000
110  PRINT  „ > 10“, R (1)/1000
120  PRINT
130  PRINT „MITTLERE FANGZAHL=“S/1000
140  END
```

Fig. 88

X	R (X)/1000
2	0.490
3	0.166
4	0.083
5	0.065
6	0.037
7	0.015
8	0.019
9	0.015
10	0.016
> 10	0.094

MITTLERE FANGZAHL = 17.126

9. Siehe Fig. 89. X gibt die Lage des Teilchens an, und U zählt die Besuche des Ursprungs.

10. Siehe Fig. 90. M ist das bisherige Maximum und X gibt den Ort des Teilchens an.

```
10  X = U = 0                              10  X = M = 0
20  FOR I = 1 TO 1000                      20  FOR I = 1 TO 1000
30      X = X + 2 * INT (2 * RND) − 1       30      X = X + 2 * INT (2 * RND) − 1
40      IF X = 0 THEN U = U + 1            40      IF ABS (X) > M THEN M = ABS (X)
50  NEXT I                                 50  NEXT I
60  PRINT U                                60  PRINT M
70  END                                    70  END
```

Fig. 89   Fig. 90

11. a) In Fig. 6.26 müssen die Zeilen 40 und 60 ersetzt werden durch

$$40 \ Z = Z + 2 * INT \ (2 * RND) − 1$$
$$60 \ IF \ ABS \ (Z) < 3 \ THEN \ 40$$

b) In Fig. 6.27 müssen die Zeilen 80 und 100 ersetzt werden durch

$$80 \ Z = Z + 2 * INT \ (2 * RND) − 1$$
$$100 \ IF \ ABS \ (Z) < 3 \ THEN \ 80$$

6.3.

1. $\lambda = 0.9637809877$

2. b) Es ergibt sich $E(T) = 16$.

   d) $\lambda^4 − \lambda^3 + \frac{1}{16} = 0$ hat die größte positive Lösung $\lambda = 0.9196433776$.

3. a) Wegen $p_{2i} = 0$ muß man $\dfrac{p_{2i-1}}{p_{2i+1}}$ betrachten.

   b) $p_{2n} = 0$, $p_{2n+1} = \frac{2}{9} (\frac{7}{9})^{n-1}$, $n = 1, 2, 3, \ldots$

   c) Siehe Fig. 91.

   d) $q_{2n-1} = q_{2n} = (\frac{7}{9})^{n-1} < 10^{-3} \Rightarrow n > 28.48 \Rightarrow n = 29$. Also ist

   $q_{56} > 10^{-3}$ und $q_{57} < 10^{-3}$.

4. $E(T) = 6 \frac{2}{3}$.

5. $E(T) = 25$.

```
E ← 0
P ← 2/9
I ← 3
E ← E + IP
I ← I + 2
P ← 7 P/9
IF P > 10⁻¹¹
PRINT E
END
```

Fig. 91

7.

5. $V_{20} = 20 \cdot 5 - 2^5 + 1 = 69$. Es werden nacheinander folgende sortierte Folgen hergestellt: zehn 2-Folgen, fünf 4-Folgen, zwei 8-Folgen und eine 4-Folge, eine 12-Folge und eine 8-Folge, eine 20-Folge. Anzahl der Vergleiche: $10 + 15 + 14 + 11 + 19 = 69$. Beachte, daß man zwei sortierte Folgen mit m und n Elementen in $m + n - 1$ Vergleichen mischen kann.

6. Für die Algorithmen in c) bzw. f) benötigt man $10^5 (10^5 - 1)/2 \approx 5 \cdot 10^9$ bzw. 1 568 929 Vergleiche.

Literaturverzeichnis

[1] Bauer, F. L. und Weinhart, K.: Informatik. Bayerischer Schulbuch-Verlag, 1974
[2] Claus, V.: Einführung in die Informatik. Teubner, 1975
[3] Engel, A.: Computerorientierte Mathematik. MU, April 1975
[4] Engel, A.: Wahrscheinlichkeitsrechnung und Statistik, Bd. 1. Ernst Klett, 1973
[5] Engel, A.: Wahrscheinlichkeitsrechnung und Statistik, Bd. 2.
[6] Engel, A.: Anwendungen der Analysis zur Konstruktion mathematischer Modelle. MU, August 1971
[7] Forsythe, A., et al.: Computer Science: A First Course, 2nd ed. Wiley, 1975
[8] Kemeney, J. G. und Kurtz, Th. E.: Basic Programming, 2nd ed. Wiley, 1971
[9] Klingen, L. u. a.: Informatik. Ernst Klett, 1975
[10] Knuth, D. E.: The Art of Computer Programming, Vol. 1 (1968)
[11] Nievergelt, J., et al.: Computer Approaches to Mathematical Problems. Prentice Hall, 1974
[12] Wirth, N.: Systematisches Programmieren. Teubner, 1972
[13] Wirth, N.: Algorithmen und Datenstrukturen. Teubner, 1975

Register

Notizen